はじめに

　我が国においては、科学技術創造立国の理念の下、産業競争力の強化を図るべく「知的創造サイクル」の活性化を基本としたプロパテント政策が推進されております。

　「知的創造サイクル」を活性化させるためには、技術開発や技術移転において特許情報を有効に活用することが必要であることから、平成９年度より特許庁の特許流通促進事業において「技術分野別特許マップ」が作成されてまいりました。

　平成１３年度からは、独立行政法人工業所有権総合情報館が特許流通促進事業を実施することとなり、特許情報をより一層戦略的かつ効果的にご活用いただくという観点から、「企業が新規事業創出時の技術導入・技術移転を図る上で指標となりえる国内特許の動向を分析」した「特許流通支援チャート」を作成することとなりました。

　具体的には、技術テーマ毎に、特許公報やインターネット等による公開情報をもとに以下のような分析を加えたものとなっております。
・**体系化された技術説明**
・**主要出願人の出願動向**
・**出願人数と出願件数の関係からみた出願活動状況**
・**関連製品情報**
・**課題と解決手段の対応関係**
・**発明者情報に基づく研究開発拠点や研究者数情報**　など

　この「特許流通支援チャート」は、特に、異業種分野へ進出・事業展開を考えておられる中小・ベンチャー企業の皆様にとって、当該分野の技術シーズやその保有企業を探す際の有効な指標となるだけでなく、その後の研究開発の方向性を決めたり特許化を図る上でも参考となるものと考えております。

　最後に、「特許流通支援チャート」の作成にあたり、たくさんの企業をはじめ大学や公的研究機関の方々にご協力をいただき大変有り難うございました。

　今後とも、内容のより一層の充実に努めてまいりたいと考えておりますので、何とぞご指導、ご鞭撻のほど、宜しくお願いいたします。

独立行政法人工業所有権総合情報館

理事長　藤原　譲

進展するはんだ付け鉛フリー技術

■ 環境問題に対する関心の高まりと法的規制の強化

現代のはんだ付け技術はエレクトロニクス分野において特に重要視されており、新しいはんだ付け技術が次々と開発されている。新しいはんだ付け技術は新しい実装技術を生み、それによって最先端のエレクトロニクス産業を支えている。しかし廃棄されたエレクトロニクス機器には人体に有害な鉛を含有したはんだが多く使用され、酸性雨などにより溶出し地下水や河川が汚染されるといった問題が生じており、地球環境の保全の観点から対策が必要となっている。

鉛含有はんだに対する法的規制は、1990年に米国で始まり、欧州ではWEEE指令のドラフトとして鉛含有はんだなどの有害物質不使用に関する規制法が提出され、日本においても廃掃法（廃棄物の処理および清掃に関する法律）の改正と98年に成立した家電リサイクル法の下で鉛に対する規制が強化されるようになった。

■ 鉛フリーはんだ実用化への動き

1998年1月に日本電子工業振興協会（JEIDA）とエレクトロニクス実装学会の鉛フリーはんだ研究会が共同で公表した鉛フリーはんだロードマップがきっかけとなり、家電メーカーを主体とする各社の鉛フリーはんだロードマップの公表と量産化への動きが続き、同時期にNEDO（新エネルギー・産業技術情報開発機構）のプロジェクト研究が進められた。JEIDAは日本電子機械工業振興協会と協力してさまざまな電子部品の適合性と鉛フリー表面処理に関する評価を行った。鉛フリーはんだの実用化が進み、98年秋に松下電器産業がSn-Ag-Bi-In系はんだを使用したコンパクトMD（ミニディスク）で導入を果した。通信・家電メーカーやその他の企業も既に実用化に踏み切っており、鉛はんだから鉛フリーはんだへの全面切り替えを公表している。

■ 使用目的に応じた鉛フリーはんだ材料組成

鉛フリーはんだとして一般に使用されるはんだは、SnをベースにSb（アンチモン）、Cu、Ag、Zn、Bi（ビスマス）、In（インジウム）等の金属を数％添加した組成であり、添加される金属によって融点が変化する。主な組成は、高融点系（Sn-Ag系）、中融点系（Sn-Zn系）、低融点系（Sn-Bi系）等であり、特にSn-Ag系とSn-Zn系は実用化の実績がある。現段階における鉛フリーはんだは、組成が1種類に限定される状況ではなく、使用目的に応じて組成が選択されている。

進展するはんだ付け鉛フリー技術

■ 被接合材の表面処理技術はめっき関連会社が保有

鉛フリーはんだを使用したはんだ接合は、Sn-Pb共晶はんだに比べてぬれ性等のはんだ特性に劣る。従ってはんだ組成技術とともにはんだ付けされる側（被接合材）の表面処理技術も重要な要素である。特にめっき被膜形成は、従来から多く用いられていたSn-Pb合金はんだめっきから、鉛を含まないSn、Sn合金めっきに移行している。一般的には鉛フリーはんだと同系の合金めっきが用いられている。基板配線、リード線、リードフレーム等と電子部品の接合端子や、半導体チップの接合に使用されるはんだボール・金属ボール等の被覆に使用される。これらの特許はめっき関連会社が多く保有している。

■ 技術開発の拠点は全国各地に拡大

出願上位19社の開発拠点を発明者の住所・居所でみると、東京都、神奈川県、埼玉県などの関東地方、大阪府、京都府、兵庫県など近畿地方を中心に、愛知県、などの中部地方や、宮城県などの東北地方、愛媛県などの中国・四国地方、鹿児島県などの九州地方へと全国各地に拡大している。

■ 技術開発の課題

Sn-Ag系はんだは、高融点はんだとして既に実用化の実績がある鉛フリーはんだである。特に合金の持つ微細構造組織から機械的強度に優れ、信頼性を格段に向上でき、Sn-Pb共晶はんだの有力な代替材料と考えられている。しかし高価なAgを使用しているためコスト面での課題が残されている。Agの代わりに比較的安価なZnやCuを使用したSn-Zn系はんだおよびSn-Cu系はんだのはんだ特性（ぬれ性、機械的強度等）の向上や酸化防止等が検討されている。

はんだ付け鉛フリー技術　主要構成技術

鉛フリーはんだに関する特許分布

はんだ付け鉛フリー技術ははんだ材料技術、電子部品接合技術、被接合材の表面処理技術、はんだ付け方法・装置およびはんだレス接合技術からなる。これらの技術に関連する出願は全体で881件、1990年から1999年までに出願されている。このうち材料技術に関するするものが約300件、接合技術と表面処理技術および方法・装置に関するものがおのおの約200件、はんだレス接合技術に関するものが50件含まれている。

表面処理
めっき被膜　FT=4K024
他の被膜　FI=H01B1/22

はんだレス
FT=4F071

接合
基板はんだ付け
　FT=5E319
パッケージ封止
　FI=H01L23/02
半導体接合
　FI=H01L21/52
受動部品接合
　FI=B23K1/10

はんだ材料
組成
- Sn-Ag系　FI=B23K35/26,310A
- Sn-Zn系　FI=B23K35/26,310A
- Sn-Bi系　FI=B23K35/26,310A

製法
- 棒状・線状　FI=B23K35/40,340
- 箔状　FI=B23K35/14D
- 球状　FI=B23K35/40,340F
- ペースト　FI=B23K35/22,310

はんだ付け方法・装置
前処理
　FI=H05K3/34,501
はんだ付け方法
　FI=H05K3/34
はんだ付け装置
　FI=B23K1/08
後処理
　FI=B23K1/00F
検査・評価装置
　FI=H05K3/34,512A
はんだ回収
　FK=（回収+再生+リサイクル+再利用+再使用）*鉛フリーはんだ

はんだ付け鉛フリー技術

- その他（21件）
- はんだレス接合技術（50件）
- はんだ材料技術（269件）
- はんだ付け方法・装置（160件）
- 被接合材の表面処理技術（193件）
- 電子部品接合技術（188件）

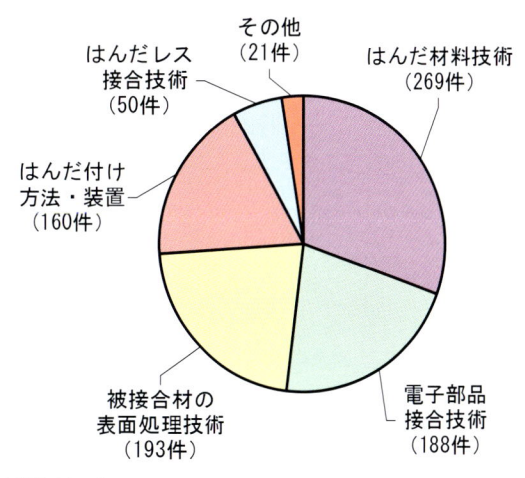

1990年から1999年出願の公開特許

FTは検索のためのFタームテーマコード
FIは同じくファイルインデキシングコードを示す。

はんだ付け鉛フリー技術 — 技術の動向

急増する参入企業と特許出願

大手の通信・家電メーカーと大手はんだおよびはんだ付け装置メーカーが91年から開発に着手し、その後出願件数が増加している。90年に米国での鉛はんだに関する法規制案が提出された時期と一致する。他社は1994〜95年にかけて参入し始め98年にはほぼ出揃い、それ以降出願件数は急増する。日本での家電リサイクル法の成立の影響もあり、近年は出願件数が増加する傾向にある。

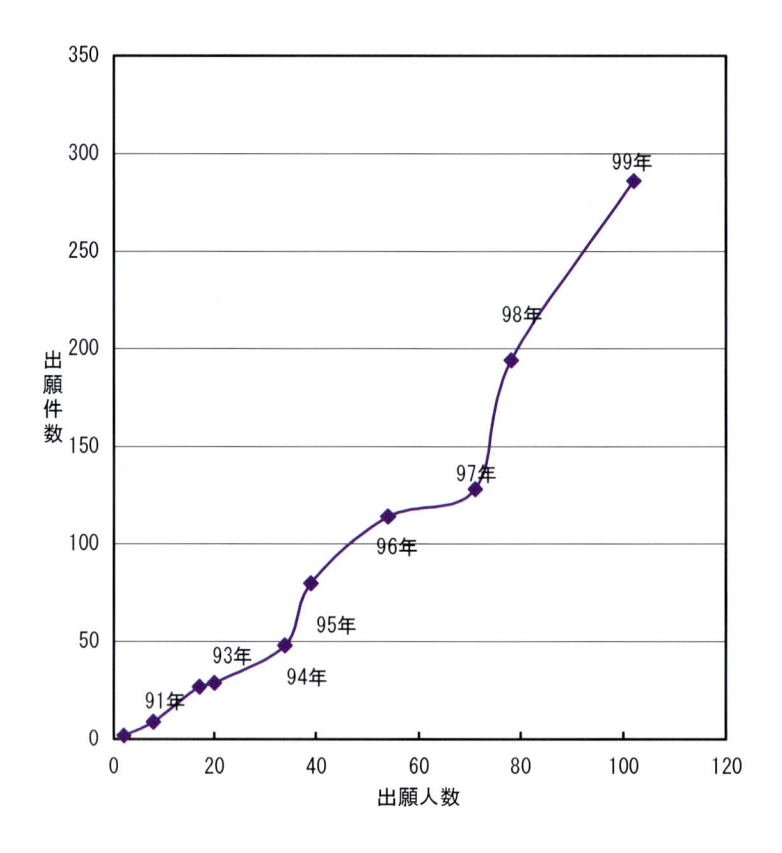

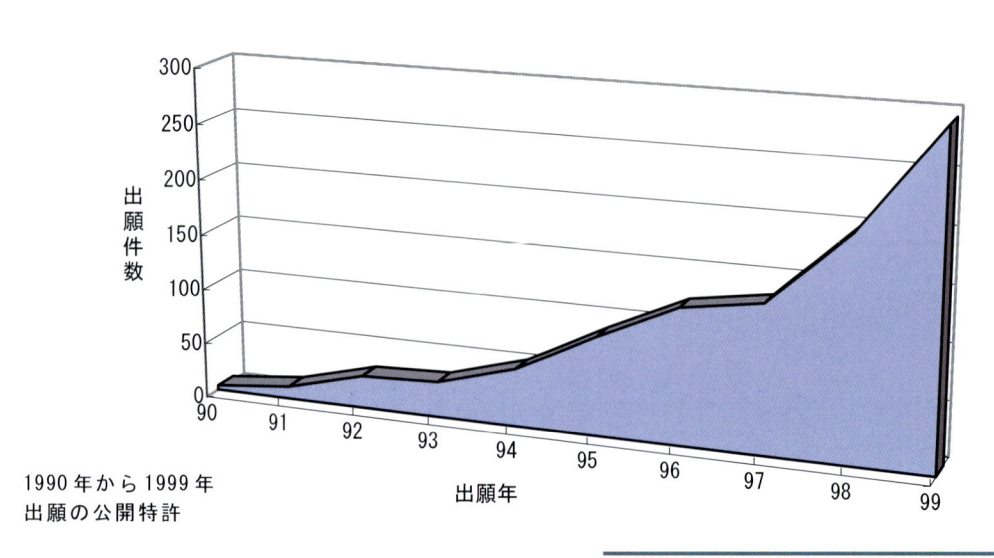

1990年から1999年
出願の公開特許

はんだ付け鉛フリー技術

課題・解決手段対応の出願人

はんだ特性向上が課題

鉛フリーはんだ材料技術の技術開発ははんだ特性（融点、ぬれ性、機械的強度）の向上に関するものが多い。この分野の特許は通信・家電メーカーの一部とはんだ材料メーカーが保有するものが多い。

課題		解決手段	無添加	元素添加												
				Bi/In添加	AgBi/In添加	Ag添加	AgCu添加	Cu添加	CuBi/In添加	AgCuSbBi/In添加	Mg添加	GeTe等添加	P添加	Au添加	Pt添加	Sb/In/Cu添加	Mg/Ga/Ge/Sn/In等添加	希土類元素添加	種々元素添加
低温系	Sn-Bi系	はんだ特性		1(5) 1(7)		1(1,6) 1(5)			1(7)									
		耐熱疲労	1(5)															
		伸び										1(14)						
		Cu食われ防止・耐食性					2(9)											
		耐電極食われ性															1(1)	
	Sn-In系	耐熱疲労	1(17)															
中温系	Sn-Zn系	はんだ特性		4(2) 2(14) 1(4)	3(1,6) 1(3) 1(4)			1(2) 1(4) 1(14)									1(3) 1(13)	
		耐熱疲労								1(1)								
		接合強度			1(6)													
		組織性			1(2)													
		酸化防止・脱酸剤	1(3)															
		Cu食われ防止・耐食性					1(14)											
		耐電極食われ性					1(9)										1(9)	
高温系	Sn-Ag系	はんだ特性		4(1) 4(14) 1(2) 1(7)				3(2) 3(17) 2(1) 1(4) 1(7) 1(19)							2(4)			
		耐熱疲労	1(11)	1(1,6)		1(1,6)												
		組織・凝固偏析防止					1(1)				1(2)							
		耐電極食われ性																
		冷却効果																
	Ag-Sn系	ろう材質																
		はんだ特性		1(6)														
	Sn-Cu系	組織・酸化防止																
		溶解食われ防止	1(9)															
		めっき接合用																
	Sn-Sb系	はんだ特性																
		Cu食われ防止・耐食性																
	Zn-Al系	はんだ特性																
その他	Sn-Pd系	耐熱疲労	1(1)															
	Sn基	組織・酸化防止																
		耐電極食われ性																
		製法	2(12)															

課題		解決手段	はんだ材料					フラックス材料			加工	
			はんだ粒子	合金添加	合金化	被覆・めっき	めっき層	多層構造	樹脂含有	活性剤	成分	形状	方法
はんだペースト	印刷性	粘性								2(2)			
	はんだ特性	ぬれ性		2(6) 1(1) 1(1,6)		1(13)				1(6)			
		接合強度		2(1)		1(1) 1(21)				1(5)	1(3)		
		高温特性	1(3)						1(7)				
		はんだボール防止	1(2) 1(4)						1(1)				
		ブリッジ防止		1(4)		1(21)							
	信頼性	酸化防止		1(14)		2(14) 1(1,6) 1(3) 1(21)			1(5)	1(1)			
		保存性		1(21)						1(1,6)			
	後処理	無洗浄化							1(8)				
箔状はんだ		耐食性				1(14)							
		製造方法				1(2)							1(12)
球状はんだ		酸化防止											1(5)
		真球度					1(15)						
		製造方法				1(7)	1(3) 1(15)						
棒状はんだ		加工性		1(1) 1(17) 1(19)							1(19)		1(17) 1(18) 1(19)
		はんだ特性								1(17)		1(17)	

はんだ付け鉛フリー技術 — 技術開発の拠点の分布

技術開発の拠点は全国各地に拡大

出願上位19社の開発拠点を発明者の住所・居所でみると、東京都、神奈川県など関東地方に44拠点、大阪府、京都府など近畿地方に10拠点、鹿児島県などの九州地方に5拠点、宮城県などの東北地方、愛知県などの中部地方に3拠点、愛媛県などの中国・四国地方に2拠点ある。

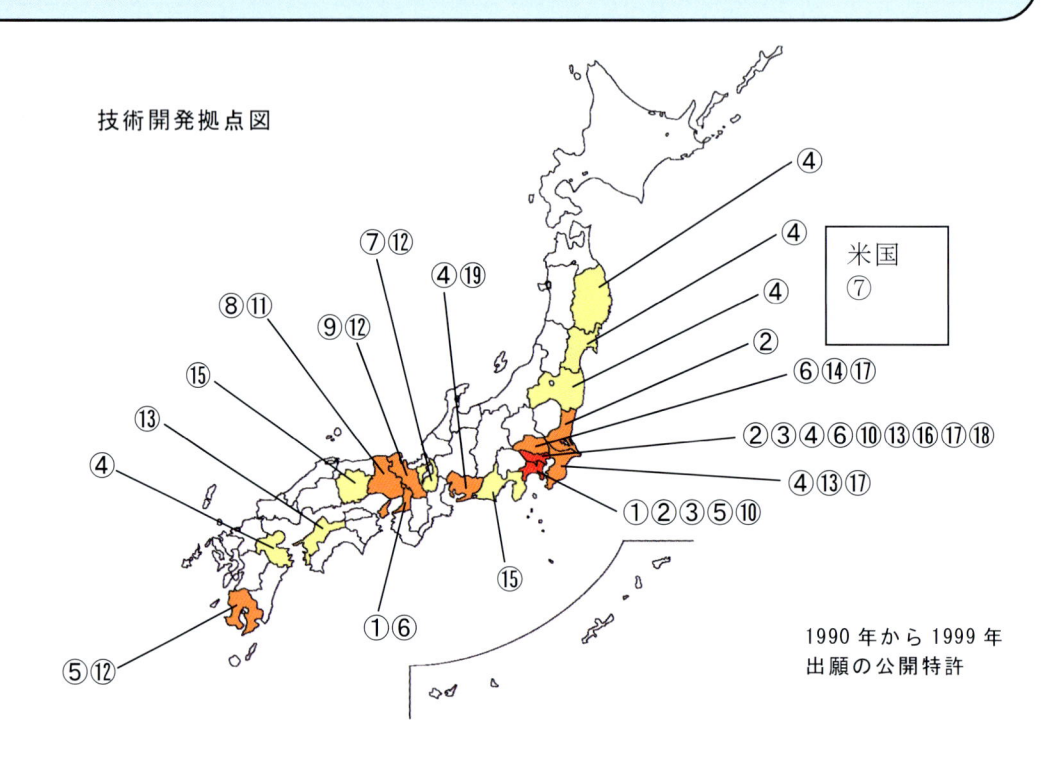

技術開発拠点図

1990年から1999年出願の公開特許

No.	企業名	住所
①	松下電器産業	大阪府門真市大字門真1006　松下電器産業株式会社内、他：大阪府3ヵ所、神奈川県1ヵ所
②	日立製作所	神奈川県横浜市戸塚市吉田町292　株式会社日立製作所生産技術研究所内、他：神奈川県5ヵ所、茨城県4ヵ所、東京都3ヵ所
③	東芝	神奈川県横浜市鶴見区末広町2-4　株式会社東芝京浜事業所内、他：神奈川県5ヵ所、東京都4ヵ所
④	ソニー	東京都品川区北品川6-7-35　ソニー株式会社本社内、他：東京都1ヵ所、岩手県1ヵ所、宮城県1ヵ所、福島県1ヵ所、愛知県1ヵ所、大分県1ヵ所、千葉県1ヵ所
⑤	富士通	神奈川県川崎市中原区上小田中1015　富士通株式会社川崎工場内、他：神奈川県4ヵ所、鹿児島県1ヵ所
⑥	千住金属工業	埼玉県草加市谷塚町405　千住金属工業株式会社草加事業所内、他：埼玉県1ヵ所、東京都1ヵ所、大阪府1ヵ所
⑦	IBM	米国 IBM Thomas J Watson Research Center内、他：米国1ヵ所、滋賀県1ヵ所
⑧	大和化成研究所	兵庫県明石市二見町南二見21-8　株式会社大和化成研究所明石工場内
⑨	村田製作所	京都府長岡京市天神2-26-10　株式会社村田製作所本社内
⑩	日本電気	東京都港区芝5-7-1　日本電気株式会社本社内、他：東京都2ヵ所、神奈川県5ヵ所
⑪	石原薬品	兵庫県神戸市兵庫区西柳原町5-26　石原薬品株式会社内
⑫	京セラ	鹿児島県国分市山下町1-1　京セラ株式会社鹿児島国分工場内、他：鹿児島県2ヵ所、滋賀県1ヵ所、京都府1ヵ所
⑬	住友金属鉱山	愛媛県新居浜市磯浦町17-5　住友金属鉱山株式会社新居浜研究所内、他：千葉県1ヵ所、東京都1ヵ所
⑭	三井金属鉱山	埼玉県上尾市原市1333-2　三井金属鉱山株式会社総合研究所内
⑮	旭化成	静岡県富士市鮫島2-1　旭化成株式会社富士支社内、他：岡山県1ヵ所
⑯	古河電気工業	東京都千代田区丸の内2-6-1　古河電気工業株式会社本社内
⑰	昭和電工	千葉県千葉市緑区大野台1-1-1　昭和電工株式会社総合研究所内、他：東京都1ヵ所、埼玉県1ヵ所
⑱	タムラ製作所	東京都練馬区東大泉1-19-43　株式会社タムラ製作所本社内
⑲	豊田中央研究所	愛知県愛知郡長久手町大字長湫字横道41-1　株式会社豊田中央研究所本社内

はんだ付け鉛フリー技術　主要企業の状況

出願上位21社で5割の出願件数

> 出願件数の多い企業は松下電器産業、日立製作所、東芝、富士通、ソニー、千住金属工業であり、上位21社で5割の出願件数を占める。

No.	出願人	90年	91年	92年	93年	94年	95年	96年	97年	98年	99年	合計
1	松下電器産業	0	1	1	1	2	7	9	6	15	32	74
2	日立製作所	1	1	5	2	0	4	8	6	12	22	61
3	東芝	0	0	0	0	0	10	5	7	8	5	35
4	富士通	0	0	1	3	2	7	3	2	7	5	30
5	ソニー	0	0	0	0	0	0	2	4	10	12	28
6	千住金属工業	0	1	2	0	0	3	4	3	4	8	25
7	IBM	0	1	2	1	5	1	1	4	2	3	20
8	大和化成研究所	0	0	0	0	0	0	10	2	2	4	18
9	村田製作所	0	0	0	0	0	0	3	5	6	3	17
10	日本電気	0	0	2	1	1	1	0	0	3	9	17
11	石原薬品	0	0	0	0	0	0	7	3	2	4	16
12	京セラ	0	0	0	0	2	2	3	1	3	4	15
13	住友金属鉱山	0	1	0	0	0	0	1	4	6	3	15
14	三井金属鉱業	0	0	0	0	2	5	2	1	2	2	14
15	旭化成	0	0	0	0	0	1	1	4	4	3	13
16	古河電気工業	0	0	0	1	1	0	0	1	5	4	12
17	昭和電工	0	0	0	1	0	1	2	2	2	3	11
18	豊田中央研究所	0	0	0	1	0	0	1	3	1	5	11
19	タムラ製作所	0	0	0	0	0	0	0	0	2	8	10
20	日鉱金属	0	0	0	0	0	0	0	1	4	5	10
21	タムラエフエーシステム	0	0	0	0	0	0	0	0	1	8	9
22	トピー工業	0	0	0	0	0	0	0	3	3	3	9
23	日立電線	0	0	0	1	0	1	1	4	2	0	9
24	日本電熱計器	0	0	0	0	0	0	0	0	0	8	8
25	イビデン	0	0	0	0	0	4	1	1	1	1	8
26	徳力本店	0	0	1	3	1	1	0	0	0	2	8
27	オムロン	0	0	1	0	0	0	7	0	0	0	8
28	内橋エステック	0	0	0	0	0	1	2	0	3	1	7
29	三菱電機	0	0	0	0	0	0	0	0	1	6	7
30	新光電気工業	0	0	0	0	1	0	1	1	3	1	7
31	田中電子工業	0	0	0	0	3	0	2	0	1	1	7
32	ティーディーケイ	0	0	0	0	0	0	1	1	0	4	6

年次別出願件数

上位21社の出願件数に占める割合

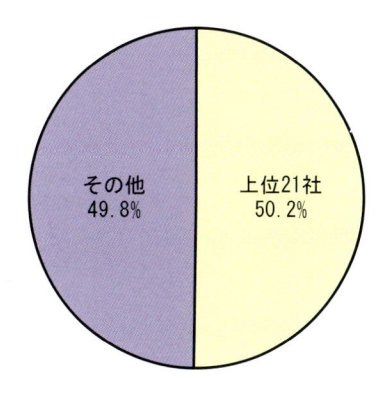

- その他 49.8%
- 上位21社 50.2%

1990年から1999年
出願の公開特許

はんだ付け鉛フリー技術　主要企業

松下電器産業　株式会社

出願状況

松下電器産業（株）の保有する出願は84件である。
そのうち登録になった特許が5件あり、係属中の特許が72件ある。
はんだ材料技術の組成と製法、はんだ付け方法・装置に関する特許を多く保有している。

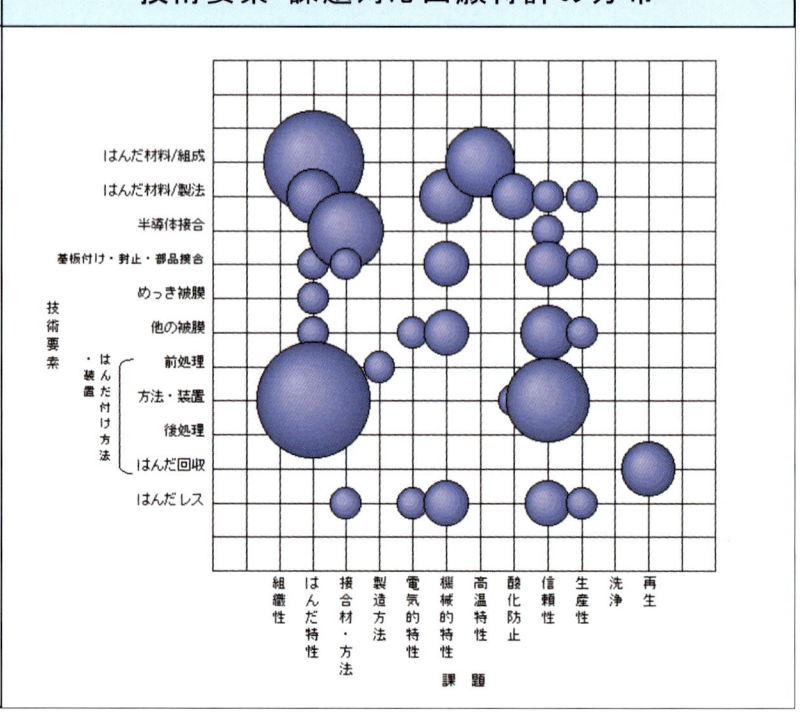

技術要素・課題対応出願特許の分布

技術要素（縦軸、上から）：はんだ材料/組成、はんだ材料/製法、半導体接合、基板付け・封止・部品接合、めっき被膜、他の被膜、前処理（はんだ付け方法・装置）、方法・装置、後処理、はんだ回収、はんだレス

課題（横軸）：組織性、接合材・方法、はんだ特性、製造方法、電気的特性、機械的特性、高温特性、酸化防止、信頼性、生産性、洗浄、再生

保有特許リスト例

技術要素	課題	解決手段	特許番号 出願日 主IPC	発明の名称、概要
はんだ材料・組成	耐熱疲労性	Cu添加	特許3027441 91.7.8 B23K35/26,310	はんだ材料技術 Sn-Ag-Cu-Sb系のはんだ合金で、Agが3.0wt%を超え、Cuが0.5～3.0wt%、Sbが5wt%以下、残部をSnとする。
基板はんだ付け	接合強度	熱可塑性樹脂	特許2985640 94.2.10 H05K1/14	電極接続体及びその製造方法 導体配線が絶縁性ベースフィルム上に熱可塑性樹脂で固着されているフレキシブルプリント基板の電極と搭載電子部品の電極とを位置整合し、加圧、加熱することによって液状接着剤なしで、該熱可塑性樹脂により貼り合せる。

はんだ付け鉛フリー技術　　主要企業

株式会社　日立製作所

出願状況

　(株)日立製作所の保有する出願は64件である。
そのうち登録になった特許が5件あり、係属中の特許が53件ある。
　はんだ材料技術の組成、電子部品接合技術に関する特許を多く保有している。

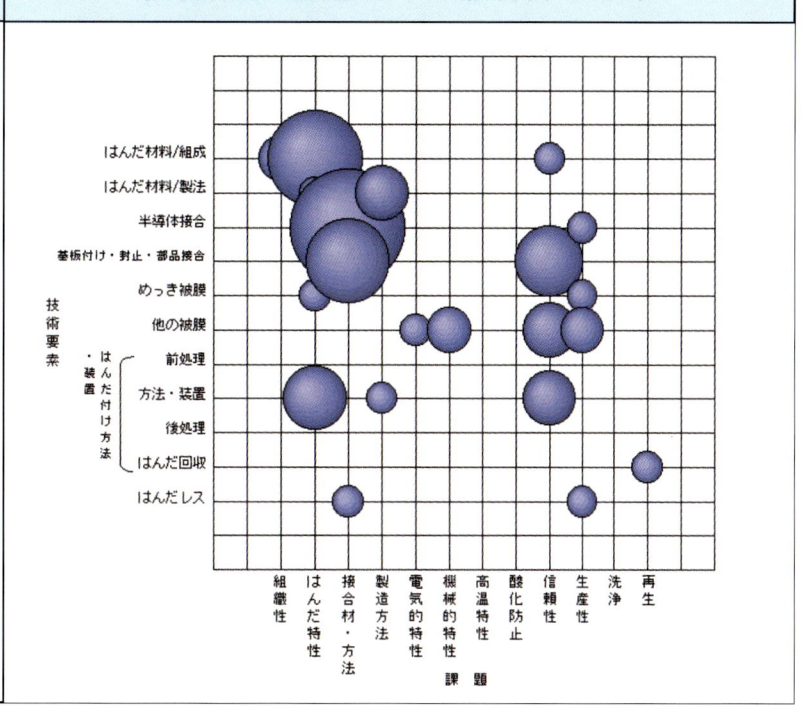

技術要素・課題対応出願特許の分布

技術要素（縦軸）：はんだ材料/組成、はんだ材料/製法、半導体接合、基板付け・封止・部品接合、めっき被膜、他の被膜、前処理、方法・装置、後処理、はんだ回収、はんだレス（はんだ付け方法・装置）

課題（横軸）：組織性、接合材・はんだ特性、製造方法、電気的特性、機械的特性、高温特性、酸化防止、信頼性、生産性、洗浄、再生

保有特許リスト例

技術要素	課題	解決手段	特許番号 出願日 主IPC	発明の名称、概要
はんだ材料・組成	はんだ特性	Bi/In添加	特開平8-164495 95.8.9 B23K35/26,310	有機基板接続用鉛レスはんだ及びそれを用いた実装品 Zn：3～5%、Bi：10～23%、残りSnの組成とする。
基板はんだ付け	基板接合方法	酸化膜除去	特許2865770 90.2.19 H01L21/60,311	電子回路装置の製造方法 表面の酸化層をスパッタクリーニングで除去し、大気中で位置合わせを行い、非酸化性雰囲気でろう材を加熱溶融する。ろう材はAg-Sn系等を使用。

はんだ付け鉛フリー技術　　主要企業

株式会社　東芝

出願状況

　（株）東芝の保有する出願は36件である。そのうち登録になった特許が4件あり、係属中の特許が31件ある。
　はんだ材料技術の組成、電子部品接合技術に関する特許を多く保有している。

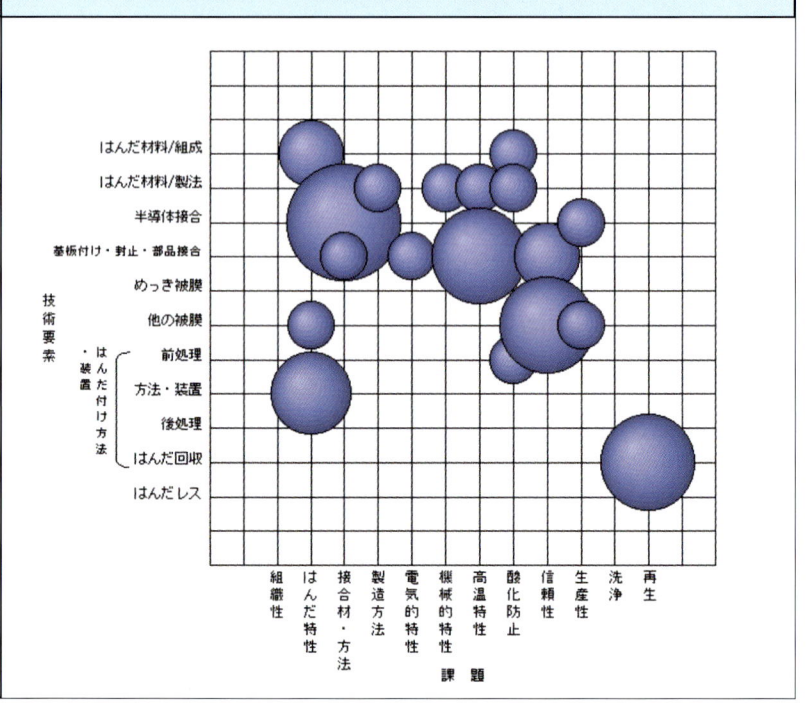

技術要素・課題対応出願特許の分布

技術要素（縦軸）：はんだ材料/組成、はんだ材料/製法、半導体接合、基板付け・封止・部品接合、めっき被膜、他の被膜、前処理、方法・装置、後処理、はんだ回収、はんだレス（はんだ付け方法・装置）

課題（横軸）：組織性、接合材・はんだ特性、製造方法、電気的特性、機械的特性、高温特性、酸化防止、信頼性、生産性、洗浄、再生

保有特許リスト例

技術要素	課題	解決手段	特許番号 出願日 主IPC	発明の名称、概要
はんだ材料・組成	はんだ特性	Ag、Bi/In添加	特開平8-243782 95.3.8 B23K35/26,310	はんだ合金およびそれを用いたはんだ付け方法 Zn：3～12wt%、Sn：残部等の組成で、酸素含有量が100ppm以下のはんだ合金。
半導体はんだ接合	高温特性	多層化	特許2772274 95.12.28 H01L23/15	複合セラミックス基板 熱伝導率が60W/m・K以上の窒化ケイ素基板と窒化アルミニウム基板を同一平面上に配置、積層した複合基板とし、表面の酸化層、活性金属ろう材層を介して金属回路板を一体接合する。

はんだ付け鉛フリー技術　主要企業

ソニー　株式会社

出願状況	技術要素・課題対応出願特許の分布
ソニー（株）の保有する出願は30件である。そのうち登録になった特許が0件で、係属中の特許が30件ある。 　はんだ材料技術の組成、はんだ付け方法・装置に関する特許を多く保有している。	（バブルチャート：技術要素［はんだ材料/組成、はんだ材料/製法、半導体接合、基板付け・封止・部品接合、めっき被膜、他の被膜、前処理、方法・装置、後処理、はんだ回収、はんだレス］×課題［組織性、接合材・方法、製造方法、電気的特性、機械的特性、高温特性、酸化防止、信頼性、生産性、洗浄、再生］）

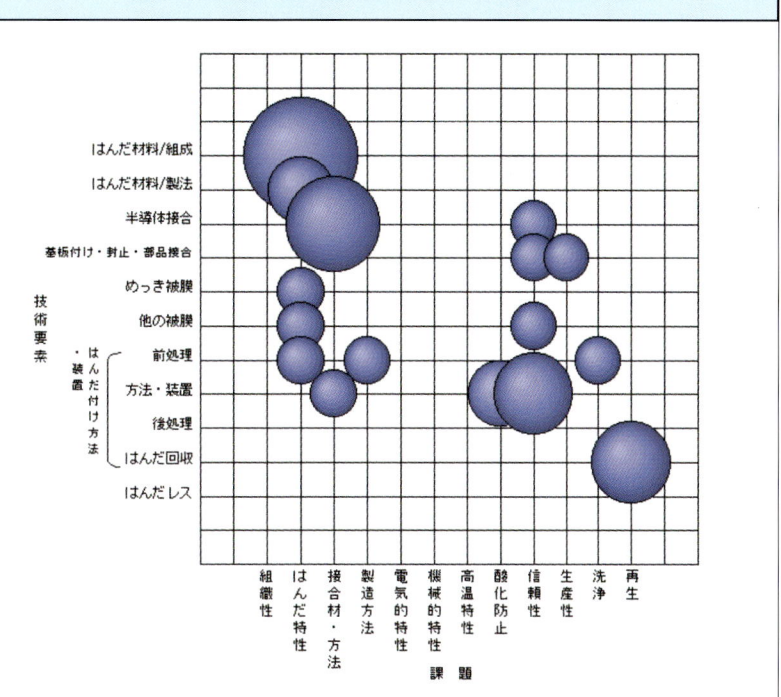

保有特許リスト例

技術要素	課題	解決手段	特許番号 出願日 主IPC	発明の名称、概要
はんだ材料・組成	はんだ特性	Cu、Bi/In添加	特開平10-314980 97.5.14 B23K35/26, 310	はんだ材料 　Sn-Bi-Ag系にCuとInを添加し、はんだ特性改善。溶融温度がSn-Pb系はんだと同程度。現行のSn-Pb系のはんだ付けプロセスが使用可能。はんだのぬれ性や機械的特性を改善。
はんだ付け方法・装置	酸化防止	噴流安定化	特開2000-114708 98.9.29 H05K3/34, 506	噴流式半田付け装置 　かくはん用プロペラの回転駆動軸の周囲に一定の間隙を保持して筒状部材を介在させた噴流ポンプ。これで、溶融金属を安定させて噴流する装置。

はんだ付け鉛フリー技術　主要企業

富士通　株式会社

出願状況

富士通（株）の保有する出願は30件である。そのうち登録になった特許が1件あり、係属中の特許が23件ある。係属の中に1件の海外出願特許がある。

はんだ材料技術の組成と製法、電子部品接合技術に関する特許を多く保有している。

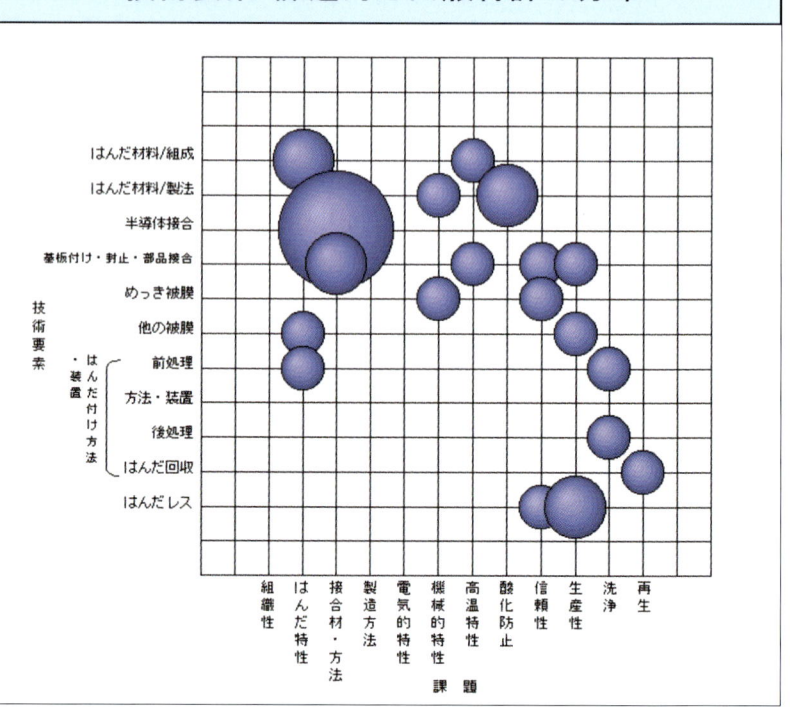

技術要素・課題対応出願特許の分布

（バブルチャート：縦軸 技術要素〔はんだ材料/組成、はんだ材料/製法、半導体接合、基板付け・封止・部品接合、めっき被膜、他の被膜、前処理、はんだ付け方法・装置、方法・装置、後処理、はんだ回収、はんだレス〕、横軸 課題〔組織性、はんだ特性、接合材・方法、製造方法、電気的特性、機械的特性、高温特性、酸化防止、信頼性、生産性、洗浄、再生〕）

保有特許リスト例

技術要素	課題	解決手段	特許番号 出願日 主IPC	発明の名称、概要
はんだ材料・組成	はんだ特性	Ag添加	特開平8-252688 95.3.17 B23K35/26, 310	低温接合用はんだ合金、これを用いた電子機器およびその製造方法 Sn-Ag-Bi残部からなる低温接合用はんだ合金。Sn-Pbはんだよりも、はんだ接合部のミスマッチ緩和能力や繰り返し塑性変形時の耐久能力が同等以上、融点も低い。
半導体はんだ接合	接合材・方法	Ag添加膜形成	特開平10-41621 96.7.18 H05K3/34, 512	錫－ビスマスはんだの接合方法 はんだ付け部にNi、またはCuの膜を形成し、その上に5μmの厚みを超えないAg添加膜を形成し、Sn-Bi合金はんだで接合する。

目次

はんだ付け鉛フリー技術

1．技術の概要
- 1.1 はんだ付け鉛フリー技術の概要 3
  - 1.1.1 はんだ付け鉛フリー技術 3
  - 1.1.2 はんだ付け鉛フリー技術の技術体系 11
- 1.2 はんだ付け鉛フリー技術のアクセス 14
  - 1.2.1 はんだ付け鉛フリー技術のアクセスツール 14
  - 1.2.2 関連技術のアクセス 16
- 1.3 技術開発活動の状況 17
  - 1.3.1 テーマ全体 17
  - 1.3.2 はんだ材料技術 18
  - 1.3.3 電子部品接合技術 20
  - 1.3.4 被接合材の表面処理技術 21
  - 1.3.5 はんだ付け方法・装置 22
  - 1.3.6 はんだレス接合技術 23
- 1.4 技術開発の課題と解決手段 24
  - 1.4.1 はんだ材料技術 24
  - 1.4.2 電子部品接合技術 27
  - 1.4.3 被接合材の表面処理技術 29
  - 1.4.4 はんだ付け方法・装置 31
  - 1.4.5 はんだレス接合技術 33

2．主要企業等の特許活動
- 2.1 松下電器産業 38
  - 2.1.1 企業の概要 38
  - 2.1.2 はんだ付け鉛フリー技術に関する製品・製造技術 ... 39
  - 2.1.3 はんだ付け鉛フリー技術の技術開発における課題別の保有特許 40
  - 2.1.4 技術開発拠点 42
  - 2.1.5 研究開発者 43

目次 / Contents

- 2.2 日立製作所 44
  - 2.2.1 企業の概要 44
  - 2.2.2 はんだ付け鉛フリー技術に関する製品・製造技術 ... 45
  - 2.2.3 はんだ付け鉛フリー技術の技術開発における
    課題別の保有特許 46
  - 2.2.4 技術開発拠点 48
  - 2.2.5 研究開発者 49
- 2.3 東芝 50
  - 2.3.1 企業の概要 50
  - 2.3.2 はんだ付け鉛フリー技術に関する製品・製造技術 ... 51
  - 2.3.3 はんだ付け鉛フリー技術の技術開発における
    課題別の保有特許 52
  - 2.3.4 技術開発拠点 54
  - 2.3.5 研究開発者 54
- 2.4 ソニー 55
  - 2.4.1 企業の概要 55
  - 2.4.2 はんだ付け鉛フリー技術に関する製品・製造技術 ... 56
  - 2.4.3 はんだ付け鉛フリー技術の技術開発における
    課題別の保有特許 57
  - 2.4.4 技術開発拠点 59
  - 2.4.5 研究開発者 60
- 2.5 富士通 61
  - 2.5.1 企業の概要 61
  - 2.5.2 はんだ付け鉛フリー技術に関する製品・製造技術 ... 62
  - 2.5.3 はんだ付け鉛フリー技術の技術開発における
    課題別の保有特許 63
  - 2.5.4 技術開発拠点 65
  - 2.5.5 研究開発者 66
- 2.6 千住金属工業 67
  - 2.6.1 企業の概要 67
  - 2.6.2 はんだ付け鉛フリー技術に関する製品・製造技術 ... 68
  - 2.6.3 はんだ付け鉛フリー技術の技術開発における
    課題別の保有特許 70
  - 2.6.4 技術開発拠点 72
  - 2.6.5 研究開発者 72

目次

2.7 インターナショナル ビジネス マシーンズ 73
  2.7.1 企業の概要 73
  2.7.2 はんだ付け鉛フリー技術に関する製品・製造技術 ... 74
  2.7.3 はんだ付け鉛フリー技術の技術開発における
       課題別の保有特許 75
  2.7.4 技術開発拠点 76
  2.7.5 研究開発者 76

2.8 日本電気 77
  2.8.1 企業の概要 77
  2.8.2 はんだ付け鉛フリー技術に関する製品・製造技術 ... 78
  2.8.3 はんだ付け鉛フリー技術の技術開発における
       課題別の保有特許 79
  2.8.4 技術開発拠点 81
  2.8.5 研究開発者 81

2.9 村田製作所 82
  2.9.1 企業の概要 82
  2.9.2 はんだ付け鉛フリー技術に関する製品・製造技術 ... 83
  2.9.3 はんだ付け鉛フリー技術の技術開発における
       課題別の保有特許 83
  2.9.4 技術開発拠点 85
  2.9.5 研究開発者 85

2.10 大和化成研究所 86
  2.10.1 企業の概要 86
  2.10.2 はんだ付け鉛フリー技術に関する製品・製造技術 .. 87
  2.10.3 はんだ付け鉛フリー技術の技術開発における
       課題別の保有特許 87
  2.10.4 技術開発拠点 89
  2.10.5 研究開発者 89

2.11 京セラ 90
  2.11.1 企業の概要 90
  2.11.2 はんだ付け鉛フリー技術に関する製品・製造技術 .. 91
  2.11.3 はんだ付け鉛フリー技術の技術開発における
       課題別の保有特許 91
  2.11.4 技術開発拠点 92
  2.11.5 研究開発者 92

目次

Contents

2.12 住友金属鉱山 93
  2.12.1 企業の概要 93
  2.12.2 はんだ付け鉛フリー技術に関する製品・製造技術 .. 94
  2.12.3 はんだ付け鉛フリー技術の技術開発における
       課題別の保有特許 94
  2.12.4 技術開発拠点 96
  2.12.5 研究開発者 96

2.13 古河電気工業 97
  2.13.1 企業の概要 97
  2.13.2 はんだ付け鉛フリー技術に関する製品・製造技術 .. 98
  2.13.3 はんだ付け鉛フリー技術の技術開発における
       課題別の保有特許 98
  2.13.4 技術開発拠点 100
  2.13.5 研究開発者 100

2.14 三井金属鉱業 101
  2.14.1 企業の概要 101
  2.14.2 はんだ付け鉛フリー技術に関する製品・製造技術 . 102
  2.14.3 はんだ付け鉛フリー技術の技術開発における
       課題別の保有特許 102
  2.14.4 技術開発拠点 104
  2.14.5 研究開発者 104

2.15 旭化成 105
  2.15.1 企業の概要 105
  2.15.2 はんだ付け鉛フリー技術に関する製品・製造技術 . 106
  2.15.3 はんだ付け鉛フリー技術の技術開発における
       課題別の保有特許 106
  2.15.4 技術開発拠点 107
  2.15.5 研究開発者 108

2.16 タムラ製作所 109
  2.16.1 企業の概要 109
  2.16.2 はんだ付け鉛フリー技術に関する製品・製造技術 . 110
  2.16.3 はんだ付け鉛フリー技術の技術開発における
       課題別の保有特許 111
  2.16.4 技術開発拠点 112
  2.16.5 研究開発者 113

目次

2.17 内橋エステック 114
- 2.17.1 企業の概要 114
- 2.17.2 はんだ付け鉛フリー技術に関する製品・製造技術 . 115
- 2.17.3 はんだ付け鉛フリー技術の技術開発における
  課題別の保有特許 115
- 2.17.4 技術開発拠点 117
- 2.17.5 研究開発者 117

2.18 日鉱金属 118
- 2.18.1 企業の概要 118
- 2.18.2 はんだ付け鉛フリー技術に関する製品・製造技術 . 119
- 2.18.3 はんだ付け鉛フリー技術の技術開発における
  課題別の保有特許 119
- 2.18.4 技術開発拠点 120
- 2.18.5 研究開発者 121

2.19 トピー工業 122
- 2.19.1 企業の概要 122
- 2.19.2 はんだ付け鉛フリー技術に関する製品・製造技術 . 123
- 2.19.3 はんだ付け鉛フリー技術の技術開発における
  課題別の保有特許 123
- 2.19.4 技術開発拠点 124
- 2.19.5 研究開発者 125

2.20 日本電熱計器 126
- 2.20.1 企業の概要 126
- 2.20.2 はんだ付け鉛フリー技術に関する製品・製造技術 . 127
- 2.20.3 はんだ付け鉛フリー技術の技術開発における
  課題別の保有特許 128
- 2.20.4 技術開発拠点 129
- 2.20.5 研究開発者 130

2.21 ハリマ化成 131
- 2.21.1 企業の概要 131
- 2.21.2 はんだ付け鉛フリー技術に関する製品・製造技術 . 132
- 2.21.3 はんだ付け鉛フリー技術の技術開発における
  課題別の保有特許 132
- 2.21.4 技術開発拠点 134
- 2.21.5 研究開発者 134

目次

Contents

- 2.22 東北大学 135
  - 2.22.1 研究室の構成 135
  - 2.22.2 特許リスト 135
- 2.23 甲南大学 135
  - 2.23.1 研究室の構成 135
  - 2.23.2 特許リスト 136
- 2.24 大阪大学 136
  - 2.24.1 研究室の構成 136
  - 2.24.2 特許リスト 137
- 2.25 その他の大学・機関 137
  - 2.25.1 出願特許概要 137

3．主要企業の技術開発拠点

- 3.1 はんだ材料技術 142
- 3.2 電子部品接合技術 144
- 3.3 被接合材の表面処理技術 145
- 3.4 はんだ付け方法・装置 146
- 3.5 はんだレス接合技術 147

資 料

1. 工業所有権総合情報館と特許流通促進事業 151
2. 特許流通アドバイザー一覧 154
3. 特許電子図書館情報検索指導アドバイザー一覧 157
4. 知的所有権センター一覧 159
5. 平成13年度 25技術テーマの特許流通の概要 161
6. 特許番号一覧 177
7. ライセンス提供の用意のある特許 185

1.技術の概要

1.1 はんだ付け鉛フリー技術の概要
1.2 はんだ付け鉛フリー技術のアクセス
1.3 技術開発活動の状況
1.4 技術開発の課題と解決手段

> 特許流通
> 支援チャート
>
> # 1. 技術の概要
>
> 電子機器の環境対策として、エレクトロニクス製品基板
> 実装の鉛フリー化が世界的に進められている。

1.1 はんだ付け鉛フリー技術の概要

1.1.1 はんだ付け鉛フリー技術

　はんだ付けを含めたろう接技術の歴史はとても古く、この技術が使われ出したのは鉄器時代以前と考えられている。はんだ付けは、紀元前3000年頃の青銅器時代から西暦2002年の現在までの5,000年もの長い間使い続けられている。さらにローマの遺跡からは西暦300年頃のものと思われるスズ-鉛系合金が発掘されており、はんだ付けが当時すでに金属接合の重要な手段となっていたと考えられる。現代のはんだ付け技術はエレクトロニクス分野において特に重要視されており、従来の方法とは異なる新しいはんだ付け技術が次々と開発されている。新しいはんだ付け技術は新しい実装技術を生み、それによって最先端のエレクトロニクス産業を支えている。携帯電話やデジタルカメラに代表される小型電子機器の出現は実装技術の進歩の結果であり、中でもマイクロソルダリング技術の進歩によるものである。

　しかしエレクトロニクス機器が廃棄された後に、はんだ中に含まれる鉛が環境中に拡散する可能性について従来はあまり論じられていなかった。酸性雨などにより鉛が溶出し地下水や河川を汚染する。汚染された地下水が飲料水として人体に入り込み人間の中枢神経に影響を及ぼすこととなり、地球環境の保全の観点から対策が必要となっている。

　廃棄エレクトロニクス機器から出る鉛は廃棄物中の総鉛量に対する割合も大きく、欧米の統計では40％程度を占めるとされている。環境庁（現環境省）の調査では、その多くの部分はブラウン管からであるが、酸性雨のもとで溶出する鉛はブラウン管より基板のはんだから出る量が多いことが分かっている。日本において年間に使用される鉛は27万トンであるが、そのほとんどはリサイクルされる自動車等のバッテリーに用いられている。はんだとして使用される鉛の量は9,000トン、エレクトロニクス産業に限ると5,000トンであり、現在のところこれらは最終的には廃棄物として処分されている。

　鉛含有はんだに対する法的規制は、1990年に米国における法制化検討で始まった。この法案の提出によって、鉛フリーはんだの開発の動きは、米国のNCMS (National Center for

Manufacturing Science) Lead-Free Soldering Project (1994～97) およびEUのIDEALS (Improved Design Life and Environmentally Aware Manufacture of Electronic Assemblies by Lead-Free Soldering) Project (1996～99) へと続き、日本においても回路実装学会（現エレクトロニクス実装学会）を主体として鉛フリーはんだ研究会（1994～現在）が活動を続けている。

　世界の電気・電子機器に対する鉛の使用規制の動きとしては欧州ではWEEE指令（Waste Electrical and Electronic Equipment 廃電気電子機器指令）のドラフト（草案）として、有害物質（鉛含有はんだを含む）不使用に関する規制案が提出されている。当初は2004年1月1日をもって使用中止とする内容であったが、現在では技術的な難しさから部品実装用のはんだは規制対象外とすることもできる内容に変更されており、2007年1月1日をもって使用中止となる見通しである（2001年12月4日現在、http://www.jbce.org/files/JPP_RoHS.pdf）。自動車関連の鉛規制については電子部品関連は除外項目となっている。また米国では法案が議会を通過しなかった。そのため1995年をピークに米国の鉛フリーはんだ開発研究は一時急速に低下した。しかし欧州のWEEE指令のドラフトや日本企業の鉛フリー化の影響等により、米国IPC (Institute for Interconnecting and Packaging Electronic Circuits) は1998年より鉛フリーはんだ実用化に動き出した。現在米国は鉛フリーはんだの実用化においてはかなり高いレベルにある。

　日本においては、廃掃法（廃棄物の処理および清掃に関する法律）の改正と1998年に成立した家電リサイクル法の下で鉛に対する管理が強化されるようになった。さらに1998年1月に日本電子工業振興協会（当時JEIDA、現JEITA）とエレクトロニクス実装学会（JIEP）の鉛フリーはんだ研究会が共同で公表した鉛フリーはんだロードマップがきっかけとなり、家電メーカーを主体とする各社の鉛フリーはんだのロードマップの公表と量産化への動きが続き、同時期にNEDO（新エネルギー・産業技術情報開発機構）のプロジェクト研究が進められた。日本の国家プロジェクトとしては、2000年3月にNEDOのサポートする「鉛フリーはんだ規格化のための研究開発」が2年間の研究を終了した。NEDOから産業環境管理協会を通してJEIDAと日本溶接協会の2つのワーキンググループが評価、開発を実施した。両者の分担は、溶接協会が鉛フリーはんだ候補材料の材料特性の評価、標準評価法検討を主に検討し、JEIDAでは実装特性および実用化の推進を目標とする信頼性評価を検討した。JEIDAはさらに日本電子機械工業振興協会と協力してさまざまな電子部品の適合性と鉛フリー表面処理に関する評価を行った。　鉛フリーはんだの実用化が進み、日本では1998年秋に松下電器産業がSn-Ag-Bi-In系はんだを使用したコンパクトMDで導入を果たし、海外では1999年末からフィリップス（オランダ）がSn-Ag-Bi（ビスマス）系の片面浸漬基板で照明分野のインバータへの導入を果たした。また国内の通信・家電メーカーやその他の企業もインターネット等に鉛はんだから鉛フリーはんだへの切り替えを公表している。

　はんだ付け鉛フリー技術は次の技術からなる。
　　(1) はんだ材料技術
　　　　a. 組成
　　　　b. 製法
　　(2) 電子部品接合技術
　　(3) 被接合材の表面処理技術

（4）はんだ付け方法・装置
　　（5）はんだレス接合技術

（1）はんだ材料技術
a.組成

　はんだとは液相線が450℃以下の溶可材であると定義されている（JIS Z 3001:溶接用語）。鉛フリーはんだは融点の高い順に組成別にZn系、Au系、Pb系、Sn系、Bi系、In（インジウム）系などに分かれる。特にSn-Pb共晶はんだ（183℃共晶温度）近傍の非鉛系は、Sn系であり、Sn-In系（117℃共晶）、Sn-Bi系（139℃共晶）、Sn-Zn系（199℃共晶）、Sn-Ag系（221℃共晶）、Sn-Cu系（227℃共晶）、Sn-Sb（アンチモン）系（235℃共晶）などである。浸漬用、リフロー用、リペア（交換）用として用いられる組成は、Sn-Bi系、Sn-Zn系、Sn-Ag系、Sn-Cu系が主であるが、特に重要な組成は、

　　（a）高融点系（Sn-Ag系、Sn-Cu系、Sn-Sb系を含む）
　　（b）中融点系（Sn-Zn系でSn-Pb共晶はんだの融点に近い）
　　（c）低融点系（Sn-Bi系、Sn-In系を含む）
　　（d）その他　　（Sn-Au系、Zn-Al系を含む）

である。本書では鉛フリーはんだ組成を上記（a）～（d）の4項目に分類しており、これによって鉛フリーはんだ組成関連の特許はほぼ網羅される。Sn-In系は低融点系に、Sn-Cu系とSn-Sb系は高融点系に含めた。また、実際には2元系合金だけではんだとして要求される特性（ぬれ性、機械的強度等）に対して満足できない部分があるので、数％の添加物を加えた多元系が多く特許として出願されている。

（a）高融点系

　Sn-Ag系はんだは、融点の高いはんだとして既に実用化している実績をもつ鉛フリーはんだである。特に合金の持つ微細構造組織から機械的強度に優れ、大きな利点として信頼性を格段に向上でき、Sn-Pb共晶はんだの有力な代替材料と考えられている。Sn-3.5Ag（組成単位はwt％、以下同様）の組成において共晶点を持ち、共晶点は221℃である。Sn-Ag系の主なはんだはCu、Biを添加した3元系、4元系のものである。代表的な組成は、次の①～③である。

　　① Sn-3.5Ag-0.6Cu、Sn-3～4Ag-1Cu、Sn-3.4～4.1Ag-0.45～0.9Cu
　　② Sn-3.4Ag-4.8Bi
　　③ Sn-3.5Ag

　特にSn-Ag-Cu系の三元系で注目される海外特許はアイオワ州立大、サンディオ コーポレーション出願のUSP5,527,628であり、はんだ組成はSn-3.5～7.7Ag-1.0～4.0Cuである。

　Sn-Ag-Cu系にBi、In、Sb、Ni等を添加した4元系と、Sn-Ag-Bi系にIn等を添加した4元系も特許として出願されている。いずれもSn-Ag系の持つ機械的強度等の利点に加えて、はんだ特性のぬれ性の改善、融点の低下等を図っている。一般的にSn-Ag系の欠点としては、はんだの融点が高いため、実装する電子部品等の耐熱温度を従来より高くしなければならないことである。

　高融点系ではSn-Ag系の他にSn-Cu系とSn-Sb系の組成のはんだが用いられている。特に

Sn-Cu系はんだは浸漬はんだ付けに使用されており、Sn-0.7Cu共晶はんだは227℃に融点を持つ。組成が単純で供給性も良い。Sn-Cu系は250～255℃において、3～4秒ではんだ付けが可能である。欠点は、きれが悪くブリッジ状やつの状、未はんだ状のはんだ付け不良の問題が発生しやすい点である。代表的な組成は、(a) Sn-0.7Cu、(b) Sn-0.7Cu-Niであり、Sn-Cu系にNiを添加したSn-Cu-Ni系はんだは、Sn-Pb共晶はんだとぬれ性、機械的強度等が同等のはんだ特性を有するものとして非常に注目されている。NEMI(National Electronics Manufacturing Initiative)でもSn-Cu系はんだを浸漬(フロー)、ディップはんだ付けにおいて、噴流方式の浸漬はんだとして奨励している。

(b) 中融点系

Sn-Zn系はんだは、融点がSn-Pb共晶はんだ(183℃)に最も近い融点を実現できるため、従来と温度条件を変えずにはんだ付けを行うことができる。Sn-9Znの組成において共晶点(199℃)を持ち、また、機械的強度も良好でかつコストも安い。ただし、Znの反応性が高いため、ぬれ性が悪くはんだボールができやすい欠点を持つ。主としてリフロー対応品が開発されており、はんだペーストとしてはZnの反応性が高いため酸化しやすく、保存性が悪い。リフロー炉は窒素雰囲気を用いることが多いが、最近フラックスの良好なものができたため、窒素リフロー炉を使用せずに済むようになった。また、耐熱性の点ではSn-9Zn共晶はんだの場合、共晶点が199℃であるため、実装時に部品の耐熱温度が150℃まで耐える仕様のものでもはんだ付け可能なように低融点化の研究も進められている。ただし、はんだの融点がSn-Pb共晶はんだの融点に近いため、実装部品として従来と同じ耐熱温度の電子部品等をそのまま使用できる利点をもっている。2元系での採用は少なく、3元系または4元系のはんだ組成が使用される。3元系の特許の代表的な組成は、次の①～③である。
　① Sn-8Zn-3Bi、Sn-7.5Zn-3Bi
　② Sn-8Zn-3In
　③ Sn-9Zn
　4元系ではAg、In、Cu等が添加されている特許が出願されている。これらは機械的強度、ぬれ性、加工性等の向上を目的としている。

(c) 低融点系

Sn-Bi系はんだは、Sn-57Biで139℃の極めて低い共晶点を持つ。ただし、この組成系は添加元素により139℃～232℃までの共晶点を持つが、140℃を超えるとBi粒子の極端な粗大化が生じる。浸漬はんだ付けの場合、スルーホールにおいてリフトオフ現象(スルーホール端子部のはんだフィレットの剥離)が生じやすい。また、Sn-Pbはんだめっき部品との適合性に対しては、剥離が生ずるか否かの確認が必要である。Sn-Bi系は機械的強度が高く、融点が低いことが特徴である。2元系の特許は少なく、3元系、4元系の組成が特許として出願されている。代表的な組成は次の①～③である。
　① Sn-57Bi-1.0In
　② Sn-57Bi-1.0Ag
　③ Sn-58Bi
　Sn-Bi合金にIn、Ag、Zn等を添加することにより、ぬれ性、機械的強度、耐熱性、流動性

等の向上を図っている。

（d）その他

上記以外に、Sn-Au系およびZn-Al系はんだがある。これらはSn-Ag系を上回る高融点のはんだであり、限定された用途に使用される。

国内外の鉛フリーはんだ標準化の動向をまとめると、次のようになる。

NCMS（最終報告書・米国） ・・・・・・・・・・・・・・・・・・・・・・・Sn-3.5Ag
　　　　　　　　　　　　　　・・・・・・・・・・・・・・・・・・・・・・・Sn-3.4Ag-4.8Bi
　　　　　　　　　　　　　　・・・・・・・・・・・・・・・・・・・・・・・Sn-58Bi
IDEALS（EU） ・・・・・・・・・・・・・・・・・・・・・・・・・・・・・・・・Sn-3.8Ag-0.7Cu-(0.25Sb)
NEMI（中間報告・米国） ・・・・・・・・・・・・・・・・・・・・・・・・・Sn-3.9Ag-0.6Cu（汎用）
　　　　　　　　　　　　・・・・・・・・・・・・・・・・・・・・・・・・・Sn-3.5Ag、Sn-0.7Cu（Wave）
ITRI（International Tin Research Institute・英国）Sn-3.4～4.1Ag-0.45～0.9Cu
NEDO-JWES/JEITA（日本） ・・・・・・・・・・・・・・・・・・・・・Sn-3.5Ag
　　　　　　　　　　　　　・・・・・・・・・・・・・・・・・・・・・・・Sn-3～4Ag-0.5～1.0Cu
　　　　　　　　　　　　　　　　　（主にSn-3Ag-0.5Cu）
　　　　　　　　　　　　　・・・・・・・・・・・・・・・・・・・・・・・Sn-3～4Ag-2～5Bi

b.製法

はんだ製法は、下記の5項目に分類される。

　（a）棒状・線状はんだ　　　　　　（d）はんだペースト（ソルダーペースト）
　（b）箔状はんだ　　　　　　　　　（e）その他
　（c）球状はんだ（はんだボール）

（a）棒状・線状はんだは、浸漬はんだ槽の供給用として使用されており、特に棒状の鉛フリーはんだに要求される特性は、ぬれ性、はんだ切れ、ドロス（はんだの酸化物）の発生の少ないものが必要である。線(糸)状はんだは手付け（コテ付け）はんだ用として用いられている。

（b）箔状はんだは、半導体チップとリードフレーム（回路基板）の接合等に使用され、転写等により配置される。

（c）球状はんだは、BGA（Ball Grid Array）、CSP（Chip Size Package）形状のフリップチップ（半導体を直接基板へ接合するチップ）等のバンプに使用されている。鉛フリーはんだを用いた球状はんだはφ0.1～φ1.0mm程度のものが販売されており、公差はφ0.1mm±5μmである。表面の酸化が少なく、真球度の精度が要求される。この分野の特許の内容は球状はんだの作り方と表面被膜形成方法である。

（d）はんだペーストは、鉛フリーはんだ粉末とフラックスを混練したもので、はんだ組成は主にSn-Ag系、Sn-Zn系、Sn-Bi系であり、フラックスは、はんだ組成に対応するものが選定される。この分野の特許の内容は粘度、塗布性、印刷性、ぬれ性、接合強度、保存性、経年変化と無洗浄化である。現在実用化されているはんだペーストはSn-9Zn、Sn-8Zn-3Bi、Sn-Bi-Ag系、Sn-Ag系であり、各はんだメーカーよりカタログ化され、販売されている。今後技術的に開発が進められると推測される形状は球状はんだとはんだペーストであり、

はんだ組成系ではPb-Sn共晶はんだの代替として考えられているSn-Ag系である。

(2) 電子部品接合技術
　電子部品接合技術は、下記の4項目に分類される。
　　a．電子部品等の基板へのはんだ付け
　　b．パッケージ封止
　　c．半導体等のはんだ接合
　　d．受動部品等のはんだ付け
　半導体のはんだ接合では特に情報通信システムの高機能化、高速化の要求に伴い、電子デバイスの高性能化、高機能化や電子情報機器、とりわけノートパソコンや携帯電話などの高機能・複合化、小型化（薄型軽量化）に対応して、今後もこの分野（特にチップ接合や電子部品等の基板へのはんだ付け）の特許の出願件数は増加することになろう。
　a．電子部品等の基板へのはんだ付けは、PC板、FPC基板、多層（積層）基板等の配線基板と、配線パターン、インナーリード、スルーホール、ランド等の基板構成要素と、鉛フリーはんだの種類、導電性接着剤、導電ペーストの組合せによる基板実装関連を扱う。特に、はんだの酸化、ブリッジ、マイグレーション等の防止や、高温特性、接続の信頼性が主要素となる。
　b．パッケージ封止は、半導体等のパッケージ（キャップ）の封止、電子部品の封止、気密端子の封止等に関し、内部ガス抜き、耐湿性、接続部劣化等である。
　c．半導体等のはんだ接合は、半導体チップ接合と半導体のパッケージ接合とセラミック基板接合に分けられる。半導体チップ接合は、半導体チップ（ベアチップ）と基板面上の電極の接合で、はんだボール、バンプ、パッド、パッケージ等や、はんだボールキャリア、チップキャリア等や、接合材として鉛フリーはんだの組成、導電性接着剤等であり、接合（断線、強度、剥離、クラック等）の信頼性と耐熱疲労、耐高温性、経年変化等の信頼性が内容である。また、特に小型・薄型化が重要である。半導体のパッケージ接合は、パッケージ端子と基板の接合に、はんだペーストまたははんだボール等を使用する。
　またセラミック基板接合は、主にSi_3N_4（窒化ケイ素）、AlN（窒化アルミニウム）等のセラミック基板に対しメタライズを行い、メタライズ層と半導体とを鉛フリーはんだによって接合する技術である。強固なメタライズ層の形成方法、基板と半導体との熱膨張係数差の緩和、基板の放熱性の向上、耐熱サイクル性などの長期信頼性の向上が課題である。
　d．受動部品等のはんだ付けは、基板実装用のコイル、抵抗、コンデンサ等の外部電極またはリード端子の接合に関する技術で、熱膨張係数差によるクラック発生の防止や、部品の小型化によるはんだ付け領域の減少を補うはんだ付け強度の向上などが課題である。

(3) 被接合材の表面処理技術
　被接合材の表面処理技術は、下記の2項目に分類される。
　　a．めっき被膜
　　b．その他の被膜
　a．めっき被膜はSn系めっき、およびSn系以外のめっきにより、電解めっき法、無電解めっき法を用いて形成する。

鉛フリーはんだを使用したはんだ接合は、Sn-Pb共晶はんだに比べてぬれ性等のはんだ特性に劣る。従ってはんだ組成技術とともに被接合材技術によりその欠点をカバーする必要があり、はんだ組成技術とともにはんだ付け鉛フリー技術は重要な要素である。

　鉛フリーはんだに対応して、被接合材も従来から多く用いられていたSn-Pb合金はんだめっきから、鉛を含まないSnめっき、Sn合金めっきに移行している。一般的には鉛フリーはんだと同系の合金めっきが用いられている。基板配線、リード線、リードフレーム等と電子部品の接合端子や、半導体チップの接合に使用されるはんだボール・金属ボール等の被覆に使用される。インターネット上やカタログ等に、鉛フリーはんだに対応した半導体部品、受動部品、スイッチ・コネクタ類等が公表されており、それによると被接合材としての鉛フリー化がかなりの比率で実用化されている。

　Sn系めっきはSn-Ag系合金、Sn-Zn系合金、Sn-Bi系合金めっきが主であり、特許出願件数も非常に多い。Sn系以外のめっき材料は、Pd（パラジウム）、Pd合金、Au、Au合金およびNi系が主である。

　めっき方法は、電解めっき、または無電解めっきであるが、無電解めっきは少ない。特にめっき浴が開発対象である。また、めっき方法の特許はめっき組成と重複する。

　b．その他の被膜は、導電ペーストが主で、Cu粉末とフェノール樹脂からなる導電ペーストと導電粉末にガラスフリット（粉末ガラス）を含有した導電ペーストであり、接触抵抗の低減、密着強度向上、接合性・接着性の向上で配線基板、電子部品の電極が対象である。

（4）はんだ付け方法・装置

　はんだ付け方法・装置は、下記の6項目に分類される。
　　a．前処理　　　　　　　　　　d．後処理
　　b．はんだ付け方法　　　　　　e．検査および評価装置
　　c．はんだ付け装置　　　　　　f．はんだ回収

　a．前処理は、表面改質、保護用レジスト、フラックス材料、フラックス塗布、はんだペースト塗布、予備はんだ処理があり、特にはんだ付け鉛フリー技術に関係するものは、フラックス材料である。フラックスには有機系と無機系があるが、現在では有機系が主流であり、最近ではアクリル系を使用することが多い。酸化しやすいSn-Zn系はんだについては、フラックスの役割は特に重要である。また、はんだ付け後の無洗浄とファインピッチに対応するものが望まれる。

　b．はんだ付け方法は、手はんだ付け、浸漬はんだ付け、リフローはんだ付け、その他がある。この分野で特に鉛フリーはんだに関する技術が必要なのは、浸漬はんだ付けとリフローはんだ付けである。浸漬はんだ付けの課題は、大量のドロスの発生とリフトオフ現象に関するものである。リフローはんだ付けに関しては、Sn-Pb共晶はんだの代替と言われているSn-Ag系はんだは、鉛フリーはんだのリフロー時にSn-Pb共晶はんだに比較して基板上の温度のばらつきの許容範囲が狭く、またはんだ付け温度が数10℃高い。したがって電子部品等の耐熱特性の対応とはんだ付け装置の温度プロファイル、温度制御の向上が必要となる。また、Sn-Zn系はんだは酸化しやすいため、フラックスの改良、またははんだ付け装置の窒素雰囲気炉等の改良が課題である。

　c．はんだ付け装置は、部品実装機、ビーム照射機、はんだペースト印刷機、予備はんだ

付け機、浸漬装置、リフロー装置等がある。Sn-Ag系の鉛フリーはんだを使用する際に特に重要となることは、Sn-Pb共晶はんだに比較してはんだのぬれ性が悪く、融点も同一にならず一般的には高くなり、はんだ付け温度許容範囲が狭い点である。そのため温度プロファイルの精度の向上が必要であり、特にピーク温度の制御の精度が重要となる。Sn-Zn系はんだを使用する場合、はんだ材料が酸化しやすいので窒素雰囲気のリフロー装置の必要性も考えられる。

　d．後処理では、フラックス除去、有機溶剤および水溶液、その他によるが、特に鉛フリーはんだに関する特許は少ない。

　e．検査および評価装置は、鉛フリーはんだのぬれ性等の問題があり、そのため検査装置の必要性がある。特に半導体チップのBGAパッケージの接合において、3次元的な検査で、はんだボールの欠落、接合状態（はんだぬれ性、ボイド、クラック等）の検査が代表的である。

　f．はんだ回収は、リサイクルが容易なはんだ付け方法、浸漬はんだ装置からのドロスの回収・再利用方法、一度鉛はんだ付けを行った基板を鉛フリーはんだで置換して鉛はんだを回収する方法、はんだ付け装置と使用はんだの種類を基板に表示する方法があり、今後この分野の特許出願は多くなると考えられる。

（5）はんだレス接合技術

　はんだレス接合技術は、半導体等の接合に使用され、はんだを使用しないで電気的に接続する技術であり、その代表的なものは、導電性接着剤を使用した接合方法である。フラックスフリー、無洗浄化と合わせて開発が進んでいる。導電性接着剤は、導電性粉末と接着性樹脂とカップリング剤で構成されており、その技術的課題は導電性粉末の材質と粒子径、接着性樹脂との配合比、カップリング剤の材質、導電性フィラー、および導電性粉末のコーティング等である。またはんだレス接合技術の接合方法に関しては、接合時の加圧、加熱方法と、導電性接着剤のはみ出した部分の硬化方法と、絶縁処理の課題がある。はんだレス接合技術で導電性接着剤以外では、異種めっき層の加圧と加熱による合金化接合等がある。

　EU、米国のはんだ付け鉛フリー技術や法規制に関する情報は、下記のアドレスにアクセスすることで得られる。

参考文献等

　鉛フリーはんだ全般：大阪大学竹本研究室
　　　http://www.crcast.osaka-u.ac.jp/crcast24/contents.htm
　EUの状況　廃家電指令（WEEE Directive）：
　　　http://europa.eu.int/eur-lex/en/com/dat/2000/en_500PC0347_01.html
　在欧日系ビジネス協議会（JBCE）
　　　http://www.jbce.org
　米国　NEMI Lead Free Interconnect Project：
　　　http://www.nemi.org/PbFreePUBLIC/index.html

1.1.2 はんだ付け鉛フリー技術の技術体系

表 1.1.2-1 に、はんだ付け鉛フリー技術の技術体系を示す。

表 1.1.2-1 はんだ付け鉛フリー技術の技術体系（1/3）

技術テーマ	技術要素		解説
はんだ材料技術	組成	高融点系（Sn-Ag系）	Sn-Ag系はんだは共晶点が221℃であり、Sn-Pb共晶はんだより融点が高い。しかし合金が微細組織を有するために機械的強度に優れ、鉛フリー化によりもたらされる利点として信頼性を格段に向上でき、有力な代替材料である。また融点を下げるため、および他の特性改善のため、Cu、In、Bi、Sb等の添加で総合的に改良。Sn-Cu系、Sn-Sb系を含む。
		中融点系（Sn-Zn系）	Sn-Zn系はんだはSn-Pb共晶はんだに最も近い融点を実現でき、機械的強度も良好であり、コストの問題もないが、酸化しやすく、窒素雰囲気でのリフロー装置が必要とされる。非耐熱部品に対応でき、ノートパソコンにて実施された例がある。
		低融点系（Sn-Bi系）	Sn-Bi系はんだは139℃に共晶点をもつがSn-Pb共晶はんだと比べて伸びの低下、耐エージング性、熱疲労特性、フィレットリフティング、Pb含有めっきとの接合に対する検討が必要である。
		その他	Sn-Au系およびZn-Al系はんだ等。
	製法	棒状・線状はんだ	棒状はんだは、フローはんだ槽の供給用として使用され、ぬれ性、はんだ切れが必要で、酸化物の生成が少ないことが必要である。線（糸）状はんだは、主に手はんだ付け用として用いられ、フラックス含有のものが多い。フラックスは、鉛フリーはんだ組成に対応したものが用いられる。
		箔状はんだ	箔状はんだは、半導体チップとリードフレームの接合等に使用され、転写等により配置され、リフロー装置により接合される。
		球状はんだ	球状はんだは、BGA・CSPフリップチップ等のバンプに使用される。鉛フリーの球状はんだへの要求は、表面の酸化が少なく、真球度の精度が必要となる。
		はんだペースト	鉛フリーはんだ粉末とフラックスを混練したもので、Sn-Pbはんだ粉末を使用したはんだペーストとはフラックスが異なる場合がある。鉛フリーはんだ合金の組成に対応してフラックスを選定する。鉛フリーはんだ合金にコーティングする例もあり、ぬれ性等のはんだ特性がポイントとなる。リフロー装置の温度プロファイルの設定温度のばらつきを抑えることもはんだ特性の要因となる。保存安定性についてもSn-Ag系以外は課題をもっている。
		その他	上記以外の鉛フリーはんだ。
電子部品接合技術	電子部品等の基板へのはんだ付け		鉛フリーはんだを使用する基板への電子部品のフローはんだ付け、リフローはんだ付けで、フローはんだ付けはスルーホール基板のリフトオフによるランドの剥離の問題を扱い、リフローはんだ付けは各種プリント配線板におけるはんだボール、機械的衝撃特性、ピンコンタクト性等の問題で、特に基板実装に関するものを扱う。
	パッケージ封止		鉛フリーはんだを使用したパッケージの封止で、特に半導体等のパッケージの封止を扱う。
	半導体等のはんだ接合		半導体の組み立て工程で、半導体チップと基板をステップはんだ付け法等によりはんだ接合する。またセラミック基板と半導体チップまたは電子部品等の接合で、はんだのぬれ性、機械的強度等が課題となる。
	受動部品等のはんだ付け		鉛フリーはんだを使用した受動部品等の基板実装で、特にチップタイプのコンデンサ、インダクタ、抵抗等の受動部品の基板へのリフローはんだ付けにおける外部電極と基板のはんだ付けのぬれ性等が課題となる。

表 1.1.2-1 はんだ付け鉛フリー技術の技術体系 (2/3)

技術テーマ	技術要素		解説
被接合材の表面処理技術	めっき被膜	Sn系	受動部品、リード線、機構部品、半導体等の電気接続部の最外層めっきとして使用され、SnやSn-Bi、Sn-Cu、Sn-Agの鉛フリーめっき組成で対応し、また耐マイグレーションやウィスカーの発生にも配慮が必要となる。
		その他	Sn系以外で鉛を含まない組成である、PdやAuやPd-Auめっき組成。
		電解めっき	鉛フリーはんだに対応する被接合材へのめっき方法である。Sn-Pbめっきの場合、プリント配線版、チップ部品、半導体パッケージ等のめっきはすべて同じ技術で対応できたが、鉛フリーの場合は部材に応じてめっき方法を使い分ける必要がある。Pdめっき、Auめっきも使用される。
		無電解めっき	鉛フリーにはあまり用いられていない。
	その他の被膜	導電ペースト	鉛フリーはんだ球を採用した導電接着剤や焼付け用導電ペースト組成で、ガラス中に鉛を含まない組成物が課題となる。
はんだ付け方法・装置	前処理	表面改質	表面清浄と機械的処理があり、表面清浄にはブラスト法等の物理的洗浄と脱脂、酸化被膜除去等の化学的洗浄がある。また表面粗さや表面活性化を目的とする機械的処理を含む。
		保護用レジスト	非金属被覆として、ストップオフやソルダーレジストを用いる。
		フラックス材料	鉛フリーはんだはSnベースのため、清浄化しにくく、表面張力も高いためにぬれ性が落ちる。そのため鉛フリーはんだに対して、Sn-Pb共晶はんだ用フラックスとは異なるフラックスが必要となる。またノンハロゲンや無洗浄化の要求もある。
		フラックス塗布	フラックスのVOC化が進むなかで、フラックスを適量塗布するための非接触型ディスペンサ方式、スプレー方式、発泡方式等がある。
		はんだペースト塗布	Sn-Pb共晶のはんだペーストに比べて鉛フリーのはんだペーストは、マスク上のスキージによるローリング時に粘度が変化しやすく、はんだペーストの印刷には課題となっている。
		予備はんだ処理	Sn-Pb系はんだを使用せず、鉛フリーはんだを使用する。一般的には同材質系のはんだ材料にて予備はんだする。
	はんだ付け方法	手はんだ付け（はんだごて）	はんだごてを使用する対象は、特殊な部品で、浸漬はんだ付け、リフローはんだ付けの際に同時に処理できない部品に対して用いる。特に熱容量の大きい部品のはんだ付けに用いる。
		浸漬はんだ付け	浸漬はんだ付け時に大量のドロス発生によるコストアップの防止、またリフトオフによる信頼性低下を防ぐ技術として、また、リフローはんだ付け時のぬれ性の確保や、歩留まりの低下を防ぐために、窒素雰囲気を用いたはんだ付け装置が開発・導入されている。
		リフローはんだ付け	Sn-Pb共晶はんだを用いた場合と比較して、鉛フリーはんだのリフロー時の基板上の温度ばらつきの許容範囲が狭く、被接合部材のめっき処理等の際のめっき組成が接合特性の影響を受ける。
		その他	手はんだ、浸漬はんだ付け、リフローはんだ付け以外のはんだ付けである。
	はんだ付け装置		鉛フリーはんだ対応はんだ付け装置の場合はSn-Pb共晶はんだによるはんだ付け装置に比較して、一般に融点が上がるだけではなく、温度プロファイルの精度も必要であり、特にピーク温度におけるばらつきを最小限に抑える必要がある。またSn-Zn系はんだを使用する場合、酸化しやすいため窒素雰囲気にてはんだ付けを行う必要がある。

表 1.1.2-1 はんだ付け鉛フリー技術の技術体系 (3/3)

技術テーマ	技術要素		解説
はんだ付け方法・装置	後処理	フラックス除去	鉛フリーはんだ用フラックスの除去が主である。
		有機溶剤	鉛フリーはんだ付け後の有機溶剤による後処理。
		水溶液	鉛フリーはんだ付け後の洗浄または化学研磨。
		その他	上記以外のはんだ付け後の後処理。
	検査および評価装置		鉛フリーはんだはSn-Pb共晶はんだよりもぬれ性等で問題があるため、鉛フリーはんだ付け特有の検査が必要であり、特に半導体・BGAパッケージはんだ付け後の3次元的な検査では、はんだボールの欠落、接合状態（はんだぬれ性、ボイド、クラック）の検査装置が必要となる。
	はんだ回収		はんだ用金属等の回収・リサイクル技術であり、特にSn-Pb共晶はんだと比較して種類が多くなるため、従来と異なる手法が必要となる。
はんだレス接合技術	材料・接続方法		小型化が進む半導体のフリップチップのバンプ形成やはんだに代わる導電性接着剤等の技術がフラックスフリー、無洗浄と合わせて開発されている。

1.2 はんだ付け鉛フリー技術のアクセス

1.2.1 はんだ付け鉛フリー技術のアクセスツール

表 1.2.1-1にはんだ付け鉛フリー技術のアクセスツールを示す。特許庁のデータベース特許電子図書館（IPDL）を使用する際の特許分類（FI、Fターム）等を示す。

表 1.2.1-1 はんだ付け鉛フリー技術のアクセスツール（1/2）

技術要素			検索式	概要
はんだ材料技術	組成	高融点系（Sn-Ag系）	(FI:(B23K35/26,310A+B23K35/26,310C+B23K35/26,310Z+C22C13/00+H05K3/34,512C))-(FI:B23K35/26,310B+FT:5E319BB07)	Sn系はんだ、Ag系はんだまたはZn系はんだで、Pbを含有しているはんだ組成のものを除く
		中融点系（Sn-Zn系）		
		低融点系（Sn-Bi系）		
	製法	棒状・線状はんだ	FI:(B23K35/40,340+B23K35/14B)*S03	棒状または線状のはんだの製造
		箔状はんだ	FI=(B23K35/14D+B23K35/40,340H)*S03	テープ状、シート状のもの
		球状はんだ	(FI:B23K35/40,340F+FT:5E319BB04)*S03	接続部材で、球状はんだ
		はんだペースト	(FI:B23K35/22,310+FT:5E319BB05)*S03	接続部材で、ペースト状はんだ
		その他	(FT:5E319BB01-(FT:(5E319BB04+5E319BB05)))*S03	接続部材で、上記以外のもの
電子部品接合技術	電子部品等の基板へのはんだ付け		((FT:5E319+FI:(H05K3/46+H05K1/09+H05K3/34))-(FI:B23K35/26,310B+FT:5E319BB07))*S03	プリント基板等の電子部品のはんだ付け
	パッケージ封止		FI:(H01L23/02+H01L23/10+H01L23/12+H01L35/54)*S03	半導体パッケージその他の封止
	半導体等のはんだ接合		(FI:(H01L21/52+H01L21/60)+FT:5F047)*S03	半導体チップおよびパッケージの基板への接合
	受動部品等のはんだ付け		FI:(B23K1/00+B23K1/08)*S03	L、C、R等およびスイッチ等のはんだ付け
被接合材の表面処理技術	めっき被膜	Sn系	(FI:(C25D5/26B+C25D5/26K+C25D3/30+C25D3/56)+FT:(4K024AA07+4K024AA21))*S03	Snめっき、Sn合金めっき
		その他	(FT:4K024-FT:(4K024AA07+4K024AA21))*S03	Snめっき、Sn合金めっき以外のめっき
	その他の被膜	導電ペースト	(FI:(H01B1/22A+H01B1/16+C09D5/24))*S03	受動素子の外部電極材

表 1.2.1-1 はんだ付け鉛フリー技術のアクセスツール (2/2)

技術要素			検索式	概要
はんだ付け方法・装置	前処理	表面改質	FI:H05K3/34,501*S03	はんだ付けの前処理
		保護用レジスト	FI:(H05K3/00E+H05K3/00G+H05K3/00H+H05K3*06H)*S03	露光用レジスト
		フラックス	((FI:B23K35/363+B23K1/00F+B23K3/00A)+FT:(5E319CD01+5E319CD21))*S03	フラックス材、フラックス塗布を含む
		はんだペースト塗布	(FI:(B41F15/08+B41F15/40B+B23K3/06)+FT:(2C035+2C036))*S03	はんだペーストの塗布
		予備はんだ処理	FI:(B23K1/20J+B23K1/20F+B23K1/20H)*S03	はんだめっき、予備はんだ、表面洗浄
	はんだ付け方法	手はんだ付け	FT:5E319CC53*S03	接続方法で、こてはんだ付け
		浸漬はんだ付け	(FI:H05K3/34,506+FT:5E319CC23)*S03	ディップ・フロー等の浸漬はんだ付け
		リフローはんだ付け	(FI:H05K3/34,507+FT:5E319CC33)*S03	リフローはんだ付け
		その他	(FI:H05K3/34,508+FT:5E319CC60)*S03	その他のはんだ付け
	はんだ付け装置		FI:(B23K1/08+B23K1/008+H05K3/34,505)*S03	浸漬はんだ装置およびリフローはんだ装置
	後処理		(FI:(B23K1/00F+H05K3/26)+FT:(5E319CD01+5E319CD60)*S03	はんだ付け後のフラックスの除去、有機溶剤による後処理、洗浄および化学研磨
	検査および評価装置		(FI:(H05K3/34,512A+G01N9/04+G01N13/00)+FT:5E319CD51)*S03	はんだ付け後の検査、評価装置
	はんだ回収		(回収+再生+リサイクル+再利用+再使用)*S03	Pbフリーはんだの回収、リサイクル
はんだレス接合技術	材料・接続方法		(FI:(C08L101/00+C09J9/02)+FT:(4F071AE15+4F071AH12+4F071BC01))*S04	はんだ以外の接合技術で、導電性樹脂、導電ペースト等

注)IPDLではFIまたはFターム、あるいはFIとフリーワードだけの組み合わせしかできない。ただし、商用の検索システムを利用すればS03、S04のようにFI、FTとフリーワードを組み合わせた絞込みが可能となる。

S01:(はんだ+半田+ハンダ+ソルダ+蝋材+鑞材+ろう材+ロウ材+ロー材+ロー材+蝋付+鑞付+ろう付+ロウ付+ロー付+ロー付+蝋接+鑞接+ろう接+ロウ接+ロー接+ロー接)*(鉛フリー+鉛フリー+Ｐｂフリー+Ｐｂフリー+鉛レス+Ｐｂレス+鉛なし+Ｐｂなし+鉛無し+Ｐｂ無し+鉛を含有しない+鉛を含有せず+鉛を含んでいない+鉛を用いない+鉛以外の+鉛を除いた+鉛を含まない+脱鉛+無鉛+鉛無+非鉛+鉛非)

```
S02:FI:(B23K35/26,310A+B23K35/26,310C+B23K35/26,310Z+C22C13/00+H05K3/34,512C)
     -(FI:B23K35/26,310B+FT:5E319BB07)
S03:S01+S02
```

S04:(半田レス+はんだレス+ハンダレス+ソルダレス+ソルダーレス+ソルダーレス+無半田+無はんだ+無ハンダ+無ソルダ+無ソルダー+無ソルダー+半田不用+はんだ不用+ハンダ不用+ソルダ不用+ソルダー不用+ソルダー不用+半田不要+はんだ不要+ハンダ不要+ソルダ不要+ソルダー不要+ソルダー不要+半田無用+ハンダ無用+はんだ無用+ソルダ無用+ソルダー無用+ソルダー無用+半田代替+はんだ代替+ハンダ代替+ソルダ代替+ソルダー代替+ソルダー代替)

注) 先行技術調査を漏れなく行うためには、調査目的に応じて上記以外の分類も調査しなければならないこともある。

1.2.2 関連技術のアクセス

テーマ内容以外で関連性のあると思われる関連FIを表1.2.2-1に示す。

表 1.2.2-1 はんだ付け鉛フリー関連技術のアクセスツール

関連分野	関連FI	関連分野	関連FI
ガス溶接	B23K5/00	印刷回路	H05K1/00
電気溶接	B23K9/00	印刷電気部品	H05K1/16
プラズマ溶接	B23K10/00	印刷によらない電気部品と電気部品と構造的に結合したPC板	H05K1/18
高周波加熱	B23K13/00	基板のレーザー加工	H05K3/00N
レーザービーム溶接	B23K26/00	基板のマーキング	H05K3/00P
はんだ溶接	B23K33/00	印刷配線の試験・検査	H05K3/00V
はんだ溶接材料の比重・密度調査	G01N9/00	電気部品の基板への取り付け	H05K3/30
はんだの流動性	G01N9/04	絶縁基板と金属間の接着	H05K3/38
はんだの表面または湿潤性	G01N13/00	多重層基板	H05K3/46
はんだの浸透効果	G01N13/04	印刷配線の製造	H05K3/40
はんだの表面張力	G01N13/02	基板への印刷要素の形成	H05K3/00

1.3 技術開発活動の状況

1.3.1 テーマ全体

図 1.3.1-1にテーマ全体の出願人数と出願件数の推移を示す。1995〜97年にかけて出願件数の伸びが緩やかになるが、98年以降は増加に転ずる。家電リサイクル法（98年施行）の影響もあり、近年は出願件数が増加する傾向にある。

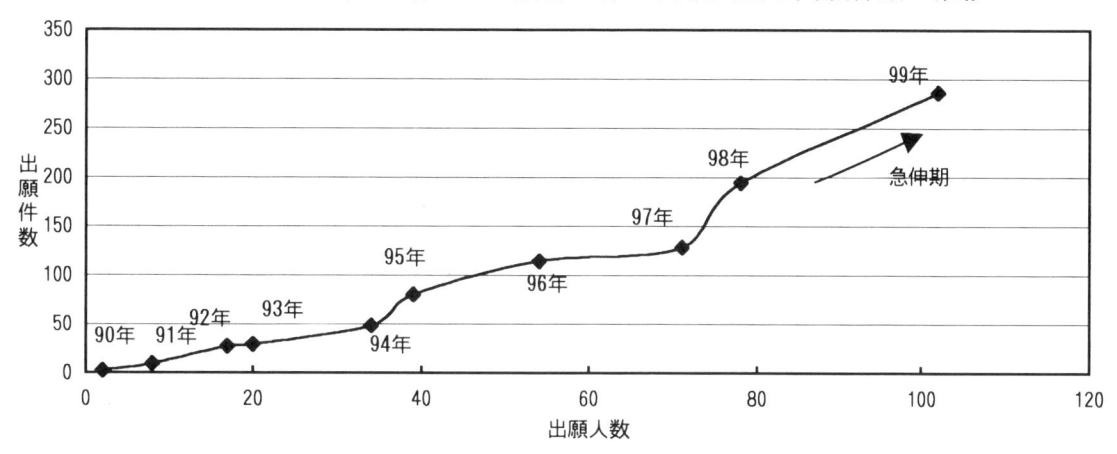

図 1.3.1-1 はんだ付け鉛フリー技術全体の出願人数と出願件数の推移

表 1.3.1-1にテーマ全体の主要出願人と出願件数を示す。松下電器産業、日立製作所、富士通、IBM、日本電気の通信・家電メーカーとはんだメーカーの千住金属工業の6社が91年から開発に着手し、その後出願件数が増加している。90年に米国での鉛はんだに関する法規制案が提出された時期と一致する。他社は1994〜95年にかけて参入し始め98年にはほぼ出揃っている。98年の日本での家電リサイクル法の成立の影響と考えられる。

表 1.3.1-1 はんだ付け鉛フリー技術全体の主要出願人と出願件数

順位	出願人	90年	91年	92年	93年	94年	95年	96年	97年	98年	99年	合計
1	松下電器産業	0	1	1	1	2	7	9	6	15	32	74
2	日立製作所	1	1	5	2	0	4	8	6	12	22	61
3	東芝	0	0	0	0	0	10	5	7	8	5	35
4	富士通	0	0	1	3	2	7	3	2	7	5	30
5	ソニー	0	0	0	0	0	0	2	4	10	12	28
6	千住金属工業	0	1	2	0	0	3	4	3	4	8	25
7	IBM	0	1	2	1	5	1	1	4	2	3	20
8	大和化成研究所	0	0	0	0	0	0	10	2	2	4	18
9	村田製作所	0	0	0	0	0	0	3	5	6	3	17
9	日本電気	0	0	2	1	1	1	0	0	3	9	17
11	石原薬品	0	0	0	0	0	0	7	3	2	4	16
12	京セラ	0	0	0	0	2	2	3	1	3	4	15
12	住友金属鉱山	0	1	0	0	0	0	1	4	6	3	15
14	三井金属鉱業	0	0	0	0	2	5	2	1	1	3	14
15	旭化成	0	0	0	0	0	0	1	4	4	3	13
16	古河電気工業	0	0	0	1	1	0	0	1	5	4	12
17	昭和電工	0	0	0	1	0	1	2	2	2	3	11
17	豊田中央研究所	0	0	0	1	0	0	1	3	1	5	11
19	タムラ製作所	0	0	0	0	0	0	0	0	2	8	10
19	日鉱金属	0	0	0	0	0	0	0	1	4	5	10
21	タムラエフエーシステム	0	0	0	0	0	0	0	0	1	8	9
21	トピー工業	0	0	0	0	0	0	0	3	3	3	9
23	日本電熱計器	0	0	0	0	0	0	0	0	0	8	8
24	内橋エステック	0	0	0	0	0	1	2	0	3	1	7
	出願件数（全体）	2	9	27	29	48	80	114	128	194	286	-

1.3.2 はんだ材料技術
(1) 組成

図 1.3.2-1にはんだ材料技術・組成の出願人数と出願件数の推移を示す。1993年以降から出願件数が急増しており、1995年以降は出願件数が停滞期に入っている。はんだ組成の研究が一段落しており、今後の動向が注目される。

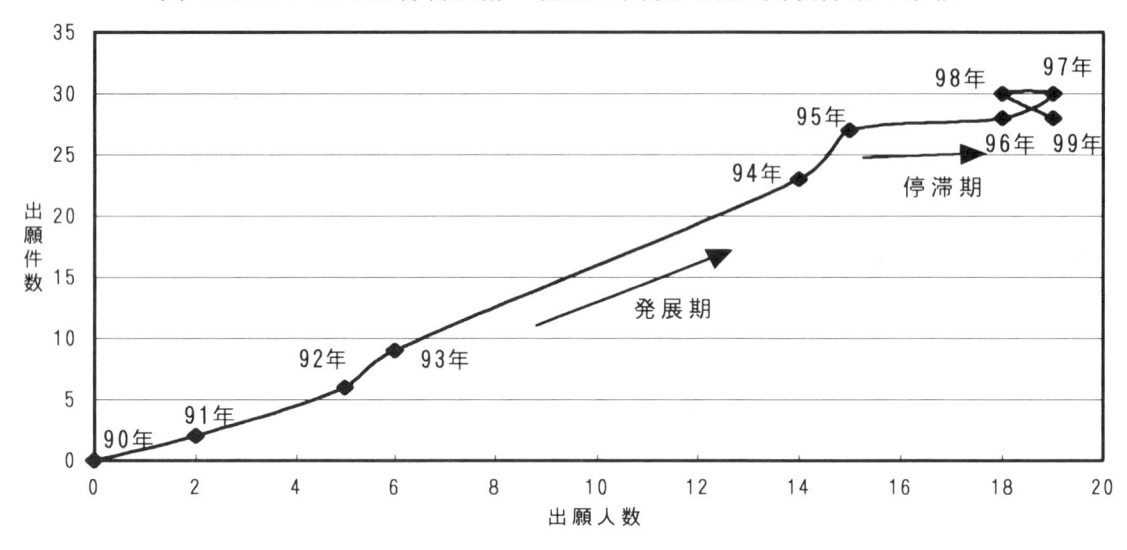

図 1.3.2-1 はんだ材料技術・組成の出願人数と出願件数の推移

表 1.3.2-1にはんだ材料技術・組成の主要出願人と出願件数を示す。松下電器産業、日立製作所、IBM、富士電機、ソニー等の通信・家電メーカーと千住金属工業、三井金属鉱業、住友金属鉱山、その他のはんだ素材メーカー、またははんだ関連メーカーが参入しており、共同出願も目立つ。松下電器産業と千住金属工業の2社が1991年より参入し、1994年から各社が参入し出願件数も増加している。主要なはんだ組成はほとんど検討し尽くされており、基本的な技術開発から応用技術開発へ移行する。

表 1.3.2-1 はんだ材料技術・組成の主要出願人と出願件数

順位	出願人	90年	91年	92年	93年	94年	95年	96年	97年	98年	99年	合計
1	松下電器産業	0	1	1	0	0	3	5	0	0	5	15
2	日立製作所	0	0	0	0	0	4	3	2	2	0	11
3	村田製作所	0	0	0	0	0	0	2	3	3	2	10
4	千住金属工業	0	1	1	0	0	3	2	1	1	0	9
4	三井金属鉱業	0	0	0	0	2	3	1	1	0	2	9
6	住友金属鉱山	0	0	0	0	0	0	0	3	4	0	7
7	富士電機	0	0	0	0	0	0	0	2	2	2	6
7	内橋エステック	0	0	0	0	0	1	2	0	3	0	6
7	徳力本店	0	0	1	3	1	1	0	0	0	0	6
7	IBM	0	0	0	0	5	0	0	0	0	1	6
11	ソニー	0	0	0	0	0	0	1	3	1	0	5
11	日本スペリア社	0	0	0	2	0	0	0	0	2	1	5
11	石川金属	0	0	0	0	1	1	0	0	1	2	5
11	田中電子工業	0	0	0	0	3	0	2	0	0	0	5
11	豊田中央研究所	0	0	0	0	0	0	1	2	0	2	5
16	トピー工業	0	0	0	0	0	0	0	1	2	1	4
	出願件数（全体）	0	2	6	9	23	27	28	30	30	28	-

(2) 製法

図 1.3.2-2にはんだ材料技術・製法の出願人数と出願件数の推移を示す。1998年に出願件数が増加しているが、その後出願件数は増加傾向にはない。

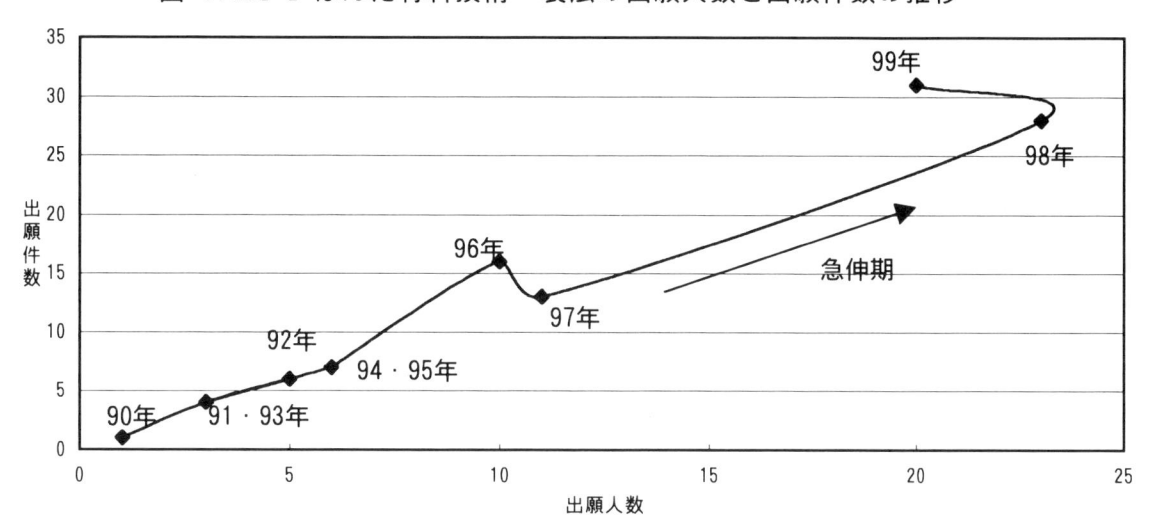

図 1.3.2-2 はんだ材料技術・製法の出願人数と出願件数の推移

表 1.3.2-2にはんだ材料技術・製法の主要出願人と出願件数を示す。参入会社で出願が最も多い松下電器産業は通信・家電のメーカーであるが、昭和電工、千住金属工業、トピー工業、ハリマ化成、三井金属鉱業等はんだ関連メーカーが主である。はんだペーストおよびフリップチップ接合に使用されるはんだボールの分野であり、今後の動向が注目される。

表 1.3.2-2 はんだ材料技術・製法の主要出願人と出願件数

順位	出願人	90年	91年	92年	93年	94年	95年	96年	97年	98年	99年	合計
1	松下電器産業	0	0	0	0	0	1	3	2	2	2	10
2	昭和電工	0	0	0	1	0	1	1	2	2	0	7
3	千住金属工業	0	0	1	0	0	0	2	1	0	2	6
4	立石電機	0	0	1	0	0	0	3	0	0	0	4
4	豊田中央研究所	0	0	0	1	0	0	0	0	1	2	4
4	日立製作所	0	1	1	0	0	0	1	1	0	0	4
4	東芝	0	0	0	0	0	0	0	1	3	0	4
4	三井金属鉱業	0	0	0	0	0	1	1	0	2	0	4
4	ハリマ化成	0	0	0	0	0	2	0	1	1	0	4
4	トピー工業	0	0	0	0	0	0	0	1	1	2	4
11	富士通	0	0	0	2	0	0	0	0	1	0	3
11	モトローラ	0	0	0	0	2	1	0	0	0	0	3
11	ニホンハンダ	0	0	0	0	0	0	0	0	1	2	3
	出願件数（全体）	1	4	6	4	7	7	16	13	28	31	－

1.3.3 電子部品接合技術

図1.3.3-1に電子部品接合技術の出願人数と出願件数の推移を示す。1997年に出願件数が減少するが、98年には急増する。近年は出願人数が増加し、出願件数も増加する傾向にある。

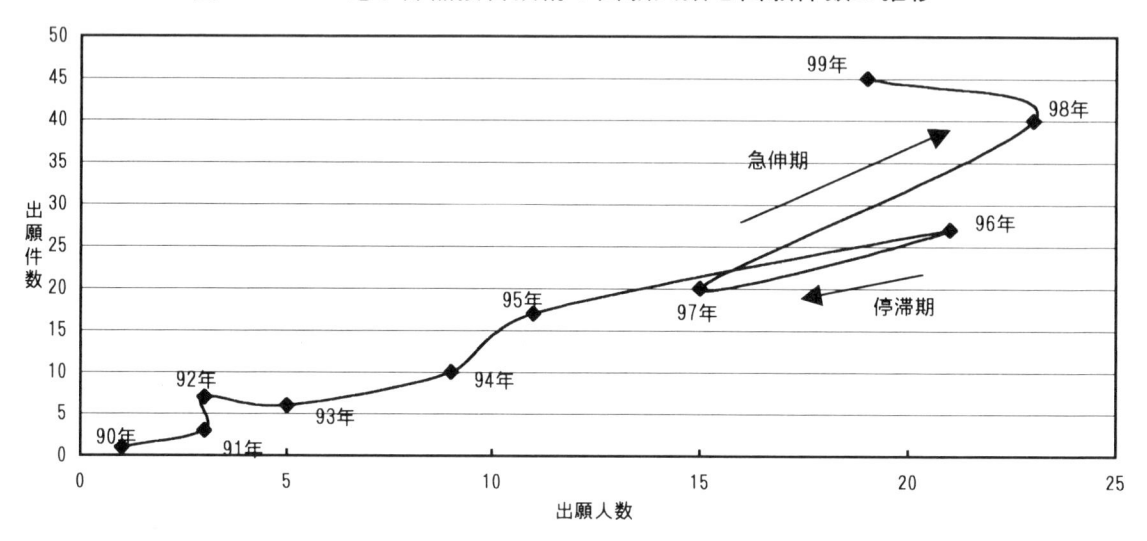

図 1.3.3-1 電子部品接合技術の出願人数と出願件数の推移

表1.3.3-1に電子部品接合技術の主要出願人と出願状件数を示す。電子部品接合技術は日立製作所が開発に着手するのが早く、出願件数もトップである。1995年から東芝、松下電器産業、富士通、日本電気が参入しその後各社一斉に参入した。この分野の参入会社は、半導体メーカーが主であり、次に基板実装関連会社である住友金属鉱山、イビデン等で、特に98年から半導体メーカーの出願件数が急増している。

表 1.3.3-1 電子部品接合技術の主要出願人と出願件数

順位	出願人	90年	91年	92年	93年	94年	95年	96年	97年	98年	99年	合計
1	日立製作所	1	0	3	1	0	0	3	1	5	12	26
2	東芝	0	0	0	0	0	5	3	3	2	1	14
2	松下電器産業	0	0	0	0	1	2	1	1	4	5	14
4	富士通	0	0	0	1	0	1	2	1	4	3	12
5	ソニー	0	0	0	0	0	0	1	1	3	2	7
6	日本電気	0	0	2	0	0	1	0	0	1	2	6
6	IBM	0	0	2	0	0	0	1	1	1	1	6
8	京セラ	0	0	0	0	1	0	1	1	1	1	5
8	住友金属鉱山	0	1	0	0	0	0	1	0	1	2	5
10	新光電気工業	0	0	0	0	1	0	1	0	1	1	4
10	イビデン	0	0	0	0	0	1	1	1	1	0	4
10	住友電気工業	0	0	0	0	2	1	0	0	1	0	4
13	三菱瓦斯化学	0	0	0	0	0	0	0	0	3	0	3
13	三菱電機	0	0	0	0	0	0	0	0	0	3	3
13	住友金属エレクトロデバイス	0	0	0	0	0	1	0	1	1	0	3
13	住友電装	0	0	0	0	0	0	0	3	0	0	3
13	東海理化電機製作所	0	1	0	0	0	0	0	2	0	0	3
13	日本特殊陶業	0	0	0	2	0	0	1	0	0	0	3
	出願件数（全体）	1	3	7	6	10	17	27	20	40	45	－

1.3.4 被接合材の表面処理技術

図 1.3.4-1に被接合材の表面処理技術の出願人数と出願件数を示す。1995年から出願件数が増加しており、特に98年からは出願人数と出願件数が急伸している。

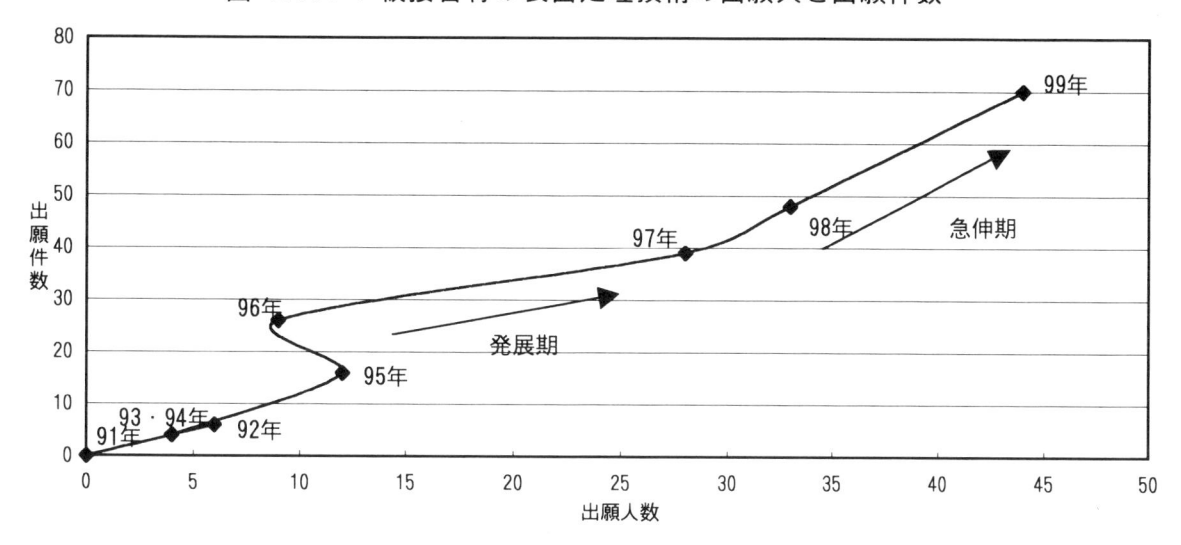

図 1.3.4-1 被接合材の表面処理技術の出願人と出願件数

表 1.3.4-1に被接合材の表面処理技術の主要出願人と出願件数を示す。めっきメーカーである大和化成研究所と石原薬品の出願件数が非常に多く、また両者はかなりの件数を共同出願している。日立製作所、松下電器産業、IBM等の通信・家電メーカーと東京特殊電線、日立電線、協和電線等の電線メーカーの参入も目立つ。被接合材の表面処理技術は、鉛フリーはんだ組成に対応する技術であり、特にはんだ付けの信頼性に関する技術であるため、はんだ組成の開発が一段落したため、今後出願件数の増加が予想される分野である。

表 1.3.4-1 被接合材の表面処理技術の主要出願人と出願件数

順位	出願人	90年	91年	92年	93年	94年	95年	96年	97年	98年	99年	合計
1	大和化成研究所	0	0	0	0	0	0	10	2	2	4	18
2	石原薬品	0	0	0	0	0	0	7	3	2	4	16
3	日立製作所	0	0	1	1	0	0	0	2	1	4	9
3	日鉱金属	0	0	0	0	0	0	0	1	3	5	9
5	松下電器産業	0	0	0	1	0	1	0	1	2	3	8
6	古河電気工業	0	0	0	0	0	0	0	1	5	1	7
7	IBM	0	0	0	1	0	1	0	2	1	1	6
7	東芝	0	0	0	0	0	3	0	1	1	1	6
9	東京特殊電線	0	0	0	0	0	0	0	0	3	2	5
9	日立電線	0	0	0	0	0	0	0	3	2	0	5
11	エヌイーケムキャット	0	0	0	0	0	0	0	1	0	3	4
11	協和電線	0	0	0	0	0	3	0	0	0	1	4
11	千住金属工業	0	0	0	0	0	0	0	1	1	2	4
11	村田製作所	0	0	0	0	0	0	0	1	2	1	4
11	日本電気	0	0	0	0	0	0	0	0	1	3	4
11	日立化成工業	0	0	0	0	0	0	3	0	0	1	4
11	富士通	0	0	1	0	0	1	1	0	1	0	4
	出願件数（全体）	0	0	6	4	4	16	26	39	48	70	-

1.3.5 はんだ付け方法・装置

図 1.3.5-1にはんだ付け方法・装置の出願人数と出願件数の推移を示す。1990～97年は発展期であるが、98年から出願人数と出願件数が急増している。

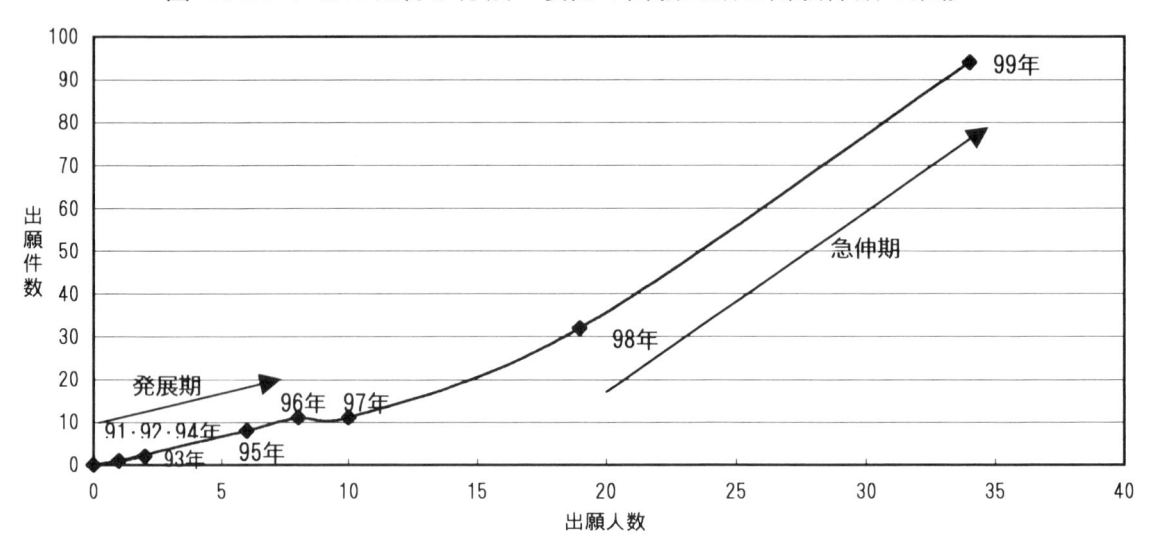

図 1.3.5-1 はんだ付け方法・装置の出願人数と出願件数の推移

表 1.3.5-1にはんだ付け方法・装置の主要出願人と出願件数を示す。本格的参入は1998年からで、各社一斉に参入している。特に浸漬はんだ装置、リフローはんだ装置の出願が主であり、タムラ製作所とその関連であるタムラエフエーシステム、日本電熱計器、千住金属工業等のはんだ装置メーカーが参入している。鉛フリーはんだを使用する装置は、従来の鉛はんだ装置と異なる場合が多く、今後も出願件数の増加が予想される分野である。

表 1.3.5-1 はんだ付け方法・装置の主要出願人と出願件数

順位	出願人	90年	91年	92年	93年	94年	95年	96年	97年	98年	99年	合計
1	松下電器産業	0	0	0	0	0	0	0	0	5	14	19
2	ソニー	0	0	0	0	0	0	0	0	4	7	11
3	タムラ製作所	0	0	0	0	0	0	0	0	2	8	10
4	タムラエフエーシステム	0	0	0	0	0	0	0	0	1	8	9
5	日本電熱計器	0	0	0	0	0	0	0	0	0	8	8
5	日立製作所	0	0	0	0	0	0	1	0	3	4	8
5	東芝	0	0	0	0	0	1	2	2	1	2	8
8	千住金属工業	0	0	0	0	0	0	0	0	2	4	6
9	アスリートエフエー	0	0	0	0	0	0	0	0	0	4	4
9	昭和電工	0	0	0	0	0	0	1	0	0	3	4
9	日本電気	0	0	0	0	0	0	0	0	0	4	4
12	古河電気工業	0	0	0	1	0	0	0	0	0	2	3
12	松下電工	0	0	0	0	0	0	0	0	2	1	3
12	富士通	0	0	0	0	0	2	0	0	0	1	3
	出願件数（全体）	0	1	1	2	1	8	11	11	32	94	-

1.3.6 はんだレス接合技術

図 1.3.6-1にはんだレス接合技術の出願人数と出願件数の推移を示す。鉛フリーはんだ技術で、はんだに代わる接合方法であり、出願件数そのものはまだ少ないが、1997年より出願件数が急増し、その後、停滞している。今後の動向が注目される。

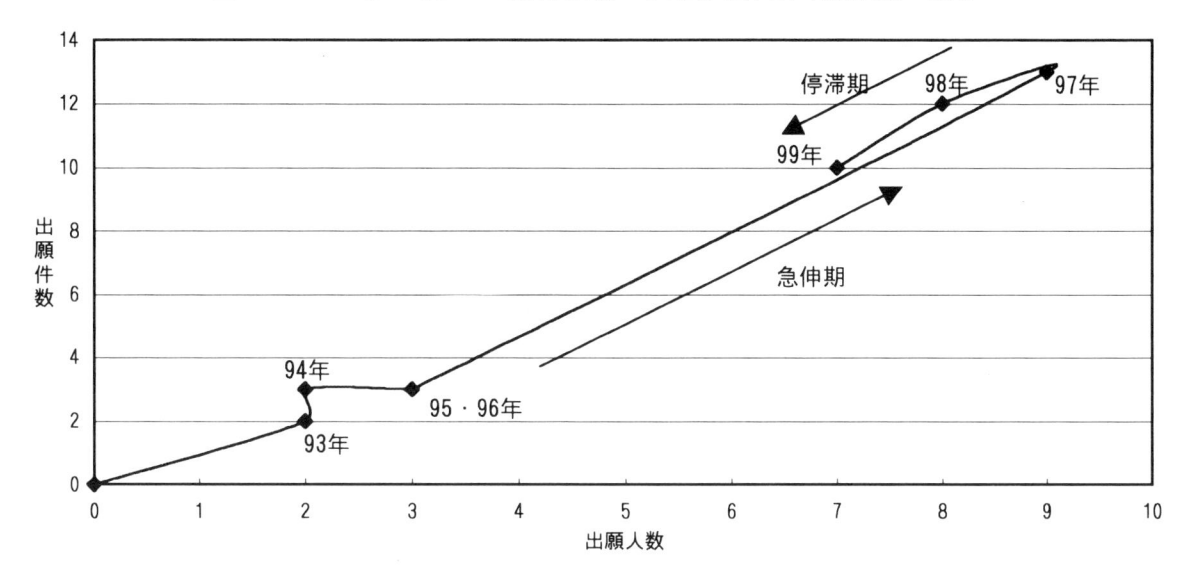

図 1.3.6-1 はんだレス接合技術の出願人数と出願件数の推移

表 1.3.6-1にはんだレス接合技術の主要出願人と出願件数を示す。出願件数は少ないが、旭化成の出願件数がこの分野では目立つ。松下電器産業、富士通等の通信・家電メーカーと村田製作所、北陸電気工業の部品メーカーも参入してきており、はんだレス接合技術が多様化するか、ある特定の技術に収束するかが注目される。

表 1.3.6-1 はんだレス接合技術の主要出願人と出願件数

順位	出願人	90年	91年	92年	93年	94年	95年	96年	97年	98年	99年	合計
1	旭化成	0	0	0	0	0	1	0	4	3	2	10
2	松下電器産業	0	0	0	0	1	0	0	2	0	2	5
3	富士通	0	0	0	0	2	0	0	1	0	0	3
4	ソニーケミカル	0	0	0	0	0	0	0	0	2	0	2
4	村田製作所	0	0	0	0	0	0	1	0	1	0	2
4	日本電装	0	0	0	0	0	0	0	0	0	2	2
4	日立製作所	0	0	0	0	0	0	0	0	1	1	2
4	北陸電気工業	0	0	0	0	0	0	0	0	2	0	2
	出願件数（全体）	0	0	0	2	3	3	3	13	12	10	−

1.4 技術開発の課題と解決手段

1.4.1 はんだ材料技術
(1) 組成

表 1.4.1-1 にはんだ材料技術・組成の技術課題と解決策の対応表を示す。

表 1.4.1-1 はんだ材料技術・組成の技術課題と解決手段の対応表

課題		解決手段	無添加	Bi/In添加	AgBi/In添加	Ag添加	AgCu添加	Cu添加	CuBi/In添加	AgCuSbBi/In添加	Mg添加	GeTe等添加	P添加	Au添加	Pt添加	Sb/In/Cu添加	Mg/Ga/Ge/Sn/In等添加	希土類元素添加	種々元素添加
高温系	Sn-Ag系	はんだ特性		4(1) 4(14) 1(2) 1(7)					3(2) 3(17) 2(1) 1(4) 1(7) 1(19)									2(4)	
		耐熱疲労	1(11)	1(1,6)				1(1,6)											
		組織・凝固偏析防止							1(1) 1(12)					1(2) 1(17)					
		耐電極食われ性																	1(9)
		冷却効果																	1(2)
	Ag-Sn系	ろう材質												2(11)					
	Sn-Cu系	はんだ特性		1(6)															1(19)
		組織・酸化防止										1(9) 1(19)							
		溶解食われ防止	1(9)																
		めっき接合用													1(17)				
	Sn-Sb系	はんだ特性						1(9)	1(7)										
		Cu食われ防止・耐食性							1(6,9)										
	Zn-Al系	はんだ特性															5(12)		
中温系	Sn-Zn系	はんだ特性		4(2) 2(14) 1(4)	3(1,6) 1(3) 1(4)				1(2) 1(4) 1(14)										1(3) 1(13)
		耐熱疲労										1(1)							
		接合強度			1(6)														
		組織性			1(2)														
		酸化防止・脱酸剤	1(3)																
		Cu食われ防止・耐食性							1(14)										
		耐電極食われ性									1(9)								1(9)
低温系	Sn-Bi系	はんだ特性		1(5) 1(7)		1(1,6) 1(5)		1(7)											
		耐熱疲労	1(5)																
		伸び												1(14)					
		Cu食われ防止・耐食性						2(9)											
		耐電極食われ性																	1(1)
	Sn-In系	耐熱疲労	1(17)																
その他	Sn-Pd系	耐熱疲労	1(1)																
	Sn基	組織・酸化防止										2(19)							
		耐電極食われ性																	1(9)
		製法	2(12)																1(7)

※ はんだ特性（融点、機械的強度、ぬれ性）
※ （ ）内の数字は主要21社の会社番号を表す。表1.4.1-2を参照。

はんだ材料技術の組成は、融点によって高融点系、中融点系、低融点系に大別した。高融点系についてはSn-Ag系が主であり、技術課題における主なものは、はんだ特性および組織・凝固偏析防止である。はんだ特性の課題に対しては、解決手段としてBi/In添加とCu、Bi/In添加等にて改善を図っており、組織・凝固偏析防止の課題に対しては、Cu添加、Au添加にて改良している。Sn-Ag-Cu系については米国が先行しており、Sn-Ag-Cuの三元系の特許（USP5,527,628）と、Biを添加した特許（USP4,879,096）と、Niを添加した特許（USP4,758,407）と、Sbを添加した特許（USP5,405,577）、および、金属化合物を添加した特許（USP5,520,752）が登録になっている。

　中融点系は、Sn-Zn系のみであり、技術課題の主なものは、はんだ特性および耐電極食われ性である。はんだ特性の課題に対しては、解決手段としてBi/In添加と、Ag/In添加、Cu、Bi/In添加により改善を図っており、耐電極食われ性については、Ag、Cu、Sb、Bi/In添加等で改良している。

　低融点系はSn-Bi系が主であり、技術課題で主なものははんだ特性である。その解決手段としては、Bi/Inの添加、Ag添加およびCu、Bi/In添加である。高融点系、中融点系、低融点系に共通している課題ははんだ特性であり、解決手段もBi/In添加が共通である。

　対象とした特許は、表 1.4.1-2の主要企業21社の保有特許とした。

表 1.4.1-2 主要企業21社一覧表

番号	会社名
1	松下電器産業
2	日立製作所
3	東芝
4	ソニー
5	富士通
6	千住金属工業
7	IBM
8	日本電気
9	村田製作所
10	大和化成研究所
11	京セラ
12	住友金属鉱山
13	古河電気工業
14	三井金属鉱業
15	旭化成
16	タムラ製作所
17	内橋エステック
18	日鉱金属
19	トピー工業
20	日本電熱計器
21	ハリマ化成

(2) 製法

表 1.4.1-3にはんだ材料技術・製法の技術課題と解決手段の対応表を示す。

表 1.4.1-3 はんだ材料技術・製法の技術課題と解決手段の対応表

課題		解決手段	はんだ材料 はんだ粒子	合金添加	合金化	被覆・めっき	めっき層	多層構造	フラックス材料 樹脂含有	活性剤	成分	加工 形状	方法
はんだペースト	印刷性	粘性								2(2)			
	はんだ特性	ぬれ性		2(6) 1(1) 1(1,6)		1(13)				1(6)			
		接合強度		2(1)		1(1) 1(21)			1(5)	1(3)			
		高温特性	1(3)						1(7)				
		はんだボール防止	1(2) 1(4)							1(1)			
		ブリッジ防止		1(4)		1(21)							
	信頼性	酸化防止		1(14)		2(14) 1(1,6) 1(3) 1(21)			1(5)	1(1)			
		保存性		1(21)						1(1,6)			
	後処理	無洗浄化							1(8)				
箔状はんだ		耐食性				1(14)							
		製造方法				1(2)							1(12)
球状はんだ		酸化防止											1(5)
		真球度					1(15)						
		製造方法					1(7)	1(3) 1(15)					
棒状はんだ		加工性			1(1) 1(17) 1(19)						1(19)		1(17) 1(18) 1(19)
		はんだ特性								1(17)			1(17)

※（ ）内の数字は主要21社の会社番号を表す。表1.4.1-2を参照。

　はんだ材料技術・製法は、はんだペースト、箔状はんだ、球状はんだ、棒状はんだに大別した。はんだペーストに関する技術課題の主なものは、ぬれ性、接合強度および酸化防止である。ぬれ性の課題に対しては、解決手段として主なものは合金添加であり、その他にめっき被覆等がある。接合強度の課題に関しては、解決手段として合金添加とめっき被覆等がある。酸化防止の課題については、解決手段としてめっき被覆が主であり、その他に合金添加とフラックス材料の活性剤等で改善を図っている。

　球状はんだの技術的課題は、製造方法が主であり、解決手段として、多層構造とめっき層にて改善を図っている。棒状はんだの技術的課題は、加工性であり、解決手段として合金化と加工方法にて改良している。

1.4.2 電子部品接合技術

表 1.4.2-1に電子部品接合技術の技術課題と解決手段の対応表を示す。

表 1.4.2-1 電子部品接合技術の技術課題と解決手段の対応表

課題			接合材				接合・被接合部					接合方法				
		解決手段	Au系	Sn系	多層系	導電性接着剤	バンプ構造	パッド形状	スルーホール形成	はんだプリコート	配線層	基板電極構造	表面処理	酸化膜	樹脂	電極以外の固着	ガラス成分
半導体等のはんだ接合	接合材料	接合材質	3(11) 1(5)	2(5) 1(2) 1(8)	1(2) 1(3) 1(7)	1(7)											
		アルミ接合	2(3) 1(2)														
		ダイボンド材		1(1) 1(12)									1(1) 1(12)			1(2)	
	接合・被接合材料	端子電極構造					2(2)				1(7)	2(4) 1(2) 1(3) 1(5) 1(8)	1(1)				
		パッド形状						1(11)									
		はんだボール材質		1(11)								1(7)			1(8)		
		バンプ形成方法		1(5)	1(7)		2(8) 1(2) 1(3) 1(12)					1(4)	1(2) 1(5)		1(2) 1(4)		
		ＢＧＡ高さ調整					1(2) 1(8)										
	接合方法	接合方法					1(8)			1(2)			1(1)			1(1) 1(5) 1(7)	
		ファインピッチ			1(3)	1(7)							1(2)		1(1)		
		小型・薄型化	1(2)									1(3)					
		信頼性					1(4)					1(1)					
基板はんだ付け・パッケージ封止・部品はんだ付け	接合方法	接合方法	1(2) 1(18)		1(3)		2(2)				3(2)		1(2)				
		接合強度		2(12)			1(1)								1(1)		
		ブリッジ防止											1(1)				
		高温特性		1(3)								3(3)			1(5)		
		リワーク性	1(1)									1(4)					
	接続部材	端子電極形状									2(5)						
		ランド形成									1(1)						
		クラック防止			1(3)				1(4)						1(5)	1(9)	
		ガラスフリット															1(9)
	その他	信頼性	1(2)	1(3)	2(2)	1(1)	1(8)					2(2)	1(1)				
		低コスト								1(5)							
		電気的特性										1(3)					

※ （ ）内の数字は主要21社の会社番号を表す。表1.4.1-2を参照。

電子部品接合技術は、半導体等のはんだ接合と基板はんだ付け・パッケージ封止・部品はんだ付けに大別した。

半導体等のはんだ接合の技術課題の主なものは、接合材質、端子電極構造、バンプ形成方法と接合方法である。接合材質の課題に対する解決手段としては、Au系、Sn系、多層系の接合材で改善を図っている。端子電極構造の課題に対しては、解決手段として基板電極構造等で改善を図っている。バンプ形成方法の課題については、バンプ構造および表面処理、樹脂の接合方法により改良している。接合方法の課題に対しては、電極以外の固着にて改良している。

基板はんだ付け・パッケージ封止・部品はんだ付けの技術課題の主なものは、接合方法、接合強度、高温特性、クラック防止、信頼性である。接合方法の課題に対しては、解決手段として、被接合部の配線層、接合部のパッド形状、およびAu系接合材にて改善を図っている。接合強度の課題については、解決手段として多層系接合材と、接合部のバンプ構造等により改良している。高温特性の課題に対しては、解決手段の主なものとして、被接合部の配線層で改良している。クラック防止の課題については、多層系接合材、接合部のスルーホール形成、樹脂による接合方法で解決を図っている。信頼性の課題に対しては、解決手段として、多層系、Au系、Sn系等の接合材と、接合部のパッド形状と、被接合部の基板電極構造にて改善を図っている。

半導体等のはんだ接合における注目する特許は、半導体装置の配線部に突起電極を設け、その上に樹脂を塗布し、突起電極の一部を樹脂から露出させ、加圧、加熱し、熱硬化させるバンプ接合部の信頼性の特許（特開2000-12588（ソニー））等があり、フレキシブル基板の接合に関する注目する特許はフレキシブル基板の電極と電子部品の電極の位置を整合し、液状接着剤不要な接合方法の特許（特許2985640（松下電器産業））等である。

また、基板はんだ付けで注目される特許は、はんだ付け部にNiまたは、Cuの膜を形成し、その上にAg添付膜を形成するはんだ接合の特許（特開平10-41621（富士通））等である。

1.4.3 被接合材の表面処理技術
(1) めっき被膜

表 1.4.3-1に被接合材の表面処理技術・めっき被膜の技術課題と解決手段の対応表を示す。

表 1.4.3-1 被接合材の表面処理技術・めっき被膜の技術課題と解決手段の対応表

課題	解決手段	めっき被膜組成 Sn-Ag系	Sn-Bi系	Sn-Cu系	Sn-In系	Sn-Zn系	他のSn系	その他	めっき液、浴 添加物	浴構成	配向性制御
	はんだ付け性	2(10)	1(2) 1(8)	1(10)		1(10)	1(7) 1(9) 1(13)	1(4) 2(6) 1(13)			1(1)
表面状態	平滑性	1(18)							3(10)		1(10)
	光沢性		1(18)		1(18)				2(10) 1(18)		
	ウィスカー発生				1(10)				1(10)		
	異常析出								1(10)		
	異常吸着								1(10)		
機械的性能	接合強度							1(5) 1(8) 1(11)			
	耐摩耗性										1(10)
信頼性	接合信頼性			1(13)			3(13)	1(5)			
	耐食性							1(18)			
	経時劣化							4(18)			
生産性	低コスト化						1(8)	1(7)			
	作業性						1(2) 1(6)			1(8)	
めっき浴制御	電流密度								2(10)		
	排水処理								1(10)		
	浴経時劣化								1(10)		

※　(　)内の数字は主要21社の会社番号を表す。表1.4.1-2を参照。

被接合材の表面処理技術を(1)めっき被膜と(2)その他の被膜に大別した。めっき被膜の技術課題は、はんだ付け性(ぬれ性)、表面状態、機械的性能、信頼性、生産性、めっき浴制御に大別される。めっき被膜の主な課題は、はんだ付け性と表面状態の平滑性光沢性、接合信頼性であり、はんだ付け性の課題に対してはめっき被膜組成のSn系、その他Sn-Ag系Sn-Bi系で対応し表面状態の平滑性、光沢性はめっき浴の添加物で対応、接合信頼性についてはSn系その他とSn-Cu系統で課題と解決を図っている。

(2) その他の被膜

表 1.4.3-2に被接合材の表面処理技術・その他の被膜の技術課題と解決手段の対応表を示す。

表 1.4.3-2 被接合材の表面処理技術・その他の被膜の技術課題と解決手段の対応表

課題		解決手段 導電粒子被膜	表面被膜形成	接合媒体 金属材	樹脂封止材	はんだ樹脂シート	2種混合材	その他	はんだレジスト	添加物	リードフレーム加工
酸化防止										1(9)	
はんだ付け性			1(1) 1(3、6) 1(4) 1(5) 1(7)							1(9)	
電気的性能	導電性						1(2)				
	接触抵抗性							1(1)			
機械的性能	接合強度		1(1) 1(7)		1(1)					1(9)	
	耐クラック性		1(21)						2(2)		
	接合信頼性	1(1)	3(2) 2(1) 1(3) 1(11) 1(13)	1(3) 1(4)	1(3)	1(3)	1(3)	1(12)			2(11)
生産性	低コスト化	2(7)							1(3)		
	リペア性		2(2)							1(1)	
	小型化										1(5)

※（ ）内の数字は主要21社の会社番号を表す。表1.4.1-2を参照。

技術課題は酸化防止、はんだ付け性、電気的性能、機械的性能、接合信頼性生産性に大別される。課題の主なものははんだ付け性、接合強度、接合信頼性であり、はんだ付け性の課題に関する主な解決手段は、表面被膜形成、添加物に対応している。接合強度の課題に関する主な解決手段は表面被膜形成と樹脂封止材添加物にて対応しており、接合信頼性に関する課題については、解決手段として表面被膜形成と添加物金属材、導電粒子被膜等で対応している。

1.4.4 はんだ付け方法・装置

表 1.4.4-1にはんだ付け方法・装置の技術課題と解決手段の対応表を示す。

表 1.4.4-1 はんだ付け方法・装置の技術課題と解決手段の対応表

課題		解決手段	はんだ付け方法・装置							材料			検出装置・指示薬	識別回収	装置・治工具
			温度プロファイル	加熱方法	噴流式はんだ槽	搬送速度	冷却方法	雰囲気制御	鉛はんだ置換	監視装置	2種類のはんだの使用	有機等の成分	はんだ成分	酸化被膜除去			
前処理	前処理	はんだ特性											1(13)1(14)	1(4)			
		無洗浄化												1(4)			
	フラックス・はんだペースト	はんだ特性										1(5)	2(21)1(1)				
		酸化防止										1(3、6)					
		部品の信頼性										1(19)					
		無洗浄化										1(5)1(6)					
		高精度塗布											1(1)				1(4)1(13)
はんだ付け方法・装置	浸漬はんだ付け	はんだ特性			4(1)2(20)1(6)1(16)	2(1)1(3)1(6)1(20)	1(1)1(6)			1(2)			1(1)				
		酸化防止			2(20)1(1)1(4)		1(4)										1(20)
		部品の信頼性		1(1)													1(8)
		高密度実装			1(16)												
		組成の安定化						1(20)									1(16)
	リフローはんだ付け	はんだ特性	1(2)	1(2)1(8)		1(8)	1(1)										
		部品の信頼性	1(1)1(16)	3(20)2(1)2(4)2(16)1(2)1(2、16)1(13)		2(1)	1(16)		1(8)	1(4)		1(1)					
		温度管理								1(16)							
	その他のはんだ付け	はんだ特性	1(1)1(2)			1(1)1(16)	1(3)					2(1)1(3)					
		部品の信頼性															1(2)1(6)
		高密度実装															1(4)
		組成の安定化										1(6)					
後処理	フロン代替洗浄											1(5)					
検査および評価装置														1(2)1(16)			
はんだ回収	はんだ再生				3(4)												
	部品再生							1(2)1(5)					1(1)			1(6)	
	鉛回収														1(1)		4(3)1(1)

※ （ ）内の数字は主要21社の会社番号を表す。表1.4.1-2を参照。

はんだ付け方法・装置は、前処理、はんだ付け方法、装置、後処理、検査および評価装置、はんだ回収に大別した。

　前処理は、前処理とはんだペースト・フラックスに中区分した。前処理の主な課題ははんだ特性であり、解決手段としてはんだ成分と酸化被膜除去にて改善を図っている。はんだペースト・フラックスの主な課題は、はんだ特性であり、解決手段としてはんだ成分と有機等の成分にて改良している。

　はんだ付け方法・装置は、浸漬はんだ付け、リフローはんだ付け、その他のはんだ付けに中区分した。

　浸漬はんだ付けの主な技術課題は、はんだ特性、および酸化防止であり、はんだ特性の課題に対しては、解決手段として噴流式はんだ槽、冷却方法雰囲気制御で改善を図っており、酸化防止に関する課題に対しては、噴流式はんだ槽等で改良している。

　リフローはんだ付けの主な技術課題は、はんだ特性と部品の信頼性であり、はんだ特性の課題に対しては、解決手段として加熱方法、温度プロファイル、搬送速度等にて改善を図っており、部品の信頼性の課題に対して解決手段として加熱方法、搬送速度、温度プロファイル等にて改良している。

　その他のはんだ付けの主な技術課題は、はんだ特性であり、解決手段としてはんだ成分、温度プロファイル、冷却方法等にて改善を図っている。

　はんだ回収の主な技術課題は、部品再生と鉛回収であり、部品再生の課題に対して、解決手段としては、鉛はんだ置換、識別回収等で改善を図っており、鉛回収の課題に対しては、装置の治工具および識別回収にて改善を図っている。

　はんだ付け装置において特に注目する特許は、浸漬はんだ付け装置に関するものとして、ウェーブの高さを安定、維持を目的とする特許（特開2001-44014（松下電器産業））と、ウェーブの安定、酸化防止を目的とする特許（特開2000-114708（ソニー））であり、リフトオフに関する特許（特開2000-332401（タムラ製作所）、特開2001-44611（日本電熱計器））等である。

　また、はんだペーストにおける特に注目する特許はチップ部品の立上がり防止に関する特許（特許2682326（千住金属工業））とSn-Zn系のはんだペーストで、Znよりイオン化傾向の小さい金属の金属塩を添加し金属間化合物層の進行を抑制し、接合強度を維持した特許（特開平11-58065（ハリマ化成））等である。

1.4.5 はんだレス接合技術

表 1.4.5-1にはんだレス接合技術の技術課題と解決手段の対応表を示す。

表 1.4.5-1 はんだレス接合技術の技術課題と解決手段の対応表

課題 / 解決手段		カップリング剤	樹脂バインダー	導電フィラー	導電粒子	接着剤固定	接着剤はみだし硬化	被覆	めっき接合	熱硬化
		導電性接着剤材料				接着		接合剤		
導電性接着剤	導電性ボール材質					1(2)				
	実装性				1(9)					
	接着強度		2(15)				1(1)	1(1) 1(11)		
	短絡防止						1(12)			
	低抵抗性		1(1)							
	リペア性		2(15)			1(1)	1(5)			1(5)
	リワーク性		1(9)	3(15)		1(15)				
	信頼性	1(5) 1(15)		2(15)	1(1)	1(1)				
その他接合材	基板接合								1(1)	
	チップ接合								1(8)	
	リワーク性					1(2)				

※（　）内の数字は主要21社の会社番号を表す。表1.4.1-2を参照。

　はんだレス接合技術は導電性接着剤とその他接合材に大別される。導電性接着剤の主な課題は、接着強度、リペア性、リワーク性、信頼性であり、接着強度の課題に対して解決手段として、樹脂バインダー、被覆接着剤はみだし硬化にて対応しており、リペア性については樹脂バインダー接着剤固定等で対応している。リワーク性に関しては導電フィラー、樹脂バインダー等で改善している。信頼性については導電フィラー、カップリング剤、樹脂バインダー等にて解決を図っている。

2．主要企業等の特許活動

2.1 松下電器産業
2.2 日立製作所
2.3 東芝
2.4 ソニー
2.5 富士通
2.6 千住金属工業
2.7 インターナショナル ビジネス マシーンズ
2.8 日本電気
2.9 村田製作所
2.10 大和化成研究所
2.11 京セラ
2.12 住友金属鉱山
2.13 古河電気工業
2.14 三井金属鉱業
2.15 旭化成
2.16 タムラ製作所
2.17 内橋エステック
2.18 日鉱金属
2.19 トピー工業
2.20 日本電熱計器
2.21 ハリマ化成
2.22 東北大学
2.23 甲南大学
2.24 大阪大学
2.25 その他の大学・機関

> **特許流通**
> **支援チャート**
>
> ## 2．主要企業等の特許活動
>
> 出願件数の多い企業の企業ごとの会社概要、技術移転事例
> 技術開発課題対応保有特許等の分析を行う。

　主要企業の選定方法は、はんだ付け鉛フリー技術のテーマ全体で出願件数の上位10社と各主要技術要素ごとに出願件数の多い上位3～6社（ただし、上記10社を除く）を取り上げた。

　テーマ全体で出願件数の上位10社は、松下電器産業、日立製作所、東芝、ソニー、富士通、千住金属工業、IBM、日本電気、村田製作所、大和化成研究所である。

　主要技術要素から、はんだ材料技術・組成から三井金属鉱業、住友金属鉱山、内橋エステック、はんだ材料技術・製法からハリマ化成、トピー工業、電子部品接合技術から京セラ、はんだ付け方法・装置からタムラ製作所、日本電熱計器、被接合材の表面処理技術から日鉱金属、古河電気工業、はんだレス接合技術から旭化成をそれぞれ選定した。

　以上の結果より「主要企業等の特許活動」の対象となる企業を21社とした。

　なお、各企業における保有特許の記載は2001年10月現在、特許庁に係属中（権利存続中も含む）の特許を示す。

　本書に記載されている特許は、開放の用意がある特許とは限らない。

2.1 松下電器産業

2.1.1 企業の概要

家電製品のトップメーカーであり、映像・音響機器、携帯電話などの情報通信機器や半導体・液晶・光ディスク等に事業を展開している。はんだ付け鉛フリー技術分野では、家電、映像・音響機器、情報通信機器等の基板実装と、部品分野での半導体等の能動部品、およびコンデンサ等の受動部品の端子に関する被接合物の表面処理技術、はんだ材料、はんだ製法、はんだ装置を開発している。松下電器産業の概要を表 2.1.1-1に示す。

表 2.1.1-1 松下電器産業の企業概要

1)	商号	松下電器産業 株式会社
2)	設立年月日	1935年12月15日
3)	資本金	2,109億9,457万円
4)	従業員数	57,585人 （2001年9月）
5)	事業内容	情報・通信機器、部品分野、家庭電化、住宅設備機器、映像・音響機器、産業機器
6)	事業所	本社/大阪
7)	関連会社	日本ビクター、九州松下電器、松下電子部品
8)	業績推移	売上高(百万円)　　　当期利益(百万円) 1998.3　　4,874,526　　　　91,203 1999.3　　4,597,561　　　　62,019 2000.3　　4,553,223　　　　42,351 2001.3　　4,831,866　　　　63,687
9)	主要製品	ハイビジョンテレビ、プラズマテレビ、液晶テレビ、デジタルカメラ、DVDプレーヤー、MDプレーヤー、パソコン、洗濯機、冷蔵庫、エアコン、電子レンジ、コンデンサ、インダクタ、電池
10)	主な取引先	直系販売会社、販売店、官公庁、トヨタ自動車、シャープ
11)	技術移転窓口	知的財産権本部：大阪府門真市大字門真1006 / 06-6908-1121

ハリマ化成と連携し、インジウム含有率を8％まで高めることにより206℃の融点で、必要な接合強度のある低温タイプの四元系の鉛フリーはんだを実用化している。（化学工業日報2002年1月21日）本テーマに関する特許出願84件（1991～2001年10月公開）のうち、共同出願は13件（千住金属工業10件、田中電子工業2件、タツタ電線1件、千代田ケミカル1件、松本油脂製薬1件、松重 和美（京大）1件）。共同出願は、5社（大学含む）に渡る。この中で、素材メーカーである千住金属工業との共同出願が多くあり、また、大学（京大）との共同出願もあるのが特徴である。その他、2001年4月に吸収合併された松下電子工業の出願は2件ある。関係会社では、松下電工7件、日本ビクター1件である。

自然食品である「ごま」を活用した「はんだリサイクル装置」を開発した。ライセンシーである千住金属工業が2001年度内に発売予定。(http://www.matsushita.co.jp/corp/news/official.data/data.dir/jn011210-2/jn011210-2.html) 2003年3月までに「無鉛はん

だ」への全面切替えを打ち出している。(日本経済新聞、2002年1月15日)

　技術移転を希望する企業には、対応を取る。その際、仲介は会しても介さなくてもどちらでも可能。(アンケート結果)

2.1.2 はんだ付け鉛フリー技術に関する製品・製造技術

　表 2.1.2-1にはんだ付け鉛フリー技術に関する製品・製造技術を示す。

表 2.1.2-1 松下電器産業のはんだ付け鉛フリー技術に関する製品・製造技術

	製品・製造技術		販売時期	出典
はんだ材	Sn-Ag-Bi-In はんだ	In 含有率 8%の製品	使用中	化学工業日報 2001.12.17 朝刊 12 面
はんだ装置	ソフトリフロー装置	―	開発中	http://www.mie.panasonic.co.jp/topics/011211.html
部品等	面実装型半導体パッケージ	トランジスタ、ダイオード、受発光素子	販売中	http://www.panasonic.co.jp/indg/kankyo/lead_free.pdf
		C-CSP パッケージ (Au めっき品)	販売中	http://www.panasonic.co.jp/indg/kankyo/pdf/si-circuit_j.pdf
		Pd めっき品 Sn-Bi めっき品	2002 年度末	http://www.semicon.panasonic.co.jp/lead-free/index.html
	基板挿入型半導体パッケージ	Sn-Bi めっき品 Au めっき品 Sn めっき品 Sn-Ag-Au-Bi ディップ品	2002 年度末	
	電解コンデンサ	アルミ電解コンデンサ 電気二重層コンデンサ	販売中	http://www.panasonic.co.jp/indg/kankyo/lead_free.pdf
	セラミック部品	チップ型発振子 フィルタ	販売中	
	抵抗器	固定抵抗器	開発中	
	トランス・インダクタ	ノイズフィルタ インバータトランス	販売中	
	機構部品	ボリューム エンコーダ	開発中	
	IC チップのリードフレーム	―	販売中	http://www.kme.panasonic.co.jp/kankyo/kankyo/ENVRep.pdf (P13)
	電子部品の鉛めっき全廃	電子部品すべて	2002 年 3 月	日本経済新聞 2001.6.20 朝刊 13 面
応用製品	ヘッドホンステレオ	RQ-SX71 (Sn-Ag 系)	販売中	http://www.matsushita.co.jp/environment/file/e_data/ed_w_0103_01.html
	ポータブル MD プレーヤー	SJ-MJ75 SJ-MJ77		
	ビデオデッキ	NV-HVB1		
	こたつ	DK-S60AW6 (Sn-Cu 系)		
	掃除機	MC-V270 MC-V280XD		
その他	0.1mm ピッチの部品実装技術の開発	携帯電話 PDA	開発中	日刊工業新聞 2001.8.17 朝刊 1 面
	鉛フリー高密度実装技術の開発		開発中	Matsushita Technical Journal Vol.47 No.3 June P216-221 2001
	ガイダンス	―	実施中	http://www.semicon.panasonic.co.jp/lead-free/index.html

電子部品と応用製品を販売しており、面実装型と基板挿入型半導体パッケージと電解コンデンサ、セラミック製品、抵抗器、インダクタ、ハイブリッド、回路基板等の電子部品を鉛フリー化している。応用製品としてMDプレーヤー（Sn-Ag-Bi-Inはんだ使用）を販売中であり、2002年2月に電子部品の鉛めっきの全廃を新聞発表している（日本経済新聞 2001年8月17日）。2002年度中には松下電器産業内の事業場での鉛はんだの全廃を予定している。（化学工業日報 2001年12月17日）また、はんだ組成、鉛フリー高密度実装技術等の報告書が発表されており、鉛フリー技術のガイダンスも出ている。特にSn-Ag-Bi-Inで大型基板の鉛フリー化を実現している。鉛フリー化に対して特に進んでいる企業である。

2.1.3 はんだ付け鉛フリー技術の技術開発における課題別の保有特許

表2.1.3-1に、はんだ付け鉛フリー技術開発のおける課題別の保有特許を示す。

表 2.1.3-1 松下電器産業のはんだ付け鉛フリー技術の技術開発における課題別の保有特許
(1/2)

技術要素		特許No.	特許分類(FI)	課題	概要
はんだ材料技術					
	組成	特許3027441	B23K35/26310A B23K35/22310A C22C13/00	高温はんだ（融点210～230℃）の耐熱疲労特性向上	Sn-Ag-Cu-Sb系のはんだ合金で、Ag：3.0wt%超、Cu：0.5～3.0、Sb：5以下、残Sn合金。
		特許3040929	B23K35/26310A C22C13/00 H05K3/34512C	Sn-Ag-Bi、Sn-Ag-In系はんだ組成	Sn-Ag系-Bi/In-(Cu)/(Zn)。無鉛で融点が低く、機械的強度、およびぬれ性に優れた組成のはんだを作る。
		特開平9-216089	B23K35/26310A B23K31/00Z B23K31/02310H B23K35/22310A C22C13/02 H05K3/34512C	組織が微細で経時変化の少ない鉛フリーはんだ組成	主成分がSn：83～92wt%、Ag：2.5～4wt%、Bi：5～18wt%を含む合金。
		特許2722917、特開平9-94687、特開平9-94688、特開平9-253882、特開平9-326554、特開平10-52791、特開平10-118783、特開2000-208934、特開2000-210788、特開2001-25891、特開2000-173253、特開2000-126890、特開2000-349433			
	製法	特開平8-192291、特開平9-295182、特開平9-277082、特開平9-327789、特開平11-33775、特開平11-47978、特開2000-107887、特開2001-176676、特開2000-271781、特開2000-317682			

表 2.1.3-1 松下電器産業のはんだ付け鉛フリー技術の技術開発における課題別の保有特許

(2/2)

技術要素		特許No.	特許分類(FI)	課題	概要
電子部品接合技術					
	電子部品等の基板へのはんだ付け	特許2985640	H05K1/14C H05K3/32Z H05K3/36A	液状接着剤が不要な安価かつ高信頼性が確保され得る基板と電子部品との接合方法	導体配線が絶縁性ベースフィルム上に熱可塑性樹脂で固着されているフレキシブルプリント基板の電極と搭載電子部品の電極とを位置整合し、加圧、加熱することによって液状接着剤なしで、該熱可塑性樹脂により貼り合せる。
		特開平9-8439、特開平11-224891、特開2000-323806、特開2001-168510			
	半導体等のはんだ接合	特開平9-181099、特開平9-260527、特開平10-284640、特開平11-297750、特開平11-135934、特開2001-150775、特開2001-7257			
	その他	特開2000-201446、特開2000-261212			
被接合材の表面処理技術					
	めっき被膜	特開2000-164782			
	その他の被膜	特許3135435、特開平9-51157、特開平11-31715、特開平10-340625、特開2000-307046、特開2000-349217、特開2001-107019、特開2001-196393			
はんだ付け方法・装置					
	前処理	特開2000-252615、特開2000-271782			
	はんだ付け方法	特開2000-77833、特開2000-307223、特開2000-351065、特開2000-85834、特開2001-44615、特開2001-144424			
	はんだ付け装置	特開2001-44614	B23K1/00330E B23K1/08320B B05B1/14Z B05C3/18 B05C11/10 H05K3/34506K	ウェーブの高さを安定維持し、ぬれ不良防止を図る装置	波形成板に形成された複数の噴出口から溶融はんだを噴出させる噴流装置で、波形成板の各噴出口の周壁部分が上方へ突出させた構造。
		特開2000-22325、特開2000-138449、特開2000-165030、特開2000-183511、特開2000-340939、特開2000-340940、特開2000-340937、特開2000-340941、特開2000-351063、特開2000-351064、特開2001-230541、特開2001-44613、特開2001-148388、特開2001-196734			
	はんだ回収	特開平11-261182、特開2000-301131、特開2000-269614			
はんだレス接合技術					
	材料・接続方法	特開平8-23158、特開平11-12552、特開平11-92727、特開2000-294599、特開2000-332373、特開2001-53426、特開2000-357715			
その他		特開2000-171480、特開2001-176930			

　松下電器産業の保有する特許の特徴は、はんだ材料、組成、製造、はんだ付け方法、装置等のすべての分野に出願しており、特に表1.4.1-1を見ると、Sn-Ag系とSn-Zn系のはんだ特性と耐熱疲労の技術課題に取り組み、解決手段はSn-Ag系ではBi、Cu添加であり、Sn-Zn系ではAg、Biを添加して特性の改善に注力している。製法でははんだペーストにおいて表1.4.1-3を見ると、ぬれ性、接合強度、酸化防止等に取り組み、技術開発を行っている。

図2.1.3-2に松下電器産業の保有特許に関する技術要素・課題対応・出願特許の分布を示す。

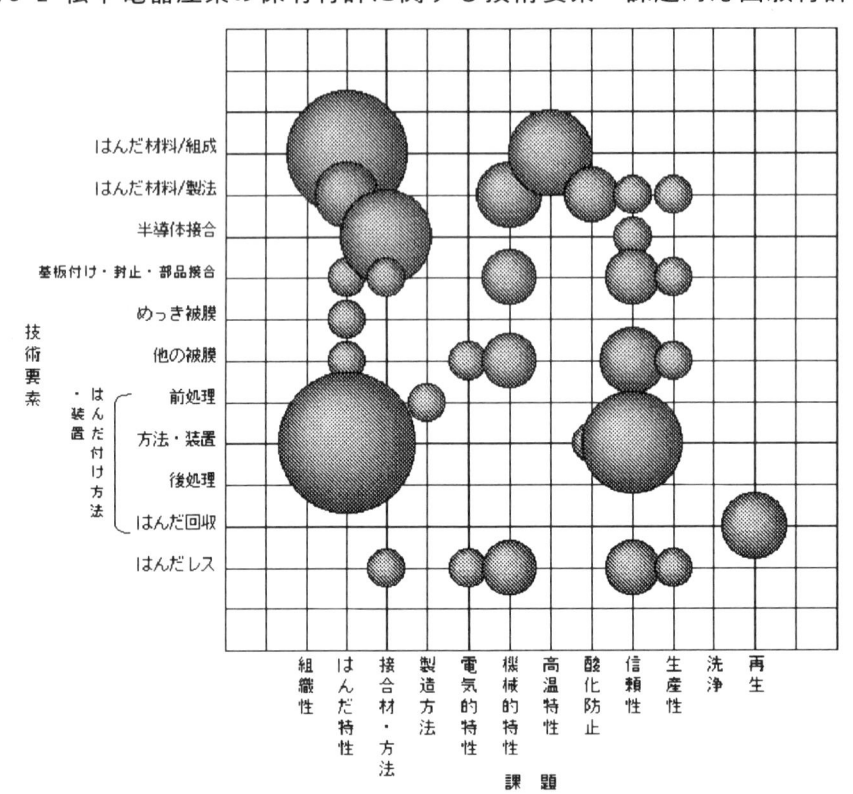

図 2.1.3-2 松下電器産業の保有特許に関する技術要素・課題対応出願特許の分布

2.1.4 技術開発拠点
　　大阪府　：松下電器産業

　　神奈川県：松下通信工業

　（大阪府　：生産技術本部　回路実装技術研究所）

　（大阪府　：AVC社　オーディオ事業部）

　（大阪府　：松下テクノリサーチ）

注：技術開発拠点は特許公報より入手しており、名称等の変更の可能性がある。

　（　）内の技術開発拠点は文献およびインターネットから入手したもの。

2.1.5 研究開発者

図 2.1.5-1に出願年に対する発明者数・出願件数を示す。1991年からはんだ組成技術の特許に関するものが多く、1995年からは特にはんだ組成技術に関する特許が増加しており、1998年からは回路基板実装技術に関する特許と、はんだ製法技術、およびはんだ装置の特許が多く出願されている。開発対象を電子部品等の分野に拡大し、実用化の段階に入っており、発明者も特許も増加している。

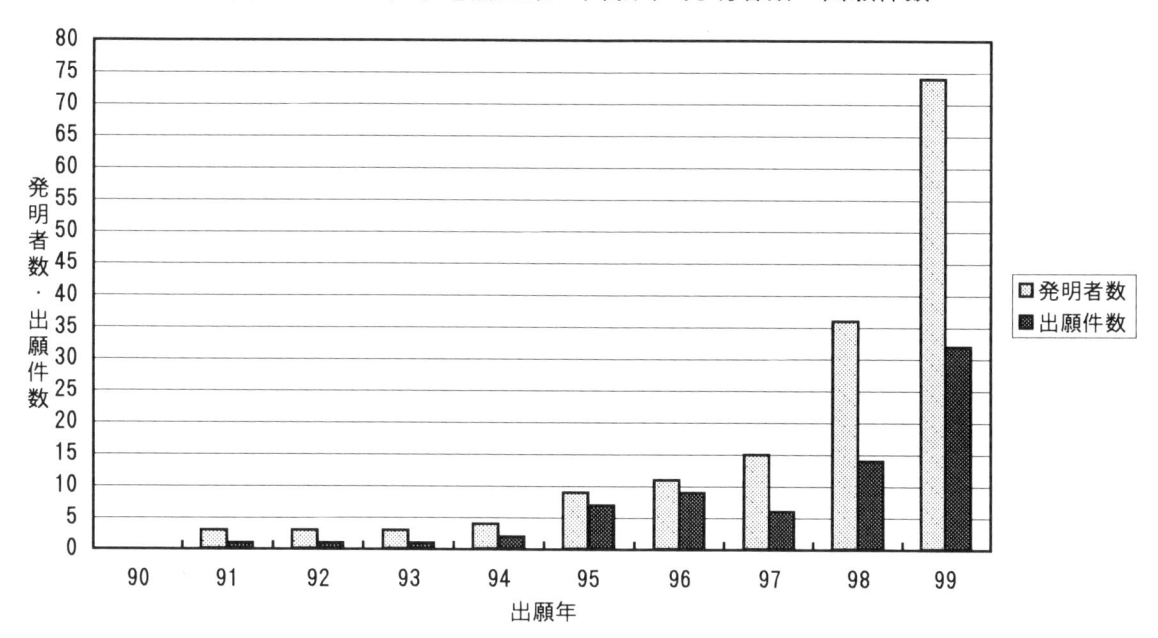

図 2.1.5-1 松下電器産業の出願年-発明者数・出願件数

2.2 日立製作所

2.2.1 企業の概要

　総合電機製品の1位であり、情報通信機器、電力・産業システム、家電、材料（部品）、サービス等に事業を展開している。はんだ付け鉛フリー技術分野では、情報通信機器、家電等の基板実装と、半導体等の能動部品や受動部品等の端子の表面処理技術、はんだ材料、はんだ製法、はんだ装置に関する開発を各々の事業部門にて開発を行っている。日立製作所の概要を表 2.2.1-1 に示す。

表 2.2.1-1 日立製作所の企業概要

1）	商号	株式会社 日立製作所
2）	設立年月日	1920年2月1日
3）	資本金	2,817億5,405万円
4）	従業員数	55,916人
5）	事業内容	情報・通信システム、電力、産業システム、電子デバイス、デジタルメディア、家電
6）	事業所	本社/東京
7）	関連会社	バブコック日立、中央商事、日立空調システム、日立ビルシステム、日立電線
8）	業績推移	売上高(百万円)　当期利益(百万円) 1998.3　　4,078,030　　　　10,236 1999.3　　3,781,118　　　 -175,534 2000.3　　3,771,948　　　　11,874 2001.3　　4,015,824　　　　40,121
9）	主要製品	パソコン、周辺機器、ソフトウェア、DVD関連、プラズマディスプレイ（テレビ）、エアコン、冷蔵庫、携帯電話、福祉介護用品、エレベータ、ディスプレイ、半導体、PC板セラミックス基板
10）	主な取引先	電力各社、NTTグループ、JR各社
11）	技術移転窓口	知的財産権本部

　本テーマに関する特許出願64件（1991～2001年10月公開）のうち、共同出願は8件(日立米沢電子、真空冶金、タムラ製作所、タムラエフエーシステム、日立超エル エス アイ システムズ、日立北海セミコンダクタ、日立東部セミコンダクタ、日立カーエンジニアリング、那珂インスツルメンツ)。共同出願は、9社に渡る。この中で、装置メーカーであるタムラ製作所等との共同出願があるが、その他ほとんどは、関連会社との共同出願である。グループ関連会社では、日立電線9件（うち、共願3件（日立線材））、日立化成工業6件、日立テクノエンジニアリング1件、日立工機1件がある。

　技術移転を希望する企業には、積極的に交渉していく対応を取る。その際、自社内に技術移転に関する機能があるので、仲介等は不要であり、直接交渉しても構わない。（アンケート結果）

2.2.2 はんだ付け鉛フリー技術に関する製品・製造技術

表 2.2.2-1にはんだ付け鉛フリー技術に関する製品・製造技術を示す。

表 2.2.2-1 日立製作所のはんだ付け鉛フリー技術に関する製品・製造技術

製品・製造技術			販売時期	出典
はんだ材	高温系浸漬・リフローはんだ	Sn-3Ag-0.7Cu	使用中(2001年度末までに全面切り替え)	日立評論 2000年1月号 http://www.hitachi.co.jp/Sp/TJ/2000/hrnjan00/hrn0116j.htm
	高温系浸漬はんだ	Sn-0.7Cu		
	中温系リフローはんだ	Sn-3Ag-0.7Cu-Bi(+In)		
	低温系浸漬はんだ	Sn-2.8Ag-15Bi		
	低温系浸漬・リフローはんだ	Sn-1Ag-57Bi		
部品等	面実装型半導体パッケージ(SMD)	Sn-Bi めっき品 Ni/Pd/Au めっき品 Sn-Ag-Cu バンプ品	販売中	http://www.hitachisemiconductor.com/sic/jsp/japan/jpn/Sicd/Japanese/lead/01_1.htm
	ピン挿入型半導体パッケージ(THD)	Sn-Bi めっき品 Sn-Cu ディップ品 Sn めっき品 Au めっき品	販売中	
	トランジスタダイオード	Sn-Bi めっき品 Sn-Cu ディップ品	販売中	
	チップタンタルコンデンサ	TMC シリーズ	販売中	http://www.hitachi-aic.com/japanese/016.htm
	基板はんだ脱鉛化	―	2001年末	化学工業日報 2001.7.30 朝刊 12面
応用製品	冷蔵庫	R-S34NPAM ほか	販売中	http://www.hitachi.co.jp/Div/kankyo/khoukoku/tekigo_data/index.htm#data
	掃除機	XV-PE9 ほか	販売中	
	ルームエアコン	RAS-5020MX2	販売中	
	サブノートパソコン	FLORA 220FX	販売中	
	洗濯機	NW-8PAM	販売中	http://www.hitachi.co.jp/Div/kankyo/khoukoku/khj10522.htm
その他	鉛フリーはんだ導入の技術支援	設備・製造プロセスの最適化	実施中	http://www.englink21.com/i-eng/guest/20p10004.htm
	ガイダンス	鉛フリー化の方針説明	実施中	http://www.hitachisemiconductor.com/sic/jsp/japan/jpn/Sicd/Japanese/lead/index.htm

電子部品と応用機器を販売しており、電子部品関連は特に半導体製品の鉛フリー化対応を行っており、応用機器として冷蔵庫（Sn-Cu-Niはんだ使用）、掃除機（Sn-Ag-Cu-Ge、Sn-Ag-Cu-Bi-Inはんだ使用）、ルームエアコン（Sn-Cu-Ni、Sn-Ag-Cu-Bi）、サブノートパソコン（Sn-Cu、Sn-Ag-Cu）、洗濯機の特定機種に鉛フリー化商品を販売している。また、鉛フリーはんだ導入の技術支援も行っている。

鉛フリー化の対象製品が多く、混載実装への対応が課題である。鉛フリーはんだの選定や被接合物の表面処理技術の関連技術等の課題がある。2002年3月までに鉛フリーはんだへの全面切り替えを公表している。（日立評論 2000年1月号）

2.2.3 はんだ付け鉛フリー技術の技術開発における課題別の保有特許

表 2.2.3-1にはんだ付け鉛フリー技術の技術開発における課題別の保有特許を示す。

表 2.2.3-1 日立製作所のはんだ付け鉛フリー技術の技術開発における課題別の保有特許(1/2)

技術要素		特許No.	特許分類(FI)	課題	概要
はんだ材料技術					
	組成	特開平8-164495	B23K35/14G B23K35/22310A B23K35/26310A H05K3/34507C H05K3/34512C	はんだ付けにおける加熱適温化および機械的強度向上	Zn 3～5％、Bi10～23％、残りSnの組成とする。
		特開平9-85484	B23K35/26310A C22C13/02 H01L21/60301D H05K3/34512C H01L21/92603B	Sn-Zn-Bi組成のはんだ	Sn-Zn-Bi系：ガラスエポキシ基板へのLSI、部品接続用。高温でも機械的強度面で十分な信頼性を有する。十分なぬれ性でリフロー可能。
		特許3181283、特開平8-164496、特開平9-174278、特開平8-323495、特開平9-271981、特開平10-58184、特開平10-166178、特開平11-179586、特開平11-221694、特開2000-12748			
	製法	特開平5-161992、特開平6-155070、特開平10-43882、特開平10-99991			
電子部品接合技術					
	電子部品等の基板へのはんだ付け	特許2865770	H01L21/60311S B23K1/20H	酸化被膜の除去と大気中での作業が可能な方法	表面の酸化層をスパッタクリーニングで除去し、大気中で位置合わせを行い、非酸化性雰囲気でろう材を加熱溶融する。ろう材はAg-Sn系等を使用。
		特開2001-156097、特開2001-189410			
	パッケージ封止	特公平8-8408、特開平6-132413			

表 2.2.3-1 日立製作所のはんだ付け鉛フリー技術の技術開発における課題別の保有特許(2/2)

技術要素		特許No.	特許分類(FI)	課題	概要
電子部品接合技術					
	半導体等のはんだ接合	特許2891665	H01L23/12L H01L21/60311R	表配線構造を採用した半導体集結回路	フレキシブル配線基板がエラストマ（弾性構造体）で半導体チップに貼り合わされ、該フレキシブル配線基板のリードは半導体チップの電極端子と接続され、さらにはんだバンプが露呈形成される。
		特開平5-290946、特開平7-142636、特開平9-283564、特開平9-283909、特開平11-97570、特開平11-204573、特開2000-77554、特開2000-101014、特開2000-183221、特開2000-195986、特開2000-216530、特開2000-299343、特開2000-315707、特開2000-340709、特開2000-349125、特開2001-144142、特開2001-156442、特開2001-176927、特開2001-177009			
	受動部品等のはんだ付け	特開2000-277909			
被接合材の表面処理技術					
	めっき被膜	特開平11-330340、特開2000-685			
	その他の被膜	特開平6-204226、特許3172308、特開平10-326953、特開平11-175683、特開2000-261134、特開2000-261131、特開2001-57468、特開2000-311967			
はんだ付け方法・装置					
	はんだ付け方法	特開平11-354919、特開2000-208932、特開2001-36233、特開2001-168519			
	はんだ付け装置	特開平11-251736、特開平11-354916、特開2001-170767			
	検査および評価装置	特開2001-208742			
	はんだ回収	特開平10-13015			
はんだレス接合技術					
	材料・接続方法	特開2000-100876、特開2001-44606			
その他		特開2001-148395			

　日立製作所の保有する特許の特徴は、電子部品接合技術とはんだ材料技術の組成に集中しているが、すべての分野に出願されている。表1.4.2-1において、半導体等のはんだ接合に対しては接合材料、被接合材料、接合方法の課題に対してはAu系、Sn系の接合材や、バンプ構造等による改善を図っている。表1.4.1-1において、はんだ材料技術の組成では、Sn-Zn系に集中しており、はんだ特性、組織性の向上のための課題に対して、解決手段としてはBi/Inの添加、Cu、Bi/Inを添加して特性の改善を図っている。Sn-Ag系でははんだ特性の向上の課題に対して、解決手段としてCu、Biの添加、組織、凝固偏析防止の課題においてはAuの添加で改善している。

図2.2.3-2に日立製作所の保有特許に関する技術要素・課題対応・出願特許の分布を示す。

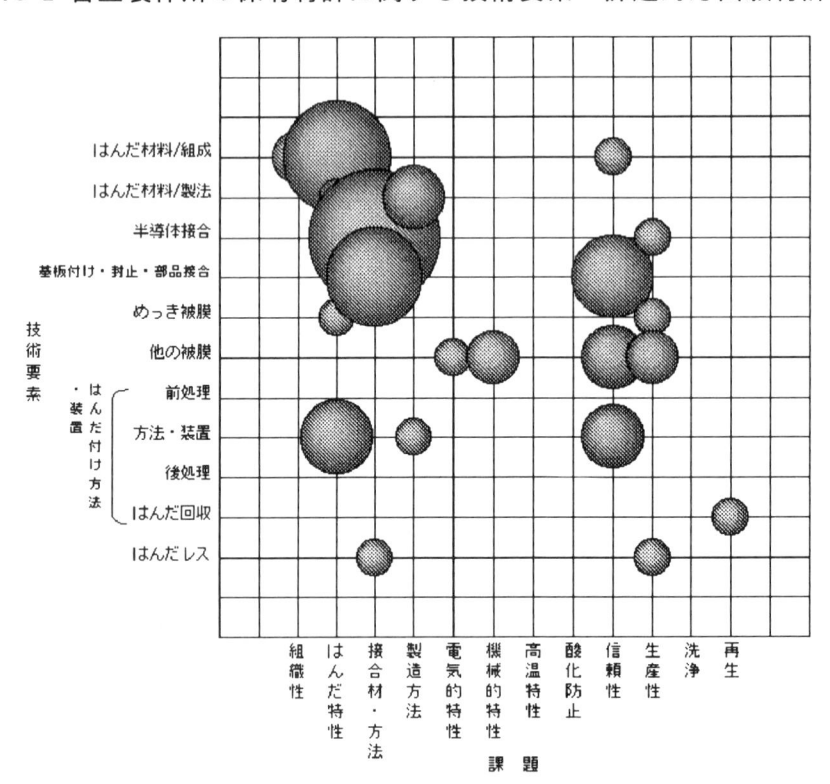

図 2.2.3-2 日立製作所の保有特許に関する技術要素・課題対応出願特許の分布

2.2.4 技術開発拠点
　　神奈川県：生産技術研究所
　　神奈川県：神奈川工場
　　東京都　：デバイス開発センター
　　東京都　：半導体事業部
　　東京都　：中央研究所
　　神奈川県：情報通信事業部
　　神奈川県：汎用コンピュータ事業部
　　茨城県　：機械研究所
　　茨城県　：計測器事業部
　　茨城県　：日立研究所
　　茨城県　：自動車機器事業部
　　神奈川県：デジタルメディアシステム事業部
　　神奈川県：エンタープライズサーバー事業部
注：技術開発拠点は特許公報より入手しており、名称等の変更の可能性がある。

2.2.5 研究開発者

図 2.2.5-1に出願年に対する発明者数・出願件数を示す。1995年からはんだ付け鉛フリー技術に関する研究開発者のメンバーが増員され、特に98年から急増しており、はんだ組成技術以外のすべての技術テーマの分野に開発対象を拡大している。初期の段階は生産技術研究所の出願が主であるが、その後実用化を目指す事業所からの出願が多くみられる。

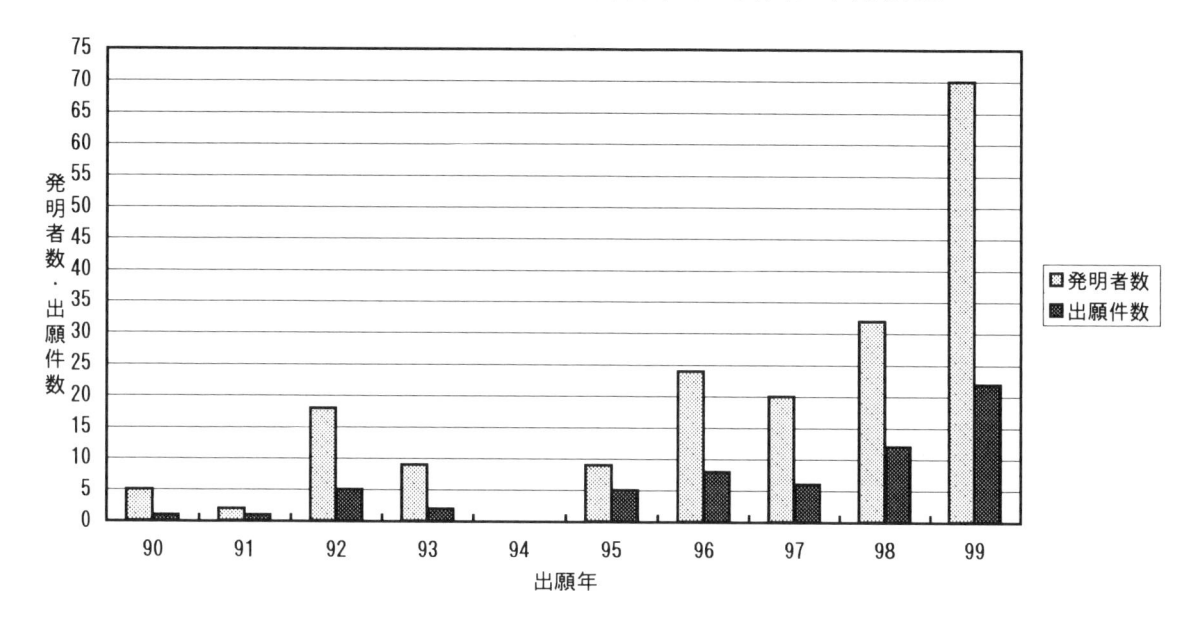

図 2.2.5-1 日立製作所の出願年-発明者数・出願件数

2.3 東芝

2.3.1 企業の概要

総合電機2位であり、半導体では1位、ノートパソコンは世界トップ級であり、情報通信・社会システム、デジタルメディア、重電システム、電子デバイス、家電等に事業を展開している。はんだ付け鉛フリー技術分野では、情報通信機器、家電等の基板実装と、電子デバイス等の端子の被接合物の表面処理技術、はんだ材料、はんだ付け製法に関する開発を行っている。東芝の概要を表 2.3.1-1 に示す。

表 2.3.1-1 東芝の企業概要

1)	商号	株式会社 東芝
2)	設立年月日	1904年6月25日
3)	資本金	2,749億2,200万円
4)	従業員数	51,340人
5)	事業内容	情報通信・社会システム、デジタルメディア、重電システム、電子デバイス、家庭電器
6)	事業所	本社/神奈川県
7)	関連会社	東芝テック、東芝エンジニアリング、東芝メディカル、東芝情報機器、東芝プラント建設、東芝デバイス、東芝キャリア、東芝ライテック、東芝物流、東芝アメリカ情報システム社、東芝システム欧州社、東芝アメリカ家電社、東芝アメリカ電子部品社
8)	業績推移	売上高(百万円)　　　当期利益(百万円) 1998.3　　　3,699,968　　　　　-33,046 1999.3　　　3,407,611　　　　　-15,578 2000.3　　　3,505,338　　　　-244,517 2001.3　　　3,678,977　　　　　 26,411
9)	主要製品	パソコン、携帯電話、PDA、ソフトウェア、FAX、ワープロ、フラットワイドテレビ、デジタルカメラ、DVDプレーヤー、家電製品、照明器具、エレベーター、半導体
10)	主な取引先	－
11)	技術移転窓口	知的財産部

本テーマに関する特許出願36件（1991～2001年10月公開）のうち、共同出願は8件(千住金属工業、オギハラ エコロジー、芝府エンジニアリング、東芝コンピュータエンジニアリング、黒田テクノ)。素材メーカーである千住金属工業や関連企業との共同出願があり、5社に渡る。

2.3.2 はんだ付け鉛フリー技術に関する製品・製造技術

表 2.3.2-1にはんだ付け鉛フリー技術に関する製品・製造方法を示す。

表 2.3.2-1 東芝のはんだ付け鉛フリー技術に関する製品・製造技術

製品・製造技術			販売時期	出典
部品等	面実装型半導体	Ni/Pd/Au めっき品 Sn-Ag めっき品 Sn-Bi めっき品 Sn-Ag-Cu ディップ品 Sn-Ag-Cu バンプ品	販売中	http://www.semicon.toshiba.co.jp/release/env/ft_env.html (東芝セミコンダクタ)
	ピン挿入型半導体	Ni/Pd/Au めっき品 Sn-Ag めっき品 Sn-Bi めっき品 Sn-Ag-Cu ディップ品	販売中	
	トランジスタ ダイオード	Sn-Ag めっき品 Sn-Bi めっき品 Sn-Ag-Cu ディップ品	販売中	
応用製品	ホームランドリー	TW-G70	販売中	http://www.toshiba.co.jp/env/pdf/report01j.pdf(P28、30)
	冷蔵庫	GR-472K	販売中	
	ノートパソコン	DynaBook SS3490	販売中	
	食器洗い乾燥機	DWS-32BX	販売中	http://www2.toshiba.co.jp/webcata/cooker/webcata.cgi?code=dws_32bx
	電子レンジ	ER-ESB1	販売中	http://www2.toshiba.co.jp/webcata/range/webcata.cgi?code=er_esb1
	蛍光ランプ	ネオボール Z	販売中	http://www.tlt.co.jp/tlt/topix/press/p010126/neoz100w.pdf (東芝ライテック)
	鉛フリーはんだ製品	デジタルメディアネットワーク扱いの全デジタル製品	2002 年度末	化学工業日報 2001.9.26 朝刊 16 面

電子部品関連の鉛フリー化対応部品については、面実装型半導体とピン挿入型半導体のBGA 対応品、Sn-Ag 系、Pd-PPF (Palladium Pre-plated-frame) 系めっき品が販売されており、Sn-Bi 系めっき品を開発中である。また応用製品の鉛フリー化については、ホームランドリー(Sn-Ag はんだ使用)、冷蔵庫(Sn-Ag はんだ使用)、食器乾燥機、電子レンジ(Sn-Ag はんだ使用)、ノートパソコン (Sn-Ag-Cu はんだ使用)の特定機種に対応している。デジタルメディアネットワーク部門扱いの全製品の鉛フリー化を 2002 年末までに実施する予定である。人体に対して危険性のある BeO (酸化ベリリウム) に代わり AlN (窒化アルミニウム)を採用し、銅回路接合基板等で半導体実装用基板を採用し、半導体素子の実装技術を開発した。電子部品に関する鉛フリー化はほぼ完了している。

2.3.3 はんだ付け鉛フリー技術の技術開発における課題別の保有特許

表 2.3.3-1 にはんだ付け鉛フリー技術の技術課題における課題別の保有特許を示す。

表 2.3.3-1 東芝のはんだ付け鉛フリー技術の技術課題における課題別の保有特許（1/2）

技術要素		特許No.	特許分類(FI)	課題	概要
はんだ材料技術					
	組成	特開平8-243782	B23K31/02310B B23K35/26310A	非酸化性雰囲気ではんだ付け可能な鉛フリーはんだ組成	Zn：3～12wt％、Sn：残部等の組成で、酸素含有量が100ppm以下のはんだ合金。
		特開2000-15478、特開2000-280066			
	製法	特開平11-192583、特開平11-245079、特開平11-267879、特開2000-167690			
電子部品接合技術					
	電子部品等の基板へのはんだ付け	特開平11-97839、特開2000-77559			
	半導体等のはんだ接合	特許2772273	H01L23/14C	高強度、高靭性、高放熱性、高耐熱サイクル性の半導体実装回路基板	熱伝導率が60w/m・K以上のSi₃N₄基板上に直接法、活性金属法、メタライズ法等で回路層を接合し、該回路層上に複数の半導体素子を搭載する。
		特許2772274	H01L23/14C C04B35/58101Z	窒化ケイ素基板の放熱性、機械的強度および耐熱サイクル性向上	熱伝導率が60W/m・K以上の窒化ケイ素基板と窒化アルミニウム基板を同一平面上に配置、積層した複合基板とし、表面の酸化層、活性金属ろう材層を介して金属回路板を一体接合する。
		特許2698780	H05K1/02A C04B37/02B H05K1/03610D H05K3/20Z H01L23/12J C04B35/58102C C04B35/58102K C04B35/58102T	窒化ケイ素基板の放熱性、機械的強度および耐熱サイクル性向上	熱伝導率が60W/m・K以上、三点曲げ強度が650MPa以上である窒化ケイ素基板に金属回路板を一体接合する。
		特開平8-340060、特開平9-36169、特開平10-12670、特許3193305、特開平10-79403、特開平10-251074、特開平9-321174、特開2000-68402、特開2001-94004、特開2001-230351			

表 2.3.3-1 東芝のはんだ付け鉛フリー技術の技術課題における課題別の保有特許（2/2）

技術要素	特許No.	特許分類(FI)	課題	概要
被接合材の表面処理技術				
その他の被膜	特開平8-204060、特開平9-115911、特開平9-148720、特開平11-114667、特開2000-114416、特開2001-168513			
はんだ付け方法・装置				
前処理	特開平11-267885			
はんだ付け方法	特開2000-351066、特開2001-15903			
はんだ付け装置	特開平11-10385			
はんだ回収	特開平8-311444、特開平9-248549、特開平10-99815、特開平11-92588			

　東芝の保有する特許の特徴は、電子部品接合技術に注力しており、その他には被接合材の表面処理技術等に出願している。表1.4.2-1において、半導体等のはんだ接合では接合材質、アルミ接合、端子電極構造、バンプ形状、ファインピッチ等の課題において解決手段としては接合材のAu系、多層系等で、接合部ではバンプ構造、被接合部では配線層、基板電極構造にて改善を図っている。被接合材の表面処理技術では表1.4.3-2を見ると、はんだ付け性、接合信頼性の課題において、解決手段としては表面被膜形成、はんだ樹脂シート、2種混合材等で改善を図っている。

図2.3.3-2に東芝の保有特許に関する技術要素・課題対応・出願特許の分布を示す。

図 2.3.3-2 東芝の保有特許に関する技術要素・課題対応出願特許の分布

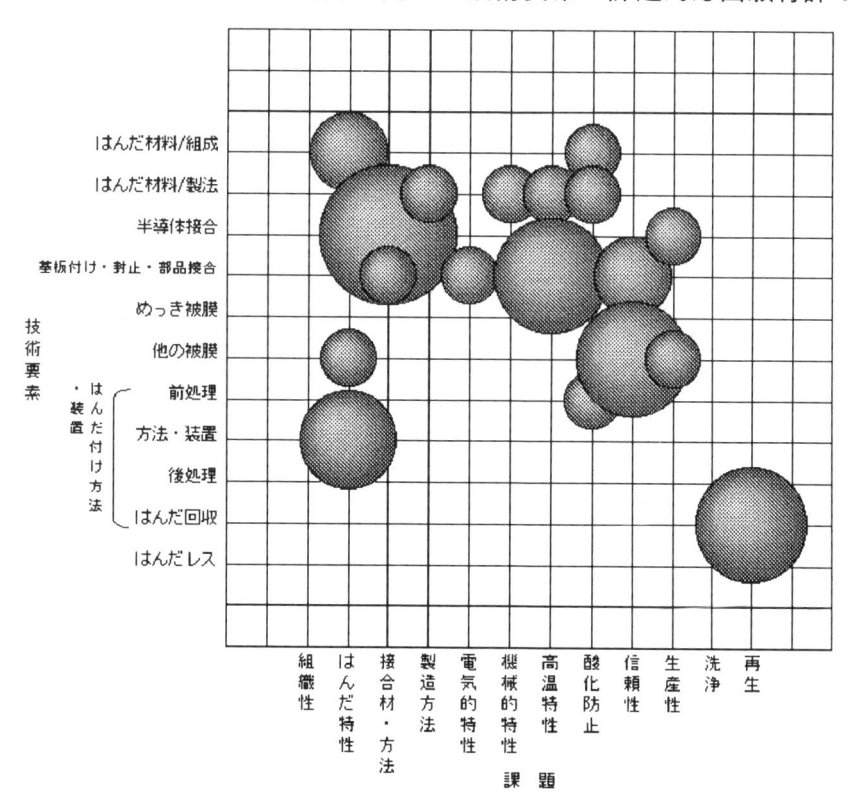

2.3.4 技術開発拠点

神奈川県：京浜事業所
神奈川県：研究開発センター
神奈川県：横浜事業所
東京都　：府中工場
神奈川県：生産技術研究所
東京都　：青梅工場
東京都　：本社事務所
神奈川県：多摩川工場
東京都　：日野工場
神奈川県：マイクロエレクトロニクスセンター

注：技術開発拠点は特許公報より入手しており、名称等の変更の可能性がある。

2.3.5 研究開発者

　図 2.3.5-1に出願年に対する発明者数・出願人数を示す。1995年からはんだ付け鉛フリー技術の出願が始まり、研究開発者数が初期の段階から多数投入されている。その後研究開発者の人数は減少している。特に他の通信・家電メーカーと比較して異なった傾向となっている。

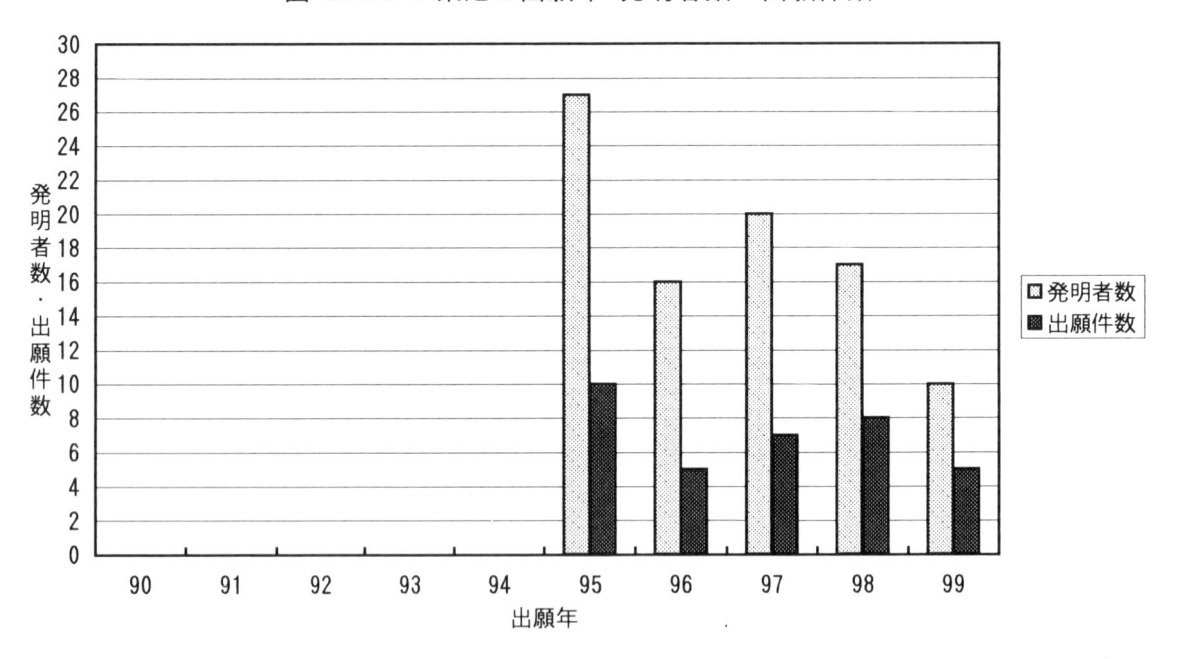

図 2.3.5-1 東芝の出願年-発明者数・出願件数

2.4 ソニー

2.4.1 企業の概要

　AV機器世界トップであり、映画・音楽・金融などに多角化しており、ネットビジネスにも事業を展開しており、エレクトロニクス分野での比率は68％である。はんだ付け鉛フリー技術では、情報通信機器、AV機器等の基板実装と、電子デバイス等の端子の被接合物の表面処理技術、はんだ材料、はんだ製法に関する開発を各々の事業部門にて行っている。ソニーの概要を表 2.4.1-1 に示す。

表 2.4.1-1 ソニーの企業概要

1)	商号	ソニー 株式会社
2)	設立年月日	1946年5月7日
3)	資本金	4,720億152万円
4)	従業員数	18,845人
5)	事業内容	ビデオ、オーディオ、テレビ、電子デバイス、その他製品、情報通信
6)	事業所	本社/東京
7)	関連会社	アイワ、インタービジョン、ソニー一宮、ソニー稲沢、ソニー エナジー テック
8)	業績推移	売上高(百万円)　　当期利益(百万円) 1998.3　　　2,406,423　　　　76,356 1999.3　　　2,432,690　　　　38,029 2000.3　　　2,592,962　　　　30,840 2001.3　　　3,007,584　　　　45,002
9)	主要製品	パソコン、ディスプレイ、リチウム電池、CCDビデオレコーダ、CD、MDプレーヤー、DVDプレーヤー、カーステレオ、ゲーム機、携帯電話、デジタルカメラ、ビデオカメラ
10)	主な取引先	ソニー エレクトロニクス インク、ソニー マーケティング
11)	技術移転窓口	知的財産部

　Sn-Ag-Bi-Cuの4元系から、Sn-Ag-Cuの3元系に切替える方針を決定した。（化学工業日報2001年6月13日）

　本テーマに関する特許出願30件（1991～2001年10月公開）のうち、共同出願は2件（日本スペリア、エヌエステクノ、大日工業）。連結子会社であるソニーケミカルは2件出願。

2.4.2 はんだ付け鉛フリー技術に関する製品・製造技術

表 2.4.2-1にはんだ付け鉛フリー技術に関する製品・製造技術を示す。

表 2.4.2-1 ソニーのはんだ付け鉛フリー技術に関する製品・製造技術

製品・製造技術			販売時期	出典
はんだ装置	リフロー炉	―	実施中	http://www.sony.co.jp/SonyInfo/Environment/pdf/japan/kouda01.pdf (P8)
部品等	面実装型半導体パッケージ（SMD）	S-Pd PPF めっき品 Sn-Bi めっき品 Ni/Au めっき品	販売中	http://www.sony.co.jp/Products/SC-HP/GUIDE/PDF/free-blg.pdf
	基板挿入型半導体パッケージ（THD）	S-Pd PPF めっき品 Sn-Bi めっき品 Ni/Au めっき品 Sn めっき品	販売中	
応用製品	車載用 CD プレーヤ	CDX-1900	販売中	http://www.cahners-japan.com/news/200101/20010117internepcon_pbfree.html
	家庭用ビデオカメラ	DCR-TRV30 DCR-TRV17K	販売中	http://www.sony.co.jp/sd/CorporateCruise/Press/200102/01-0209B/
	ビデオ一体型テレビ	KV-14DA1	販売中	http://www.sony.co.jp/sd/CorporateCruise/Press/200101/01-0131/
	デジタルカメラ	―	販売中	http://www.sony.co.jp/SonyInfo/Environment/pdf/japan/kouda01.pdf (P9)
	ノートパソコン	VAIO	販売中	
	ゲーム機	PlayStation2	販売中	
	ポータブル MD 再生機	MZ-E909	販売中	http://www.sony.co.jp/sd/CorporateCruise/Press/200108/01-0815/
	鉛フリーはんだ製品	国内生産品の使用部品を無鉛化	2002 年度末	化学工業日報 2001.6.13 日 朝刊 12 面
その他	技術供与	無鉛はんだスクール	実施中	http://www.sonyfm.co.jp/handa_school/index.html （ソニーファシリティマネジメント）

半導体部品の鉛フリー化対応は面実装型と基板挿入型が完成しており、すでに販売中である。被接合材の表面処理は、Sn-Bi系、Ni-Au系、S-Pd PPFのめっき処理を実施している。応用製品の鉛フリー化は、車載用CDプレーヤ(Sn-Cu-Niはんだ使用)、家庭用ビデオカメラ、ビデオ一体テレビ、デジタルカメラ、ノートパソコン、ゲーム機等に採用され、販売されている。はんだ付け鉛フリー技術の技術供与も行っている。

2002年度末に国内生産品の使用部品を無鉛化すると発表されており、鉛フリーはんだはSn-Ag-Cuを使用する。(化学工業日報2001年6月13日)

2.4.3 はんだ付け鉛フリー技術の技術開発における課題別の保有特許

表 2.4.3-1にはんだ付け鉛フリー技術の技術開発における課題別の保有特許を示す。

表 2.4.3-1 ソニーのはんだ付け鉛フリー技術の技術開発における課題別の保有特許（1/2）

技術要素		特許No.	特許分類(FI)	課題	概要
はんだ材料技術					
	組成	特開平10-249579	B23K35/26310A C22C13/00 H05K3/34512C	Sn-Zn-Bi-In-Ag組成のはんだ	Sn-Zn-Bi-In-Ag系合金。ぬれ性が良く、機械的強度も優れ、良好なはんだ付け性。溶融温度がSn-Pbはんだと同程度であるので、現行のはんだ付けプロセスをそのまま使用。
		特開平10-314980	B23K35/26310A C22C13/02 H05K3/34512C	Sn-Ag-Bi-Cu-In組成のはんだ	Sn-Bi-Ag系にCuとInを添加：はんだの特性が改善。溶融温度がSn-Pb系はんだと同程度。現行のSn-Pb系のはんだ付けプロセスが使用可。はんだ融液のぬれ性や機械的特性を改善。
		特開平9-206983、特開平10-230384、特開2000-94181、特開2001-47276			
	製法	特開2000-176678、特開2000-317672			
電子部品接合技術					
	電子部品等の基板へのはんだ付け	特開平10-135612、特開2001-168224			
	半導体等のはんだ接合	特開2000-12588	H05K3/34505A H01L21/60311Q H01L21/92602L H01L21/92604E	バンプ接続部の信頼性向上	半導体装置の配線部に突起電極を形成し、半導体の面に樹脂を塗布して突起電極の一部を樹脂から露出させ熱処理し樹脂を硬化させる。
		特開平11-186328、特開2000-40711、特開2000-195888、特開2001-85458			

表 2.4.3-1 ソニーのはんだ付け鉛フリー技術開発における課題別の保有特許（2/2）

技術要素		特許No.	特許分類(FI)	課題	概要
被接合材の表面処理技術					
	めっき被膜	特開2000-114696			
	その他の被膜	特開2000-294718、特開2001-156095			
はんだ付け方法・装置					
	前処理	特開2000-133669、特開2000-332397、特開2001-47599			
	はんだ付け方法	特開2001-185842			
	はんだ付け装置	特開2000-114708	B23K1/08320B H05K3/34506K	酸化防止と安定した噴流を形成する装置	かくはん用プロペラの回転駆動軸の周囲に一定の間隙を保持して筒状部材を介在させた噴流ポンプ。これで、溶融金属を安定させて噴流する装置。
		特開2000-133925、特開2001-44618、特開2001-111207、特開2001-196736			
	はんだ回収	特開2000-192158、特開2000-340947、特開2001-148567			

　ソニーの保有する特許の特徴は、はんだ付け方法・装置に注力しており、その他にはんだ回収に関するものが注目される。はんだ付け装置では表1.4.4-1を見ると、リフローはんだ装置では部品の信頼性の課題に対して、解決手段として加熱方法と２種類のはんだ使用により改善を図っており、浸漬はんだ装置に関しては、酸化防止の課題において噴流はんだ槽、雰囲気制御にて改善している。また、はんだ回収については、はんだ再生の課題に対して噴流、はんだ槽にて対応している。

図2.4.3-2にソニーの保有特許に関する技術要素・課題対応・出願特許の分布を示す。

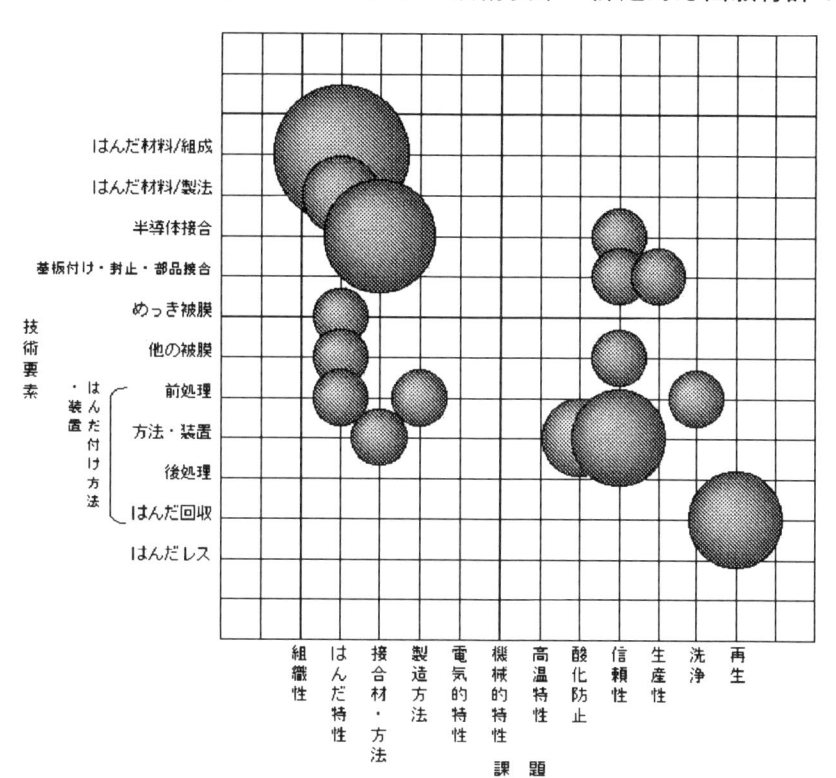

図 2.4.3-2 ソニーの保有特許に関する技術要素・課題対応出願特許の分布

2.4.4 技術開発拠点
東京都：本社
岩手県：ソニー千厩
宮城県：ソニー中新田
福島県：ソニー本宮
愛知県：ソニー幸田
東京都：ソニーエンジニアリング
大分県：ソニー大分
千葉県：ソニー木更津

注：技術開発拠点は特許公報より入手しており、名称等の変更の可能性がある。

2.4.5 研究開発者

図2.4.5-1に出願年に対する発明者数・出願件数を示す。特許情報から見たはんだ付け鉛フリー技術への出願開始は1996年であり、98年に研究開発者が急増しており、かなりのハイピッチで研究開発を行ったものと推定する。ただし1999年の研究開発者の人数が減少している。

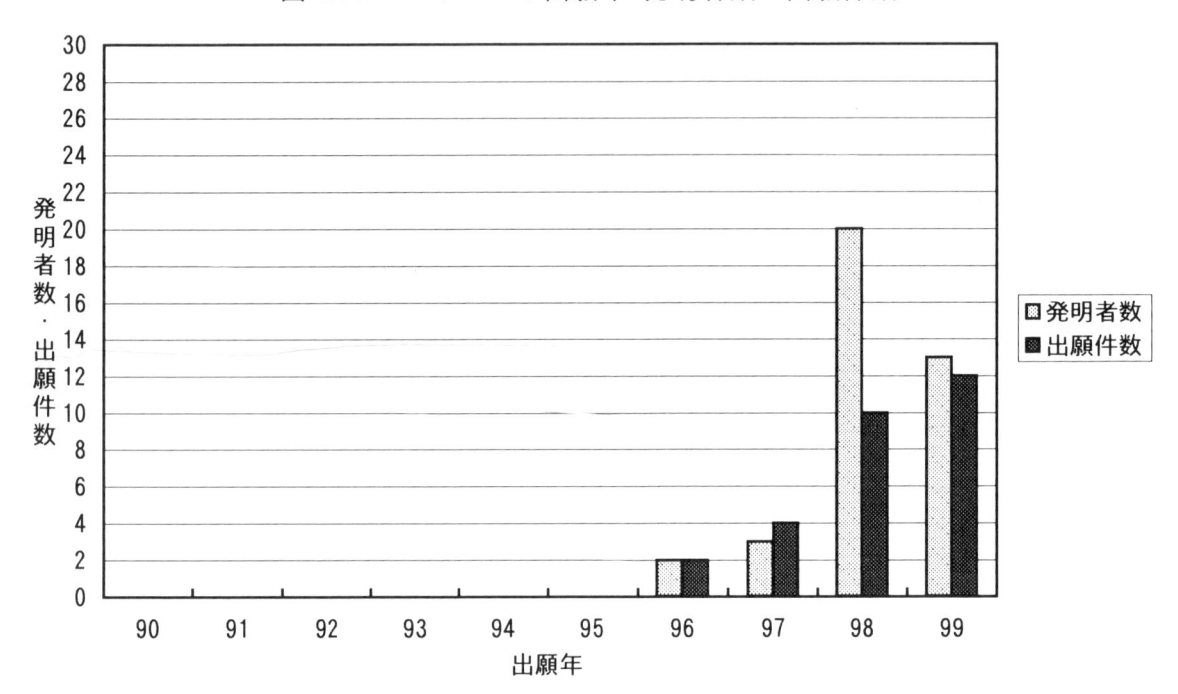

図 2.4.5-1 ソニーの出願年-発明者数・出願件数

2.5 富士通

2.5.1 企業の概要

コンピュータで世界2位、通信、半導体も大手であり、ソフトサービス化を急速に推進しており、ソフトウェア・サービス、情報処理、通信、電子デバイス等の事業を展開している。はんだ付け鉛フリー技術では、情報通信機器等の基板実装と、電子デバイス等の端子に関する被接合材の表面処理技術、はんだ材料、はんだ製法に関する開発を行っている。富士通の概要を表 2.5.1-1に示す。

表 2.5.1-1 富士通の企業概要

1)	商号	富士通 株式会社
2)	設立年月日	1935年6月20日
3)	資本金	3,149億2,758万円
4)	従業員数	41,396人
5)	事業内容	ソフトウェア・サービス、情報処理、通信、電子デバイス
6)	事業所	本社/東京
7)	関連会社	富士通研究所、新光電気工業、富士電気化学、富士通ビジネスシステム、富士通サポートアンドサービス、富士通機電、富士通電装、高見澤電機製作所、富士通デバイス、富士通システムコンストラクション、富士通ビー エス シー、富士通テン、PFU、富士通カンタムデバイス、富士通エフ アイ ピー、ニフティ、富士通エイ エム ディ セミコンダクタ、富士通日立プラズマディスプレイ、富士通リース、Amdahl、DMR Consulting Group、Fujitsu America、Fujitsu PC、Fujitsu Network Co
8)	業績推移	売上高(百万円)　　当期利益(百万円) 1998.3　　　3,229,084　　　　50,900 1999.3　　　3,191,146　　　 -21,504 2000.3　　　3,251,275　　　　13,658 2001.3　　　3,382,218　　　　46,664
9)	主要製品	スーパーコンピュータ、パソコン、プリンタ、ディスプレイ、イメージスキャナ、携帯電話、ソフトウェア、半導体製品、リレー、コダック、HDD、MO
10)	主な取引先	－
11)	技術移転窓口	特許企画部

本テーマに関する特許出願30件（1991～2001年10月公開）のうち、共同出願はなし。連結子会社では、新光電気工業が9件出願（うち共同出願1件（長野県））、富士通テンは1件出願（トヨタ自動車、豊田中央研究所、日本電装と共願）。

製品情報： 2001年中にパソコン向けハードディスク装置を鉛フリーはんだ（Sn-Ag-Cu系）に全面的に切り替え、生産は海外工場で行う。（日本経済新聞2001年10月6日）

2.5.2 はんだ付け鉛フリー技術に関する製品・製造技術

表 2.5.2-1にはんだ付け鉛フリー技術に関する製品・製造技術を示す。

表 2.5.2-1 富士通のはんだ付け鉛フリー技術に関する製品・製造技術

	製品・製造技術		販売時期	出典
はんだ材	鉛フリーの微細はんだバンプ	AP Bump (Advanced Printing Bump)	2002年1月	http://pr.fujitsu.com/jp/news/2001/12/12-1.html
部品等	面実装型パッケージ	ボール Sn-Ag-Cu 品（BGA パッケージ）	販売中	http://edevice.fujitsu.com/fj/CATALOG/AD81/81-00004/4-2.html
		ボール Sn-Bi-Ag 品（BGA パッケージ）	販売中	
		Sn-Bi めっき品（QFP パッケージ）	販売中	
	LSI パッケージ	スーパーCSP	2001年10月	日本経済新聞 2001.9.4 朝刊 11面
応用製品	メモリースティック用コネクタ	FCN-598J010-G/0	販売中	http://www.memorystick.org/mseasy/jp/connect/takamizawa.pdf
	ハードディスク	2.5" HDD	2001年内	日本経済新聞 2001.10.6 朝刊 13面
	グローバルサーバー	GS8900 モデル	販売中	http://globalserver.fujitsu.com/jp/hard/gs8900/tech.html
	ハンディターミナル	Team Pad 7500 シリーズ	2000年4月	http://eco.fujitsu.com/info/2001/2001report.pdf (P24)
	液晶ディスプレイ	VL シリーズ	2000年12月	
	ページプリンタ	PS2160 シリーズ	2001年3月	
	鉛フリーはんだ製品	富士通本社の鉛使用を全廃	2002年12月	http://pr.fujitsu.com/jp/news/1999/Nov/16-2.html
		グループ全体で全廃	2003年度末	化学工業日報 2001.12.20 朝刊 12面
その他	鉛フリーはんだの実装部品の分析	―	実施中	http://www.labs.fujitsu.com/fala/pbfree.html （富士通分析ラボ）

半導体の鉛フリー化は面実装型が対応可となっており、BGAタイプとめっきタイプの双方で対応している。またLSIパッケージも2001年10月より対応可となっている。半導体以外のデバイスにも鉛フリー化が記されている。応用製品については、ハードディスク（Sn-Ag-Cuはんだ使用）、サーバー（Sn-Ag-Biはんだ使用）、ハンディターミナル（Sn-Ag-Cuはんだ使用）、液晶ディスプレイ（Sn-Ag-Cuはんだ使用）等仕様別に対応品を販売している。富士通本社の鉛フリー化は2002年末で、富士通グループの鉛フリー化は2003年末と発表されている（化学工業日報2001年12月20日）。鉛フリーはんだの分析サービスも行っている。

2.5.3 はんだ付け鉛フリー技術の技術開発における課題別の保有特許

表 2.5.3-1にはんだ付け鉛フリー技術開発における課題別の保有特許を示す。

表 2.5.3-1 富士通のはんだ付け鉛フリー技術の技術開発における課題別の保有特許（1/2）

技術要素		特許No.	特許分類(FI)	課題	概要
はんだ材料技術					
	組成	特開平8-252688	B23K35/26310A B23K35/26310C C22C12/00 C22C13/02 H05K3/34512C	Sn-Ag-Biのはんだの耐久能力向上	Sn-Ag-Bi残部からなる低温接合用はんだ合金。Sn-Pbはんだよりも、はんだ接合部のミスマッチ緩和能力や繰り返し塑性変形時の耐久能力が同等以上、融点も低い。
		特開2000-36657	B23K35/26310C H05K3/34507C H05K3/34512C H01L23/12P H01L23/14C H01L23/32D	Sn-Bi組成のはんだによる接合部信頼性の改善	Sn-Bi系のはんだ合金：固相線温度が約150℃以下。熱膨張率の差により生じる接合部はんだ合金への応力歪みを低減し、かつ整合部のはんだ合金の変形を防止。
		特開平8-150493			
	製法	特開平7-80682	B23K35/22310A B23K35/363E H05K3/34503Z	ソルダーペーストの改善による耐食性向上	はんだ粉末とフラックスを含むはんだペーストにおいて、熱可塑性樹脂を5～30wt%をフラックス中に含む。
		特開平6-41601、特開平11-320176			
電子部品接合技術					
	電子部品等の基板へのはんだ付け	特開平9-92984、特開2000-151086、特開2000-332403、特開2000-165050			
	パッケージ封止	特開2000-40775			
	半導体等のはんだ接合	特開平10-41621	H05K3/34501F H05K3/34505A H05K3/34512C	Sn-Biはんだでの接合方法	はんだ付け部にNi、またはCuの膜を形成し、その上に5μmの厚みを超えないAg添加膜を形成し、Sn-Bi合金はんだで接合する。
		特開平6-333985、特開平9-148333、特開平11-176881、特開平11-330678、特開2000-31206、特開2000-216196			

表 2.5.3-1 富士通のはんだ付け鉛フリー技術の技術開発における課題別の保有特許（2/2）

技術要素		特許No.	特許分類(FI)	課題	概要
被接合材の表面処理技術					
	めっき被膜	特開平9-266373、特開2000-195885			
	その他の被膜	特開平8-290288	B23K35/26310A B23K35/26310C B23K35/26310D	Sn-Bi、Sn-Znはんだ使用時のぬれ性の向上	In、BiおよびSnの二成分はんだ。被処理基板のはんだ付け位置にAu、Ag、Cu、Ni、Pd、Ptの内の一つよりなるぬれ性向上層を設けて使用。
		特開平6-29443			
はんだ付け方法・装置					
	前処理	特開平9-29485、特開2001-18090			
	後処理	特開平8-276164			
	はんだ回収	特開平9-51158			
はんだレス接合技術					
	材料・接続方法	特開平8-53659、特開平8-56068、特開平10-200241			
その他		特開2001-102477			

　富士通の保有する特許の特徴は、電子接合技術で特に半導体等のはんだ接合に注力している。表1.4.2-1を見ると半導体等のはんだ接合では接合材質、端子電極構造、バンプ形成、接合方法の課題に対して、解決手段としてはAu系、Sn系の接合材で、被接合材としては基板電極構造および表面処理にて対応し接合方法では電極以外の固着で対応している。基板はんだ付け、パッケージ封止では端子電極形状やクラック防止の課題に対して、はんだプリコート、接合方法の樹脂で改善を図っている。

図2.5.3-2に富士通の保有特許に関する技術要素・課題対応・出願特許の分布を示す。

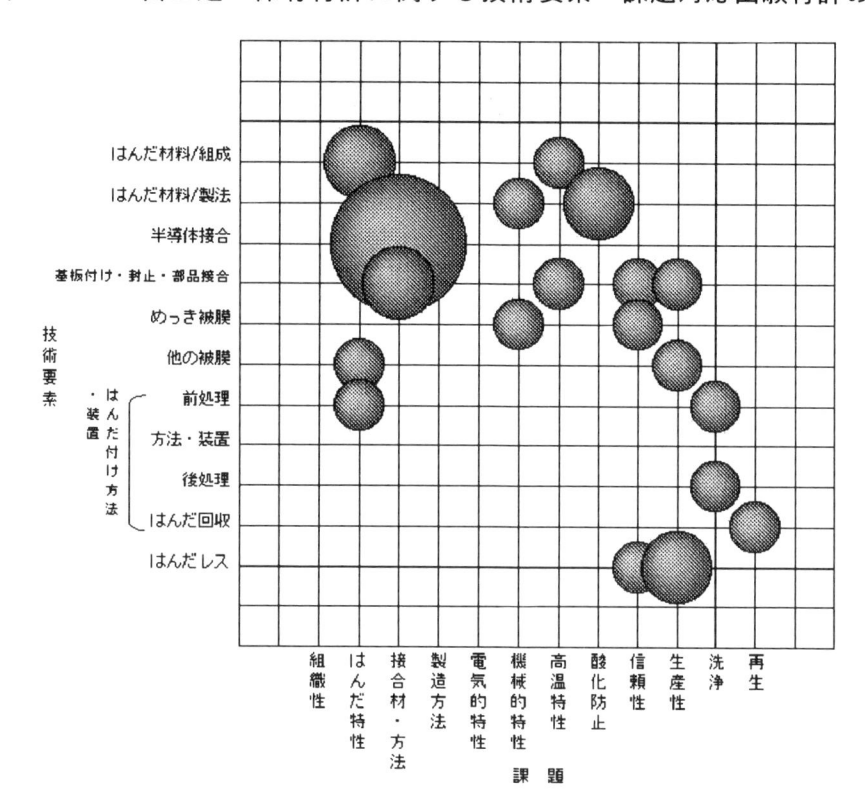

図 2.5.3-2 富士通の保有特許に関する技術要素・課題対応出願特許の分布

2.5.4 技術開発拠点
　　　神奈川県：川崎工場
　　（神奈川県：富士通 環境技術推進センター）
　　（神奈川県：富士通分析ラボ）
　　（神奈川県：富士通電装）
　　（神奈川県：富士通研究所）
　　（鹿児島県：九州富士通エレクトロニクス）
注：技術開発拠点は特許公報より入手しており、名称等の変更の可能性がある。
　（　）内の技術開発拠点は文献およびインターネットから入手したもの。

2.5.5 研究開発者

図 2.5.5-1に出願年に対する発明者数・出願件数を示す。1992年より特許が出願され、95年には研究開発者が急増している。その後減少したが再び増加している。出願件数に対して発明者数が多いことが特徴であり、はんだ組成技術、はんだ製法技術、被接合物の表面処理技術等に応用分野を拡大している。

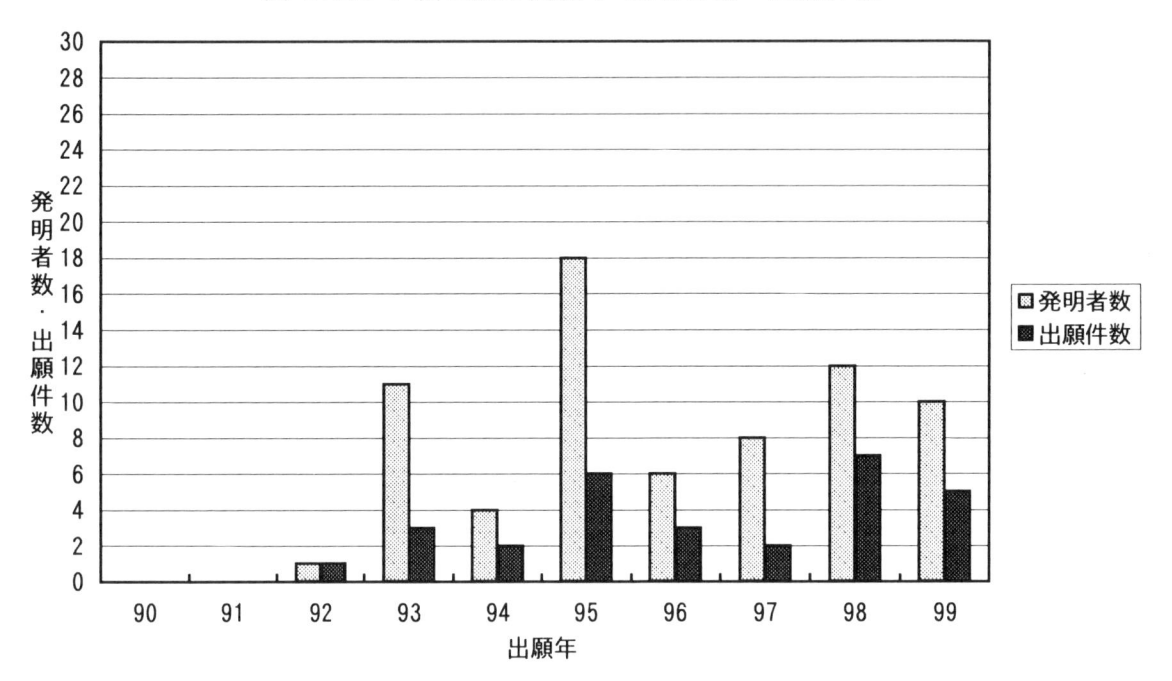

図 2.5.5-1 富士通の出願年-発明者数・出願件数

2.6 千住金属工業

2.6.1 企業の概要

　はんだに関する総合メーカーであり、はんだ組成、はんだ（棒状はんだ、球状はんだ、はんだペースト）、フラックス、はんだ付け装置（浸漬はんだ付け装置、リフロー装置、自動はんだ付け装置等）の事業を展開しており、はんだ付け鉛フリー技術の開発に関しては早期に参入し、共同開発を積極的に行っている。千住金属工業の概要を表 2.6.1-1 に示す。

表 2.6.1-1 千住金属工業の企業概要

1)	商号	千住金属工業 株式会社
2)	設立年月日	1938年4月15日
3)	資本金	4億円
4)	従業員数	559人
5)	事業内容	はんだ、フラックス、はんだ付け自動機械、周辺装置、軸受部品
6)	事業所	本社/東京
7)	関連会社	－
8)	業績推移	売上高(百万円)　　当期利益(百万円) 1998.3　　　　18,268　　　　　　　744 1999.3　　　　17,430　　　　　　　737 2000.3　　　　19,316　　　　　　1,189 2001.3　　　　22,248　　　　　　1,237
9)	主要製品	鉛フリーはんだ、ソルダー フラックス、スパークボール、はんだ付け装置、はんだリサイクルシステム、軸受
10)	主な取引先	松下電器産業、ソニー、東芝、日立製作所、シャープ、TDK、日産自動車、川崎重工、カヤバ工業
11)	技術移転窓口	工法技術部：東京都足立区千住橋戸町23 ／ 03-3888-5155

　国内はんだ事業者を対象として、千住金属工業が所有する鉛フリーはんだ特許3027441および日本スペリア社が所有するUSP5,527,628のサブライセンス権に基づく接合部を有する電子部品等の製品を米国へ輸出する権利を併せて許諾するセットライセンス契約の締結先を公開している。
(http://www.senju-m.co.jp/j/news/press/200201011isence.htm)
　鉛フリーはんだパテントに関する情報として、(1)鉛フリーはんだに関し千住金属工業が実施許諾を受けている主な特許、(2)Sn/Ag/Cu系鉛フリーはんだに関する千住金属グループの国際対応を公開している。
(http://www.senju-m.co.jp/j/ news/press/200109211isence.htm)
　本テーマに関する特許出願27件（1991～2001年10月公開）のうち、共同出願は17件（松下電器産業10件、東芝2件、信号器材1件、タツタ電線1件、千代田ケミカル1件、松本油脂製薬1件、村田製作所1件、胆沢通信1件、住友金属エレクトロデバイス1件、テイーデイーケイ1件）。電機メーカーである松下電器産業との共同出願が多くあり、その他、部品や化学メーカー等の幅広い業種と共同出願している。

TDKとの共同開発により、フラックスに接着機能を持たせたはんだペーストの製品化に世界で初めて成功した（2001年1月11日プレスリリース、http://www.tdk.co.jp/tjaah01/aah13800.htm）

　技術移転を希望する企業には対応を取る。その際、仲介等は不要であり、直接交渉しても構わない。（アンケート結果）

2.6.2 はんだ付け鉛フリー技術に関する製品・製造技術

　表 2.6.2-1にはんだ付け鉛フリー技術に関する製品・製造技術を示す。

表 2.6.2-1 千住金属工業のはんだ付け鉛フリー技術に関する製品・製造技術

		製品・製造技術	販売時期	出典
はんだ材	鉛フリーやに入りはんだ	SPARKLE ESC	販売中	http://www.senju-m.co.jp/j/news/pdf/SparkleESC-web.PDF
	鉛フリーはんだ	M10　Sn-5.0Sb M12　Sn-0.7Cu-0.3Sb M20　Sn-0.75Cu M30　Sn-3.5Ag M31　Sn-3.5Ag-0.75Cu M34　Sn-1.0Ag-0.5Cu M35　Sn-0.7Cu-0.3Ag SA2515　Sn-2.5Ag-1.0Bi-0.5Cu M41　Sn-2.0Ag-0.5Cu-2.0Bi M42　Sn-2.0Ag-0.75Cu-3.0Bi M51　Sn-3.0Ag-0.7Cu-1.0In M706　Sn-3.0Ag-0.7Cu-1Bi-2.5In M702　Sn-3.0Ag-0.7Cu M704　Sn-3.35Ag-0.7Cu-0.3Sb M705　Sn-3.0Ag-0.5Cu M707　Sn-2.0Ag-0.5Cu DY Alloy　Sn-1.0Ag-4.0Cu M33　Sn-2.0Ag-6.0Cu L11　Sn-7.5Zn-3.0Bi L20　Sn-58Bi L21　Sn-2.0Ag-0.5Cu-7.5Bi L23　Sn-57Bi-1.0Ag	販売中	千住金属工業㈱カタログ http://www.senju-m.co.jp/j/product/ecosolder/index.htm
	半導体用ソルダーボール	SPARKLE BALL	販売中	http://www.senju-m.co.jp/j/news/pdf/BGABall-web.pdf
はんだ装置	鉛フリーはんだ対応エアーリフロー炉	SAI-3808JC SAI-3806JC	販売中	http://www.senju-m.co.jp/j/news/pdf/SAI-3808JC-web.PDF
	鉛フリーはんだ対応窒素雰囲気リフロー炉	エコリフロー SXII-2514N$_2$	販売中	http://www.senju-m.co.jp/j/news/pdf/SXII-2514N2-web.PDF
	鉛フリーはんだ対応自動はんだ付け装置	エコマスター SPDII-300	販売中	http://www.senju-m.co.jp/j/news/pdf/SPDII-300-web2.pdf
その他	Sn-Ag-Cu系の鉛フリーはんだの特許問題が解決	―	―	http://www.senju-m.co.jp/j/news/press/20010205patent.htm

	製品・製造技術		販売時期	出典
その他	各種鉛フリーはんだの海外特許についてのライセンス契約を締結	—	—	http://www.senju-m.co.jp/j/news/press/01002.htm

　はんだの総合メーカーであり、鉛フリー化の対応もほぼ出揃っている。はんだに関しては、Sn-Ag系、Sn-Zn系、Sn-Bi系等、はんだの種類は糸状、ソルダーペースト、はんだボール等が、リフロー装置、鉛フリーはんだ対応自動はんだ付け装置等が販売されている。鉛フリーはんだ対応自動はんだ付け装置では、N_2ガスを使用しないで酸化物を削減し、スルーホールのはんだ上がりを実現した。鉛フリーはんだに関する海外特許のライセンス契約を結び、千住金属工業で販売した鉛フリーはんだを使用した製品の海外出荷の特許問題を解決したとの発表がなされている。

2.6.3 はんだ付け鉛フリー技術の技術開発における課題別の保有特許

表 2.6.3-1にはんだ付け鉛フリー技術の技術開発における課題別の保有特許を示す。

表 2.6.3-1 千住金属工業のはんだ付け鉛フリー技術の技術開発における課題別の保有特許

(1/2)

技術要素		特許No.	特許分類(FI)	課題	概要
はんだ材料技術					
	組成	特許3027441	B23K35/26310A B23K35/22310A C22C13/00	高温はんだ(融点210～230℃)の耐熱疲労特性向上	Sn-Ag-Cu-Sb系のはんだ合金で、Ag：3.0wt%超、Cu：0.5～3.0、Sb：5以下、残Sn合金。
		特許2722917	B23K35/26310A B23K35/22310A	はんだの高温特性および耐熱疲労特性の向上	Ag3.0%超5.0%以下、Bi1.2%超3.0%以下、残部Snの組成。
		特許2914214	B23K35/26310A C22C13/00 H01R4/58A H01R4/64G	Sn-Zn-Ag-(Sb,In)はんだ組成によるせん断力改善	Sn-Zn系にAg、さらにSbおよび／またはIn添加。ピーク温度が220℃以下とする。レールとレールボンドとの接合部に強いせん断力が得られる。
		特開平9-94687	B23K35/26310A H05K3/34512C	Sn-Zn-Ag-(Bi,In,P)およびSn-Zn-Cu-(Bi,In,P)組成のはんだ	Sn-Zn-Ag-および／またはCu系、さらにBi、In、またはPを添加。はんだ付け温度低い。機械的強度と伸び率を有している。線状への塑性加工も容易。
		特開平11-77368	B23K35/26310A C22C13/02	Sn-Sb-Cu-Bi-In組成のはんだ	Sn-Sb-Cu-Bi-In系。固相線温度が200℃以上。Sb添加より引張強度を向上、Cuと共存するとCuによる食われ防止を相乗的に向上。はんだはあまり硬くならず加工性が良好。
		特開2000-190090	B23K35/26310A C22C13/02	Sn-Cu-(Bi,In)-(Ni,Ge,Pd,Au,Ti,Fe)組成のはんだ	Sn-Cu系合金中、Bi、Inの1種以上が添加。さらにNi、Ge、Pd、Au、Ti、Feの1種以上添加。耐熱サイクル性と共に機械的強度に優れた合金。
		特開平9-94688、特開平9-253882、特開平10-52791			
	製法	特許2682326	B23K35/22310A H05K3/34512C	ソルダーペーストでチップ部品の立ち上がり防止	示差熱分析における熱吸収のピークが溶け始めとその後に現れる組成の粉末はんだ合金を使用したソルダーペーストで、チップ部品をはんだ付けする。【図1】

表2.6.3-1 千住金属工業のはんだ付け鉛フリー技術の技術開発における課題別の保有特許

(2/2)

技術要素		特許No.	特許分類(FI)	課題	概要
はんだ材料技術					
	製法	特開平9-277082	B23K35/22310A B23K35/26310A H05K3/34512C	鉛フリーはんだのソルダーペーストのぬれ性向上	ぬれ性の悪いSn-Zn系鉛フリーはんだとぬれ性の良いSn-Zn-Biの合金粉末との混合粉末からなり、ペースト状のフラックスを混和する。
		特開平9-327789、特開平11-47978、特開2001-58286、特開2001-138090			
被接合材の表面処理技術					
	めっき被膜	特開平11-300471、特開2000-349180、特開2001-105131			
	その他の被膜	特開平11-114667			
はんだ付け方法・装置					
	前処理	特開2001-219294	B23K31/00330E B23K35/363C B23K35/363E B23K35/22310B H05K3/34503Z H05K3/34507C H05K3/34512C	高接合強度で洗浄不要なフラックス	有機酸0.1〜70mass%、溶剤5〜40mass%、熱硬化性樹脂および硬化剤を合計10〜95mass%含有するはんだ付け用フラックス。
		特開平11-267885			
	はんだ付け方法	特開2000-244108、特開2000-246433			
	はんだ付け装置	特開2000-188464	B23K31/02310H B23K1/08320Z H05K3/34506K	プリント基板に適応する浸漬はんだ付け冷却機構	冷却装置として冷媒体で冷却されるパネルを使用し、さらにパネルから低温気体を噴出する構造を有し、不活性雰囲気状態が安定な冷却機構を有する浸漬装置。
		特開2001-217531	B23K101:36 B23K3/06Z B23K1/08310 H05K3/34506J H05K3/34512C	鉛フリーはんだ槽中のCu含有量を制御する方法	ワークからCuが溶出して鉛フリーはんだ中のCu成分が増加し、液相線が上昇する。持ち出しによる槽中のはんだ減少分を追加供給するはんだとしてCuを含まない等のはんだを用いるはんだ組成の制御方法。
		特開2000-294915			
	はんだ回収	特開2001-77489			

　千住金属工業の保有する特許の特徴は、はんだ材料技術の組成・製法に注力している。はんだ材料技術の組成については、表1.4.1-1を見るとSn-Ag系に関しては耐熱疲労の課題に対して、解決手段としてBi/InおよびCuの添加で改良しており、Sn-Zn系のはんだ特性の課題に対しては、Ag、Bi添加にて改良している。Sn-Bi系のはんだ特性、耐電極食われ性の課題に対しては、Ag添加、種々元素添加で改良している。製法に関しては、表1.4.1-3を見

るとはんだペーストに関して、ぬれ性、酸化防止、保存性の課題に対して解決手段として合金添加、めっき被膜とフラックス材料の活性剤にて改善を図っている。

2.6.4 技術開発拠点
　　埼玉県：草加事業所
　　大阪府：大阪営業所
　　東京都：本社
　　埼玉県：附属研究所
注：技術開発拠点は特許公報より入手しており、名称等の変更の可能性がある。

2.6.5 研究開発者
　図 2.6.5-1に出願年に対する発明者数・出願件数を示す。1991年よりはんだ付け鉛フリー技術の特許が出願され、95年より人数は少ないがほぼ一定に推移し、99年に急増している。研究開発者が固定されており、他分野のメーカー（特に松下電器産業）との共同出願が多いのが特徴である。

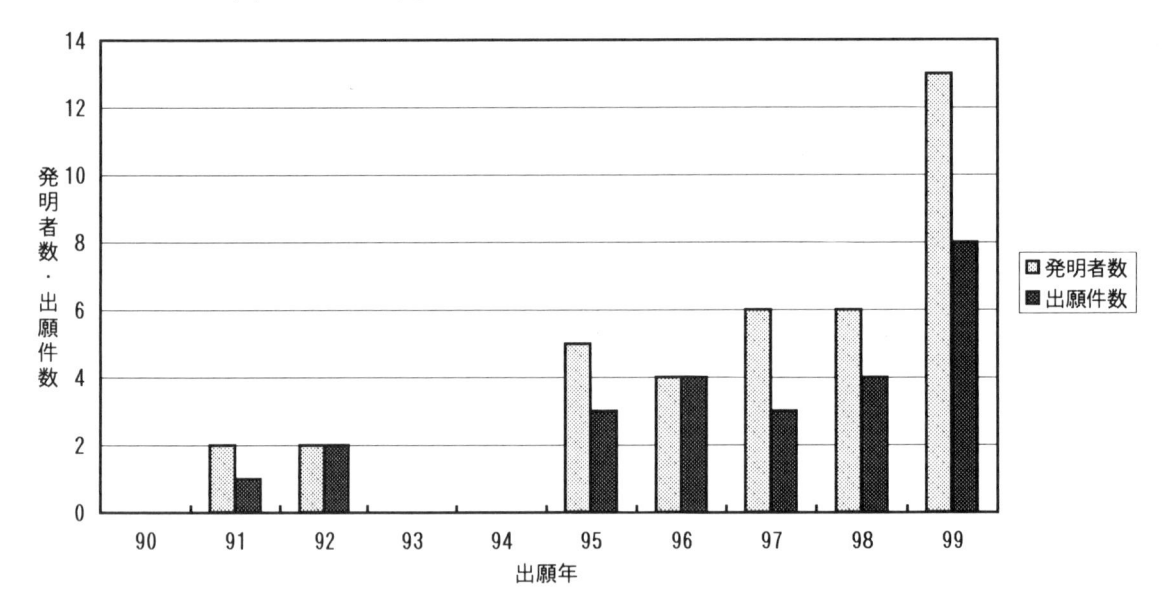

図 2.6.5-1 千住金属工業の出願年-発明者数・出願件数

2.7 インターナショナル ビジネス マシーンズ （米国）

2.7.1 企業の概要

世界最大のIT企業であり、超大型コンピュータからパソコンのハードウェアの製造販売、ITサービス、金融等、ソフトサービスの事業を展開している。はんだ付け鉛フリー技術では、パソコン等の基板実装と、電子部品関連の端子の被接合材の表面処理技術と、はんだ材料、はんだ製法等の開発を行っている。特許出願に関しては日本IBMではない。インターナショナル ビジネス マシーンズの概要を表 2.7.1-1 に示す。

表 2.7.1-1 IBMの企業概要

1)	商号	インターナショナル ビジネス マシーンズ CORP.
2)	設立年月日	1911年6月15日
3)	資本金	－
4)	従業員数	316,303人 （2000年12月）
5)	事業内容	コンピュータソフトウェア、コンピュータハードウェア、コンピュータサービス
6)	事業所	New York(USA)
7)	関連会社	Lotus Corporation、Tivoli Systems、NetObjects、Edmark
8)	業績推移	売上高(百万ドル)　　収支(百万ドル) 1998.12　　81,667　　6,328 1999.12　　87,548　　7,712 2000.12　　88,396　　8,093
9)	主要製品	コンピュータ(ソフトウェア、ハードウェア、サービス)、パソコン、サーバー、ワークステーション、マイクロエレクトロニクス
10)	主な取引先	－
11)	技術移転窓口	－

IBMがメンバーに含まれるNEMIとITRIは、プリント配線板製造における鉛フリーはんだの影響に関し、調査研究で協力していくと2001年4月3日に発表した。
(http://www.nemi.org/Newsroom/PR/2000/PR040300.html)
本テーマに関する特許出願23件（1991～2001年10月公開）のうち、共同出願はなし。

2.7.2 はんだ付け鉛フリー技術に関する製品・製造技術

表 2.7.2-1にはんだ付け鉛フリー技術に関する製品・製造技術を示す。

表 2.7.2-1 IBMのはんだ付け鉛フリー技術に関する製品・製造技術

	製品・製造技術		販売時期	出典
部品等	プリント配線	鉛フリーはんだ使用	開発中	http://www-6.ibm.com/jp/company/environment/2001/seihin.html
	Spring Land Grid Array (SLGA) モジュール	鉛フリーはんだ使用	開発中	http://www-3.ibm.com/chips/micronews/vol7_no3/mn_vol7_no3_fnl.pdf (P22-24)
	Injection Molded Soldering (IMS)	鉛フリーはんだ使用	開発中	http://www.research.ibm.com/ims/
応用製品	LCD モジュール	LCD モジュールの駆動系基板	開発中	http://www-6.ibm.com/jp/company/envsympo/pdf/18_20.pdf
	バックプレーン および エンクロージャ (PWB)	ピンコネクタアセンブリ	開発中	http://www-6.ibm.com/jp/chips/products/interconnect/products/be.html
その他	広報活動	IBM環境シンポジウム (2001.10.12 北九州)	実施済	http://www-6.ibm.com/jp/company/envsympo2001/index.html
		IBM環境シンポジウム (2000.10.18 東京)	実施済	http://www-6.ibm.com/jp/company/envsympo/index.html
	研究活動	鉛を含まない導電性接着剤	開発中	http://www-6.ibm.com/jp/ibm/environment/products/osenbosi.html

　基板実装における鉛フリー化を開発中であり、LCD (Liquid Crystal Display) モジュールも開発中であり、ピンコネクタアセンブリも同様に開発中である。はんだレス接合技術で、鉛を含まない導電性接着剤による接合技術は実施済みで、特許も多数出願されている。鉛フリー化に対する研究報告が発表されている。コンピュータ等の応用製品の鉛フリー化に対する計画は未定である。

2.7.3 はんだ付け鉛フリー技術の技術開発における課題別の保有特許

表 2.7.3-1にはんだ付け鉛フリー技術の技術開発における課題別の保有特許を示す。

表 2.7.3-1 IBMのはんだ付け鉛フリー技術の技術開発における課題別の保有特許

技術要素		特許No.	特許分類(FI)	課題	概要
はんだ材料技術					
	組成	特許2516326	B23K35/26310A H05K3/34512C	Sn-Bi-Inはんだで耐高温、高強度	主要構成部分としてSn、残余の構成部分としてのBi、Inより構成される三成分はんだ合金。低温において流動性を発現し、高固相温度、高使用温度、高強度。
		特開平7-88679	H01L21/92D	Sn-Sb-Bi-Cu系はんだで耐高温、高強度	少なくとも90wt%のSnと有効量のSb、Bi、Cuを含む合金。低温において流動性を発現し、高固相温度、高使用温度、高強度。
		特公平8-15676	B23K35/26310A C22C13/02 H05K3/34512C H01L21/92D H01L21/92603B	Sn-Ag-Bi-Inの組成のはんだ	少なくともwt%で約78%のSn、約2.0%のAg、約9.8%のBi、および約9.8%のInを含有。低温において流動性を発現し、高固相温度、高使用温度、高強度。
		特開平7-88680、特開平7-1179、特許3074649			
	製法	特公平7-39039	B23K35/22310A B23K35/363E B23K101:36I H05K3/34512C	はんだ、ポリマー複合ペーストの熱安定性向上	ポリマーに1～99wt%のビニル重合体とジヒドロキシジフェニルシクロアルカン等の特定芳香族ポリカーボネートと熱可塑性樹脂を含有する。
		特開2000-223819			
電子部品接合技術					
	半導体等のはんだ接合	特公平8-8278、特公平7-50725、特許3163017、特許3177195、特開平10-256315、特許3204451、特開2000-260804			
被接合材の表面処理技術					
	めっき被膜	特開平10-53891、特開平11-274208			
	その他の被膜	特開平11-45618	C08L71/12 H01R11/01A H05K3/32B H01B1/00B H01B1/22A	導電性ペーストの低コスト化、低温度処理化、接合強度、接合信頼性および導電率向上	1種のフェノキシポリマとスチレンアリルアルコール樹脂からなる群から選ばれた樹脂内に導電性被膜を有した複数の粒子を含み、この粒子が被膜を介して他の粒子と融合する構造とする。
		特許2526007、特開平8-227613、特開平10-75052			
その他		特開平10-79105			

IBMの保有する特許の特徴は、はんだ材料技術の組成と電子部品接合技術に注力している。はんだ材料技術の組成に関しては、表1.4.1-1においてSn-Ag系のはんだ特性の課題に対して解決手段としてはBi/InおよびCuの添加、Sn-Zn系のはんだ特性の課題に対してはAg、Bi添加、Sn-Bi系のはんだ特性の課題に対しては、Ag添加で改良を図っており、電子部品接合技術の半導体等のはんだ接合では表1.4.2-1を見ると、接合材質、はんだボール材質、バンプ形状、接合方法等の課題に対して、解決手段として接合材の多層系、導電性接着剤と接合部では、バンプ構造、基板電極構造等で改良している。

2.7.4 技術開発拠点
　滋賀県：日本IBM 野洲事業所
　（米国：IBM Thomas J Watson Research Center）
　（米国：IBM's Microelectronics Division）
注：技術開発拠点は特許公報より入手しており、名称等の変更の可能性がある。
　（　）内の技術開発拠点は文献およびインターネットから入手したもの。

2.7.5 研究開発者
　図 2.7.5-1に出願年に対する発明者数・出願件数を示す。1991年よりはんだ付け鉛フリー技術の特許が出願されており、研究開発者が一定せず、研究課題に対してメンバーを組む方式と考えられる。また特許出願がすべて日本に出願されていないためと考えられる。

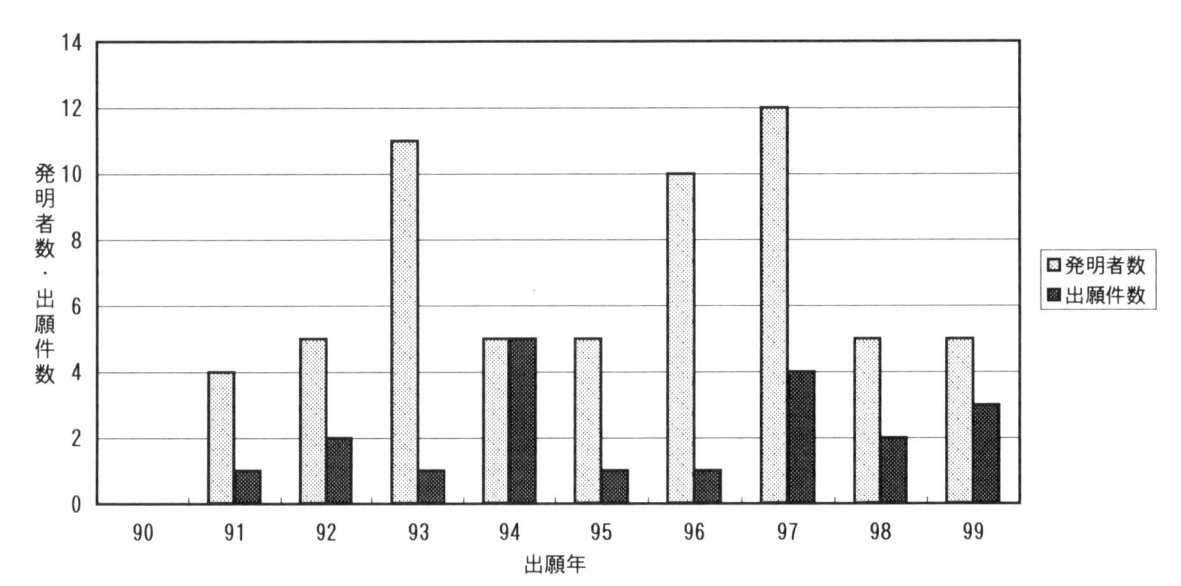

図 2.7.5-1 IBMの出願年-発明者数・出願件数

2.8 日本電気

2.8.1 企業の概要

情報大手であり、通信では国内首位、半導体では世界3位、モバイル・広帯域インターネットに集中している。ソリューション、ネットワーク、電子デバイス等の事業を展開している。はんだ付け鉛フリー技術では、情報通信機器等の基板実装と、電子デバイス等の端子の被接合物の表面処理技術、はんだ製法の開発を行っている。日本電気の概要を表2.8.1-1に示す。

表 2.8.1-1 日本電気の企業概要

1)	商号	日本電気 株式会社
2)	設立年月日	1899年7月17日
3)	資本金	2,447億円
4)	従業員数	34,878人
5)	事業内容	NECソリューションズ、NECネットワークス、NECエレクトロンデバイス、その他
6)	事業所	本社/東京
7)	関連会社	日本電気ホームエレクトロニクス、東北日本電気、山形日本電気、秋田日本電気、NECカスタムテクニカ、宮城日本電気
8)	業績推移	売上高(百万円)　　当期利益(百万円) 1998.3　　4,075,656　　　40,511 1999.3　　3,686,444　　-140,287 2000.3　　3,784,519　　　22,826 2001.3　　1,099,323　　　23,670
9)	主要製品	パソコン、スーパーコンピュータ、サーバー、ワークステーション、プリンタ、プロジェクタ、ソフトウェア、半導体部品、コンデンサ、リレー、プリント配線板、マイクロ波管
10)	主な取引先	NTT、KDDI、JRグループ等
11)	技術移転窓口	知的財産部:東京都港区芝5-7-1 / 03-3454-3388

NEC（NECソリューションズ）およびNECカスタムテクニカは、パソコンのマザーボードにおける「鉛フリーはんだ実装技術」の海外のマザーボード生産メーカーへの供与を開始した。
(2001年11月6日プレスリリース、http://www.nec.co.jp/press/ja/0111/0603.html)

NECとソルダーコートは、Sn-Ag-Cu系無鉛はんだを共同開発中である。(2000年1月19日、日経ボード情報ニュース、http://ne.nikkeibp.co.jp/board/news/0011902.html)

本テーマに関する特許出願18件（1991～2001年10月公開）のうち、共同出願はなし。連結子会社でNECエレクトロンデバイス事業部門に属する企業の出願は、富山日本電気1件、関西日本電気1件、九州日本電気2件である。

1998年からはんだに含まれる鉛の削減に取り組み、新しいはんだ材料の実用化を開始し

ている。1999年度には、世界で始めてパソコンのマザーボードに鉛を含まない新しいはんだ材を採用した。2000年度には、他の製品へ適用を拡大し、新たに交換機、事業所用PHS、コンピュータの一部などに鉛を含まないはんだの使用を開始した。その結果、2000年度の鉛はんだの使用量は250トン（国内、海外生産工場）で1997年度比約半減に達した。（環境アニュアルレポート2001、http://www.nec.co.jp/eco/ja/annual/2001/2001_11_5.html）

1999年10月に世界で初めてパソコンのマザーボード実装における鉛フリー化を実用化した。(http://www.nec.co.jp/press/ja/0111/0603.html)

2.8.2 はんだ付け鉛フリー技術に関する製品・製造技術

表 2.8.2-1にはんだ付け鉛フリー技術に関する製品・製造技術を示す。

表 2.8.2-1 日本電気のはんだ付け鉛フリー技術に関する製品・製造技術

	製品・製造技術		販売時期	出典
部品等	表面実装型半導体パッケージ（SMD）	Sn-Bi 外装はんだめっき品 Ni/Au 外装はんだめっき品 Sn-Ag-Cu はんだボール品	販売中	http://www.ic.nec.co.jp/nesdis/image/C14485JJ3V0PF00.pdf
	端子挿入型半導体パッケージ（THD）	Sn-Bi 外装はんだめっき品 Ni/Au 外装はんだめっき品 Sn 外装はんだめっき品	販売中	
	トランジスタダイオード	Sn-Ag-Cu 外装はんだディップ品	販売中	
	部品電極	タンタルチップコンデンサ E/SV シリーズ	販売中	http://www.t-nec.co.jp/eco/6.htm
応用製品	パーソナルコンピュータ	Mate MA10T/F Mate MA90H/F	販売中	http://www.nec.co.jp/eco/ja/pdf/product5.pdf
	ノートパソコン	VersaPro VA60J/BH VersaPro VA50H/BS	販売中	
	携帯情報端末	モバイルギア MC/R450 MC/R550	販売中	
	パーソナルルーター	CMZ-RT-DP2 CMZ-RT-H1L ほか	販売中	
	宅内加入者線収容装置	SA931B-ELE	販売中	
	PBX	APEX3600	販売中	
	レーザープリンタ	マルチライタシリーズ	販売中	日本工業新聞 2001.2.6 朝刊 1面
	鉛フリーはんだ製品	社内製造製品から鉛はんだを全廃	2002年12月	http://www.nec.co.jp/eco/ja/pdf/nec2001.pdf (P14)
その他	技術供与	パソコンマザーボード用技術を海外メーカーに供与	実施中	http://www.nec.co.jp/press/ja/0111/0603.html

半導体の面実装部品の鉛フリー化は、Sn-Bi系、Ni-Au系めっき処理とSn-Ag-Cuのはんだボールで対応し、ピンタイプ挿入型は同様のめっき処理とSn-Ag-Cuのディップ品にて対応し、既に販売されている。タンタルチップコンデンサも販売済みである。応用製品の鉛フリー化では、パーソナルコンピュータ（Sn-Znはんだ使用）、ノートパソコン、携帯情報端末、レーザープリンタ（Sn-Ag-Cuはんだ使用）等に適用済みで、社内製造製品から鉛はんだを2002年12月に全廃する。鉛フリー技術の技術供与も行っている。

2.8.3 はんだ付け鉛フリー技術の技術開発における課題別の保有特許
　表 2.8.3-1にはんだ付け鉛フリー技術における課題別の保有特許を示す。

表 2.8.3-1 日本電気のはんだ付け鉛フリー技術の技術開発における課題別の保有特許（1/2）

技術要素		特許No.	特許分類(FI)	課題	概要
はんだ材料技術					
	製法	特許2606610	B23K35/22310A B23K35/363E H01L21/60311S H05K3/34512C	ソルダーペースト使用時の洗浄工程を省略	カルボン酸付加熱硬化樹脂にはんだ粉末を添加し、さらに樹脂の硬化剤、溶剤を添加する。
電子部品接合技術					
	電子部品等の基板へのはんだ付け	特開2001-177010			
	半導体等のはんだ接合	特許2910397	H01L21/92604F H05K3/34505A	はんだ接続における衝撃低減および高精度化	ポンチとダイスを用いてはんだ材料を打ち抜き、LSI上に接触させ、電極に溶接させはんだバンプとし、フリップチップ実装する。
		特開平8-236911	H05K3/34501B	MCM法における高性能化	マルチチップモジュールのスルーホールの封止材の粘着性を利用してはんだボールを付着させ、リフローすることにより、はんだボール端子を形成。
		特許3116888	H01L21/92604H H05K3/34505A	はんだバンプ形成の正確性向上および容易化	ポリイミド等の高耐熱性テープに、開口部径が開口端に向けて拡大するような形状で形成された凹部（すりばち状）とし、該凹部にはんだボールやディスペンスされたはんだペーストを供給するようにしてバンプ形成漏れを防止する。

表 2.8.3-1 日本電気のはんだ付け鉛フリー技術の技術開発における課題別の保有特許(2/2)

技術要素		特許No.	特許分類(FI)	課題	概要
電子部品接合技術					
	半導体等のはんだ接合	特許3019851	H05K3/34507C H05K3/34510 H05K3/34512C H05K3/28B H05K3/28C	はんだボールによる接合の信頼性向上	プリント配線板にはんだボールにて接合する際、プリント基板の接合部付近を樹脂フィレットで覆う。
		特許2910398、特開2000-260894、特開2001-94002			
被接合材の表面処理技術					
	めっき被膜	特許3125874	H01L23/50D C23C18/16B H01L21/288E	めっき処理における生産性向上	外部リード端子が半導体に配設されている表面実装型半導体装置の外部リード端子を、収納器に入れてめっき処理を行う表面処理方法および装置。
		特開2001-53210、特開2001-53211、特開2001-77528			
はんだ付け方法・装置					
	はんだ付け方法	特開2000-353868	H05K3/34509	ウェーブはんだにおける熱ストレス変形抑制	本体に溶融はんだに向けて突出させかつ溶融はんだ内に先端部が埋設する構造のブレード状突出部を設けた治具とする。
	はんだ付け装置	特開2000-332404	H05K3/34507H H05K3/34507L B23K1/00A B23K1/00330E B23K1/008C B23K1/008E B23K3/04Y B23K31/00H B23K31/02310G	リフロー温度制御容易化	ICパッケージや回路基板に搭載した状態でコンベアで搬送しつつ、これら部材の表面温度を検出し、ヒーターの出力やコンベア速度を制御するリフロー装置。
		特許3171179、特開2001-57470			
はんだレス接合技術					
	材料・接続方法	特許2716355	H01L21/52A	半導体ペレットマウントにおけるソルダーはい上がりおよび流れ不良撲滅	リードフレーム上のペレット搭載領域にSnめっき層を形成し、半導体ペレット側の接合電極最表面にはAuめっき層を施し、両者を対向、位置合わせした後、Au-Sn共晶温度で加熱、共晶化して接合する。

日本電気の保有する特許の特徴は、電子部品接合技術に注力している。表1.4.2-1を見ると半導体等のはんだ接合に対して、接合材質、端子電極構造、バンプ形成、BGA高さ調整、接合方法の課題に対して、解決手段としては接合材のSn系、被接合部のバンプ構造、基板電極構造にて改良している。リフローはんだ付け装置に関しては、表1.4.4-1を見ると、はんだ特性、部品の信頼性に関する課題に対して、解決手段として加熱方法、搬送速度、監視装置で改善を図っている。

2.8.4 技術開発拠点
　　　東京都　：本社
　（神奈川県：NECエレクトロンデバイス　環境管理部）
　（神奈川県：NECエレクトロンデバイス　エネルギー・デバイス事業部）
　（東京都　：NECカスタムテクニカ）
　（神奈川県：第二パーソナルコンピュータ事業部）
　（神奈川県：東京都：生産技術開発グループ）
　（神奈川県：生産技術研究所）
注：技術開発拠点は特許公報より入手しており、名称等の変更の可能性がある。
　（　）内の技術開発拠点は文献およびインターネットから入手したもの。

2.8.5 研究開発者
　図 2.8.5-1に出願年に対する発明者数・出願件数を示す。1992年より鉛フリー技術の特許が出願されており、特許から見る限り本格的な取り組みは98年であり、急増している。特に電子部品接合技術、被接合物の表面処理技術とはんだ装置に関する特許である。

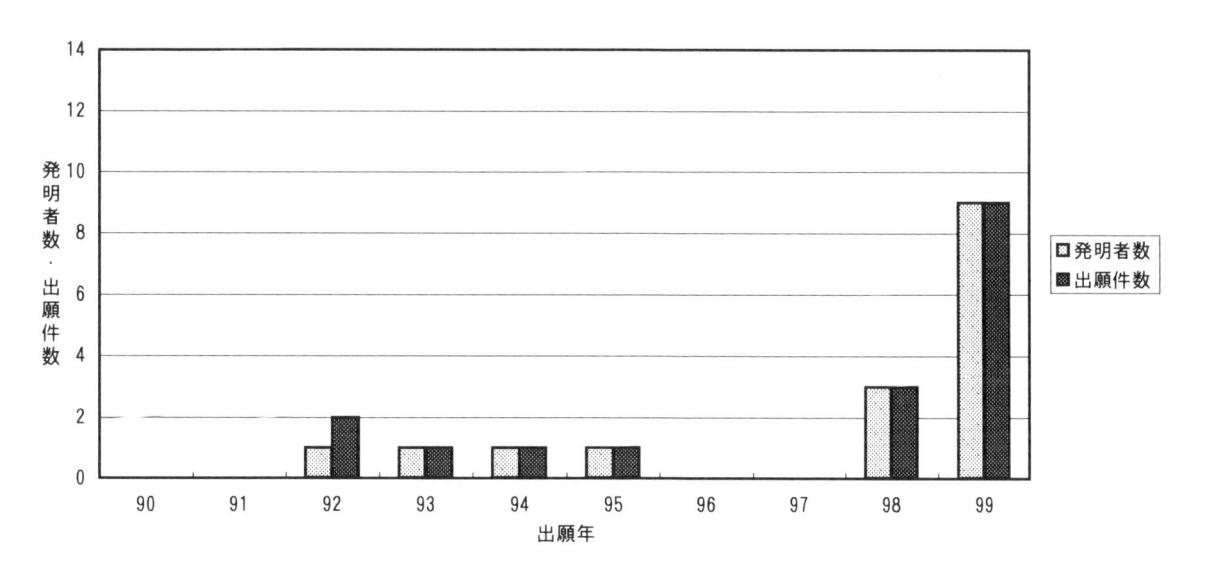

図 2.8.5-1 日本電気の出願年-発明者数・出願件数

2.9 村田製作所

2.9.1 企業の概要

電子部品の大手であり、セラミックコンデンサ世界1位であり、セラミックコンデンサ、圧電製品、高周波デバイス、モジュール製品等に事業を展開している。はんだ付け鉛フリー技術では、電子部品特にセラミックコンデンサ等の受動部品の端子の被接合物の表面処理技術に関するものが主であり、その他にはんだ材料等の開発を行っている。村田製作所の概要を表 2.9.1-1 に示す。

表 2.9.1-1 村田製作所の企業概要

1)	商号	株式会社 村田製作所
2)	設立年月日	1950年12月
3)	資本金	681億2,900万円
4)	従業員数	5,112人
5)	事業内容	コンデンサ、圧電製品、高周波デバイス、モジュール製品、抵抗器、その他の製品
6)	事業所	本社/京都
7)	関連会社	福井村田製作所、出雲村田製作所、富山村田製作所、小松村田製作所、金沢村田製作所、岡山村田製作所、Murata Electronics North America Inc.、Murata Electronics Singapore (Pte.)Ltd
8)	業績推移	売上高(百万円)　　当期利益(百万円) 1998.3　　　290,420　　　　　19,064 1999.3　　　297,751　　　　　17,141 2000.3　　　394,961　　　　　33,708 2001.3　　　483,472　　　　　53,522
9)	主要製品	積層チップコンデンサ、チップインダクタ、ノイズ部品、ポテンショメータ、各種センサ、セラミックフィルタ、発振子、圧電ブザー、複合モジュール
10)	主な取引先	国内外電子機器メーカー
11)	技術移転窓口	

野洲事業所が最大の研究開発拠点であり、セラミック、樹脂などの電子材料、製造プロセス技術、生産技術などの研究開発と各種新製品の研究開発を行っている。また、各商品事業部も研究開発機能を有しており、既存商品をベースとした新商品の開発を担当している。(2001年有価証券報告書)

本テーマに関する特許出願18件（1991～2001年10月公開）のうち、共同出願は1件。(千住金属工業)

技術移転を希望する企業には、積極的に交渉していく対応を取る。その際、自社内に技術移転に関する機能があるので、仲介等は不要であり、直接交渉しても構わない。(アンケート結果)

2.9.2 はんだ付け鉛フリー技術に関する製品・製造技術

表 2.9.2-1にはんだ付け鉛フリー技術に関する製品・製造技術を示す。

表 2.9.2-1 村田製作所のはんだ付け鉛フリー技術に関する製品・製造技術

	製品・製造技術		販売時期	出典
部品等	NTCサーミスタ	NCP15シリーズ	販売中	http://www.cahners-japan.com/news/200107/20010712murata_ntc.html
	コモンモードチョークコイル	DLM2HG	販売中	http://www.iijnet.or.jp/murata/products/japanese/ninfo/articles/nr01a1.html
	チップ積層セラミックコンデンサ	GRM03、GRM15	販売中	http://www.iijnet.or.jp/murata/products/japanese/ninfo/articles/nr0182.html
	チップ積層セラミックコンデンサ	全製品	2001年10月	化学工業日報 2001.9.14 朝 12面
	端子めっき、端子表面の鉛フリー化と、製品内部の鉛はんだを代替	全製品	2003年12月	電波新聞 2001.9.14 朝 1面

電子部品メーカーであり、特に受動部品が主である。鉛フリー化対応部品として面実装部品で、NPCサーミスタ、コモンモードチョークコイル、積層セラミックコンデンサ等を既に販売しており、端子、めっき、端子表面の鉛フリー化を2003年12月に実現する予定である。（電波新聞2001年3月14日）

2.9.3 はんだ付け鉛フリー技術の技術開発における課題別の保有特許

表 2.9.3-1にはんだ付け鉛フリー技術の技術開発における課題別の保有特許を示す。

表 2.9.3-1 村田製作所のはんだ付け鉛フリー技術の技術開発における課題別の保有特許(1/2)

技術要素		特許No.	特許分類(FI)	課題	概要
はんだ材料技術					
	組成	特開平10-193170	B23K35/26310A	Sn-Zn組成のはんだ接合材料	溶融したSnへ拡散しやすい電極を有する部品へのZn：0.01～5wt%、Sn：残分を組成とするはんだ接合材料。
		特開平10-193171	B23K35/26310A	Sn-Sb-Cu-Bi-In組成のはんだ	溶融したSnへ拡散しやすい電極を有する部品へのZn：0.01～5wt%、Ag：0.5～9wt%、Cu：0.5～2wt%、Sb：0.5～14wt%、Bi：0.5～30wt%、In：0.5～20wt%、Sn：残分を組成とするはんだ接合材料。
		特開平11-77367	B23K35/26310A C22C13/00	Sn-Cu-Ge-(Ag,Sb,Zn,Bi,In)組成のはんだ	Sn-Cu系はんだにGeを添加：Geが分散し組織が微細化しはんだの強度が上昇。溶融時には、Geがはんだ表面に薄く安定な酸化被膜を形成し、はんだの酸化を抑制。副成分として、Ag、Sb、Zn、Bi、Inのうち少なくとも1種類を加える。

表 2.9.3-1 村田製作所のはんだ付け鉛フリー技術の技術開発における課題別の保有特許(2/2)

技術要素		特許No.	特許分類(FI)	課題	概要
はんだ材料技術					
	組成	特開平11-77368	B23K35/26310A C22C13/02	Sn-Cu-Ge-(Ag,Sb,Zn,Bi,In)組成のはんだ	Sn-Sb-Cu-Bi-In系。固相線温度が200℃以上。Sb添加より引張強度を向上、Cuと共存するとCuによる食われ防止を相乗的に向上。はんだはあまり硬くならず、加工性が良好。
		特開平10-286688、特開平11-216591、特開平11-291083、特開平11-320177、特開平11-277290、特開2000-153388			
電子部品接合技術					
	受動部品等のはんだ付け	特開平11-39943	H01G4/12334 H01B1/16A H01B3/08A	コンデンサー電極の無鉛はんだに対するはんだぬれ性向上	導電粉末とホウケイ酸ビスマスガラスフリットと有機ビヒクルとを含有する半導体セラミックコンデンサー用導電性組成物であり、ガラスフリットに含まれる酸化ビスマスは80〜99.9wt%であるようにする。
		特開2001-205477	B23K35/26310C B23K35/26310A B23K35/26310D H01G4/42301	構造体孔内電極とリード線のはんだ接合におけるクラック防止	はんだは凝固時に体積収縮しない合金からなり、凝固時に体積膨張する金属Biと体積収縮する金属とを組合わせ、靭性を付与するために添加元素としてAg、Cu、In、Sb等が望ましい。
被接合材の表面処理技術					
	めっき被膜	特開平11-189894	C25D7/00G H01G4/12352 H01G1/14F H01G1/14V	Sn合金めっきのウィスカー発生抑制およびはんだぬれ性向上	SnにBi、Ni、Ag、Zn、Coのいずれかを0.5〜20wt%含有させためっき被膜を形成する。
	その他の被膜	特開平11-329072、特開2000-36220、特開2001-118427			
はんだレス接合技術					
	材料・接続方法	特開平9-326326	H01R11/01H H01G1/035C H05K3/32B H01B5/16	電子部品実装のはんだレス化	電子部品の端子電極の部分に、電気絶縁性接着剤中に導電性粒子を分散させた異方性導電フィルムを配置し、配線基板上の所定電極と接続する。
		特開2000-113728			

　村田製作所の保有する特許の特徴は、はんだ材料技術の組成と、被接合物の表面処理技術に注力しており、組成に関するものは、表1.4.1-1によれば、Sn-Cu系では組織酸化防止と溶解食われ防止の課題に対して解決手段として無添加とGe、Te添加にて対応。また、Sn-Sb系では、はんだ特性とCu食われ防止、耐食性の課題に対してCu添加にて改良している。そ

の他にSn-Ag系、Su-Bi系も出願している。また、被接合物の表面処理技術に関しては、表1.4.3-2を見れば、酸化防止、はんだ付け性等の課題に対して、解決手段として添加物にて改善を図っている。

2.9.4 技術開発拠点
　　　京都府：本社
注：技術開発拠点は特許公報より入手しており、名称等の変更の可能性がある。
　（　）内の技術開発拠点は文献およびインターネットから入手したもの。

2.9.5 研究開発者
　図2.9.5-1に出願年に対する発明者数・出願件数を示す。1996年にはんだ付け鉛フリー技術の特許が出願されており、1997年には、研究開発者数がピークとなり、はんだ組成技術の特許が多く出願されている。その後減少傾向にある。受動部品メーカーとしては研究開発者が比較的多い。

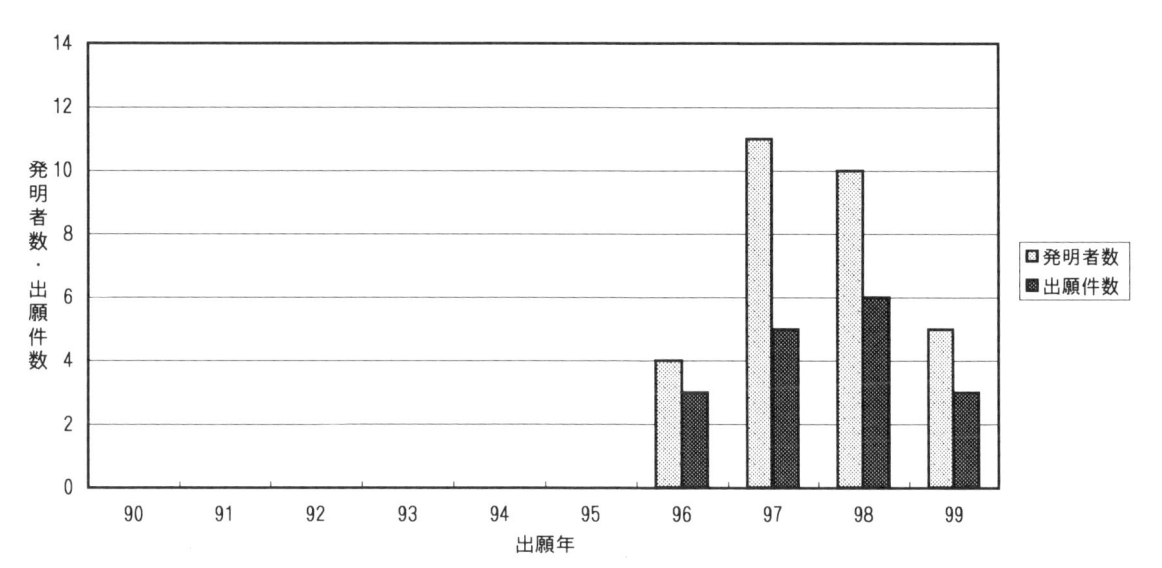

図 2.9.5-1 村田製作所の出願年-発明者数・出願件数

2.10 大和化成研究所

2.10.1 企業の概要

　大和化成研究所は大和化成の関連会社であり、めっき関連の事業を展開しており、特にめっき浴を主に開発している。めっきに関して石原薬品と共同開発を行っている。はんだ付け鉛フリー技術では、鉛フリーはんだに関するめっき浴が主である。大和化成研究所の概要を表 2.10.1-1 に示す。

表 2.10.1-1 大和化成研究所の企業概要

1)	商号	株式会社 大和化成研究所
2)	設立年月日	1967年1月
3)	資本金	2,000万円
4)	従業員数	41人
5)	事業内容	金属表面処理関連事業、食品関連事業
6)	事業所	兵庫県
7)	関連会社	大和化成
8)	業績推移	売上高(百万円)　　当期利益(百万円) 1998.7　　　1,270　　　　　　66 1999.7　　　1,231　　　　　 127 2000.7　　　1,328　　　　　 160 2001.7　　　1,501　　　　　　98
9)	主要製品	ノンシアンめっき浴、NPT8気化性防錆剤、NP-20気化性防錆油、鉛フリーめっき、プリント基板関連薬剤、貴金属防錆剤、食品添加物、飼料添加物
10)	主な取引先	大和化成
11)	技術移転窓口	開発技術部：兵庫県明石市二見町南二見21-8 / 078-943-6675

　本テーマに関する特許出願19件（1991～2001年10月公開）のうち、共同出願は16件。（石原薬品）

2.10.2 はんだ付け鉛フリー技術に関する製品・製造技術

表 2.10.2-1にはんだ付け鉛フリー技術に関する製品・製造技術を示す。

表 2.10.2-1 大和化成研究所のはんだ付け鉛フリー技術に関する製品・製造技術

製品・製造技術			販売時期	出典
部品等	Sn-Ag合金めっき	高速度タイプ(SPH浴) 中速度タイプ(SPA浴) バレルめっきタイプ (SBB浴)	販売中	http://www.daiwafc.co.jp/ja/pla te/pbfree/index.htm
	無電解金・銀めっき	ダインゴールドAC-2 (自己触媒型ノンシアン無電解金めっき浴) ダインゴールドST-2 (ノンシアン無電解無電解金めっき浴) ダインシルバー Ag-PL30(ノンシアン銀めっき浴)	販売中	http://www.daiwafc.co.jp/ja/pla te/cyanidefree/cyanidefree.htm
	インジウムめっき	DAIN IN-PL30 (インジウムめっき浴)	販売中	http://www.daiwafc.co.jp/ja/pla te/indium/in-pl30.htm

被接合材の表面処理技術に関連する会社であり、めっき浴の専門メーカーである。鉛フリー化の技術で製品化されているものに、Sn-Ag合金めっきで高速度タイプ、中速度タイプ、バレルめっきタイプを既に販売している。無電解Auめっき、インジウムめっきについても同様である。

2.10.3 はんだ付け鉛フリー技術の技術開発における課題別の保有特許

表2.10.3-1にはんだ付け鉛フリー技術の技術開発における課題別の保有特許を示す。

表 2.10.3-1 大和化成研究所のはんだ付け鉛フリー技術の技術開発における課題別の保有特許

(1/2)

技術要素		特許No.	特許分類(FI)	課題	概要
被接合材の表面処理技術					
	めっき被膜	特開平9-302476	C23C18/44 C23C18/48 C22C13/00	Sn-Ag合金めっきからの不溶性塩および黒色金属銀の析出抑制	2価のSn化合物および1価のAg化合物に非シアン錯化剤を添加した電解めっき浴でめっきする。
		特開平10-46385	B23K1/20F C25D3/60 C25D5/48 C25D7/00G C23C28/00C	ウィスカー発生を抑制する鉛フリーめっき	Zn含有率を0.1～15%とし、かつ光沢を有する0.1～100μmの厚さのSn-Zn合金めっき被膜をつけた電子部品。
		特開平10-102279	B23K1/00330D B23K1/20F B23K35/26310A C25D3/60 C25D7/00G	Sn-Zn系はんだの接合性のよいめっき部品	電気めっきした被膜下層側のZn含有率が0.1～15%で、表層側のZn含有率が下層側よりも少ない組成を有するSn-Zn傾斜合金電気めっき方法。

表2.10.3-1 大和化成研究所のはんだ付け鉛フリー技術の技術開発における課題別の保有特許
(2/2)

技術要素	特許No.	特許分類(FI)	課題	概要
被接合材の表面処理技術				
めっき被膜	特開平10-168592	C25D3/56Z	Sn-Zn合金めっきのめっき液排水処理	2価のSnイオンおよび2価のZnイオンに錯化剤として脂肪族、芳香族スルホカルボン酸、脂肪族モノヒドロキシジカルボン酸、それらの酸のアルカリ塩のうちいずれかを添加しpHを2～6とした非シアンめっき浴。
	特開平11-21693	C25D3/56E C25D3/60	Sn-Ag合金めっきのAg置換析出制御および被膜の無光沢化、半光沢化	Snイオンの錯化剤としてピロリン酸、オキシカルボン酸のいずれかとAgイオン錯化剤として-N-X=化合物、ヨウ素イオン、メルカプトカルボン酸のいずれかとアミンカルボン酸を添加した浴でめっきする。
	特開2001-49486	C25D3/60	Sn-Cu合金めっきの電流密度依存性低減、被膜外観および緻密性向上	可溶性第一スズ塩、可溶性銅塩、有機酸または無機酸、ジチオジアニリンおよびノニオン系界面活性剤を含有するSn-Cuめっき浴でめっきする。
	特開2001-89894	H01F5/04A H01G11/14F H01G13/00303C C25D3/60 C25D7/00G	Sn合金めっきの削れおよび剥離抑制、光沢性および機械的特性向上	めっき被膜中のβ-Sn結晶のX線解析パターンから特定方式で算出された配向性指数の最大値が2以上で、ミラー指数の<001>方向が素地表面の法線方向に対して0～40.8度の角度をなすように配向させる。
	特開2001-164396	C25D3/60 C25D7/00G C25D7/00H C25D7/00J C25D7/12 H05K3/18G	Sn-Cu合金めっきのCu置換析出抑制、電流密度依存性低減および浴安定性向上	可溶性金属塩と特定の含イオウ化合物を含有するSn-Cu合金またはSn-Cu-Bi合金またはSn-Cu-Ag合金めっき浴でめっきする。
	特開平9-302498、特開平10-36995、特開平10-102283、特開平10-102277、特開平10-102266、特開平10-130855、特開平11-21692、特開2000-26994、特開2000-80493、特開2001-98396、特開2001-172791			

　大和化成研究所の保有する特許の特徴は、被接合材の表面処理技術に注力している。めっき被膜に関するもので、表1.4.3-1を見るとはんだ付け性、表面状態の平滑性、光沢性ウイスカー発生、異常析出、異常吸着等の課題に対して、解決手段としてはめっき被膜組成のSn-Ag系、Sn-Cu系、Sn-Zn系とめっき液、浴の添加物にて改善を図っている。また、めっき浴制御に関する課題に対しては、めっき液、浴の添加物にて改良している。

2.10.4 技術開発拠点
　　　兵庫県：明石工場
注：技術開発拠点は特許公報より入手しており、名称等の変更の可能性がある。

2.10.5 研究開発者
　図 2.10.5-1に出願年に対する発明者数・出願件数を示す。1996年よりはんだ付け鉛フリー技術の特許が出願されており、その後は減少傾向である。特徴としては石原薬品との共同研究が非常に多い。

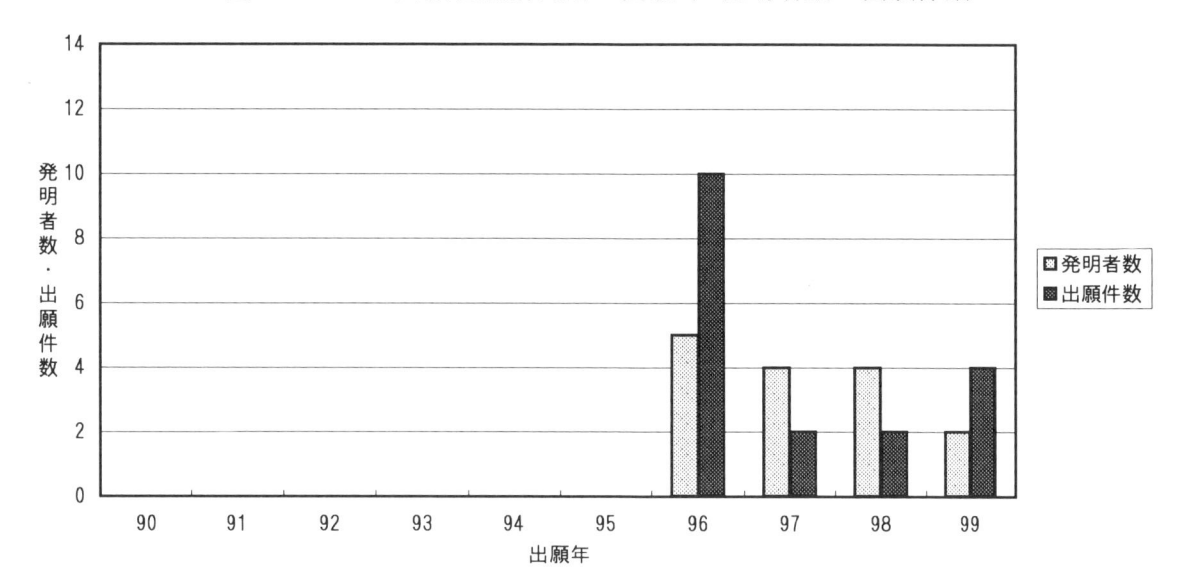

図 2.10.5-1 大和化成研究所の出願年-発明者数・出願件数

2.11 京セラ

2.11.1 企業の概要

総合電子部品大手であり、絶縁体セラミックに特色があり、情報通信機器にも参入しており、機器関連が36％、電子デバイスが30％、ファインセラミック関連が28％の事業を展開している。はんだ付け鉛フリー技術では、通信機器関連の基板実装、電子部品の端子の被接合材の表面処理技術、はんだ製法等の開発を行っている。京セラの概要を表2.11.1-1に示す。

表 2.11.1-1 京セラの企業概要

1)	商号	京セラ 株式会社
2)	設立年月日	1959年4月1日
3)	資本金	1,157億330万円
4)	従業員数	14,550人
5)	事業内容	ファインセラミックス関連事業、電子デバイス関連事業、機器関連事業、その他事業
6)	事業所	本社/京都
7)	関連会社	AVX Corp、Kyocera America Inc.、京セラエルコ、Kyocera Wireless Corp.、Kyocera Solar Inc.
8)	業績推移	売上高(百万円)　　当期利益(百万円) 1998.3　　491,739　　　　36,607 1999.3　　453,595　　　　27,738 2000.3　　507,802　　　　39,298 2001.3　　652,510　　　　31,398
9)	主要製品	ファインセラミックス部品、半導体部品、コンデンサ、抵抗器、ノイズ部品、発振子、フィルタ、インダクタ、液晶ディスプレイ、サーマルヘッド、LEDプリンタヘッド、携帯電話、スチルカメラ、デジタルカメラ
10)	主な取引先	日本移動通信、富士通、日立製作所、松下電器産業、日本電気
11)	技術移転窓口	知的財産部:京都市伏見区竹田鳥羽町6 / 075-604-3582

ファインセラミック関連事業では、セラミックの優れた材料特性と、多層配線技術や金属部品との高密度な接合技術、超精密加工技術の融合により、新製品の投入を図っている。(2001年有価証券報告書)

本テーマに関する特許出願16件(1991～2001年10月公開)のうち、共同出願は2件。(徳力本店)

2.11.2 はんだ付け鉛フリー技術に関する製品・製造技術

表 2.11.2-1にはんだ付け鉛フリー技術に関する製品・製造技術を示す。

表 2.11.2-1 京セラのはんだ付け鉛フリー技術に関する製品・製造技術

製品・製造技術		販売時期	出典
部品等	水晶発振器（VC-TCXO） KT20、KT21S	2002年3月	http://www.kyocera.co.jp/news/2001/0111/1106-j.asp
	半導体パッケージ 鉛フリーはんだ対応	販売中	http://www.kyocera.co.jp/ecology/eco2001/report/index.html (P15)

鉛フリー化に関するもので、半導体パッケージは鉛フリー化に対応する部品を販売済み、水晶発振子についても2002年3月までに実施予定。

2.11.3 はんだ付け鉛フリー技術の技術開発における課題別の保有特許

表 2.11.3-1にはんだ付け鉛フリー技術の技術開発における課題別の保有特許を示す。

表 2.11.3-1 京セラのはんだ付け鉛フリー技術の技術開発における課題別の保有特許（1/2）

技術要素		特許No.	特許分類(FI)	課題	概要
はんだ材料技術					
	組成	特開平8-57682	B23K35/26310A B23K35/30310B	Sn-Ag-In-Cuろうの機械的強度改善	Ag-In-Sn-Cuを含有。Ag：耐食性を向上。In、Sn：融点を下げる、ぬれ性を向上。Cu：表面を平滑化してぬれ性が改善。大きな熱膨張量の差が発生することなくろう付けし機械的強度改善。
		特開平9-57487	B23K35/28310Z B23K35/30310B C04B37/02B H05K3/34512C	低融点ろう材組成	ろう材の組成はAg：10～70wt%、Sb：10～75wt%、Inおよび／またはSn：10～50wt%を含む。
		特開2000-22026	B23K35/26310A H05K3/34512C H01L23/12L	Sn-Ag組成のはんだ	はんだ端子は、96～98wt%のSnと2～4wt%のAgとの合金。はんだ端子に疲労破壊が起きにくく、はんだ端子はPbを含有しないことからPbによる環境汚染の危険性もない。
電子部品接合技術					
	半導体等のはんだ接合	特開平11-17329	H01L21/60311Q H05K3/34505A H05K3/34505B H05K3/34512C	配線基板や半導体素子収納用パッケージをプリント基板に強固に接続する	プリント基板上の配線導体とパッケージ電極との表面に、Inを含むはんだを形成し両はんだ層間にSn系はんだからなるはんだボールを配して接合固着する。
		特開2000-288770	B23K35/14A B23K35/26310A B23K35/30310A H05K3/34501F H05K3/34512C H05K1/09C H01L21/92602D	はんだ付けの接合強度および信頼性向上	基板面上において最下層がAu薄膜であり、その上に拡散防止膜、さらにその上にAu層、Sn層の交互膜を形成する。
		特開平8-125080、特開平10-163359、特開平11-245083			

表 2.11.3-1 京セラのはんだ付け鉛フリー技術の技術開発における課題別の保有特許 (2/2)

技術要素		特許No.	特許分類(FI)	課題	概要
被接合材の表面処理技術					
	めっき被膜	特開2001-85807			
	その他の被膜	特開平9-172233、特開平10-135370、特開2001-210928			
はんだレス接合技術					
	材料・接続方法	特開2000-138130			
その他		特開平10-51089、特開2001-68583、特開2001-177038			

　京セラの保有する特許の特徴は、電子部品接合技術の半導体等のはんだ接合と被接合材の表面処理技術に注力しており、半導体等のはんだ接合に関しては、表1.4.2-1を見ると、接合材料とパッド形成、はんだボール材質の課題に対して、解決手段は、接合材ではAu系、Sn系、接合、被接合部としてはパッド形状にて改良している。被接合材の表面処理技術では表1.4.3-2を見るとめっき以外のその他被膜の接合信頼性の課題に対して、解決手段として表面被膜形成と添加物にて改良を図っている。

2.11.4 技術開発拠点

　　　鹿児島県：鹿児島国分工場
　　　滋賀県　：滋賀工場
　　　鹿児島県：総合研究所
　　　京都府　：中央研究所
　　　鹿児島県：川内工場

注：技術開発拠点は特許公報より入手しており、名称等の変更の可能性がある。

2.11.5 研究開発者

　図 2.11.5-1に出願年に対する発明者数・出願件数を示す。1994年よりはんだ付け鉛フリー技術の特許が出願されている。1996年に研究開発者数がピークとなり、96年に減少するが、再び被接合材の表面処理技術分野の配線基板等の出願により増加に転ずる。

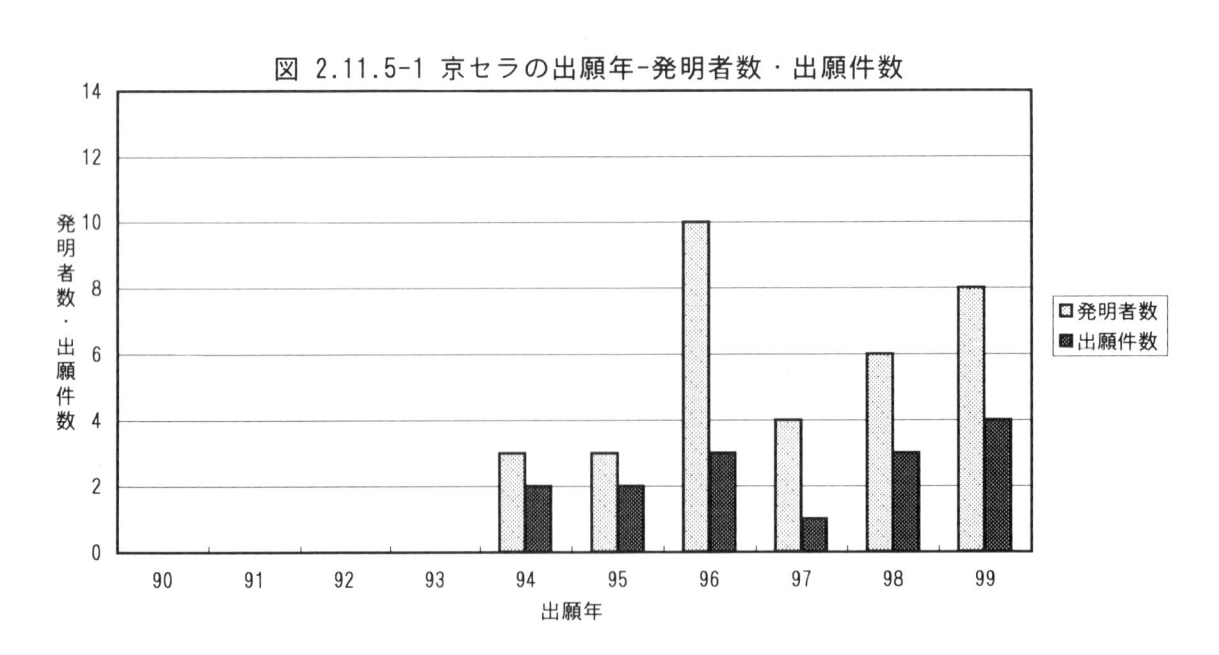

図 2.11.5-1 京セラの出願年-発明者数・出願件数

2.12 住友金属鉱山

2.12.1 企業の概要

銅、ニッケル、金の総合非鉄会社であり、電子材料・機能性材料等の多角化を図っている。資源部門、金属・金属加工、電子材料部品、住宅・建材部門等の事業を展開している。はんだ付け鉛フリー技術では、電子材料部品等の端子に関する被接合材の表面処理技術、はんだ材料、はんだ製法の開発を行っている。住友金属鉱山の概要を表2.12.1-1に示す。

表 2.12-1-1 住友金属鉱山の企業概要

1)	商号	住友金属鉱山 株式会社
2)	設立年月日	1950年3月
3)	資本金	883億5,500万円
4)	従業員数	2,672人
5)	事業内容	金・銀・鉱、金属、新素材、電子材料、住宅・建材他
6)	事業所	本社/東京
7)	関連会社	日向製錬所、住鉱潤滑剤、大口電子
8)	業績推移	売上高(百万円)　　当期利益(百万円) 1998.3　　　318,786　　　　　　6,600 1999.3　　　252,299　　　　　-18,073 2000.3　　　254,294　　　　　　5,121 2001.3　　　266,465　　　　　 11,526
9)	主要製品	リードフレーム、TAB、ボンディングワイヤー、ソルダー、ペーストターゲット、アロイプリフォーム、結晶材料、プリント配線板、コネクタスイッチ、テレビフォーム
10)	主な取引先	－
11)	技術移転窓口	知的財産部:東京都港区新橋5-11-3 / 03-3436-7781

本テーマに関する特許出願16件（1991～2001年10月公開）のうち、共同出願は2件。（石田清仁（東北大学教授））

技術移転を希望する企業には、積極的に交渉していく対応を取る。その際、仲介は介しても介さなくてもどちらでも可能。（アンケート結果）

2.12.2 はんだ付け鉛フリー技術に関する製品・製造技術

表 2.12.2-1にはんだ付け鉛フリー技術に関する製品・製造技術を示す。

表 2.12.2-1 住友金属鉱山のはんだ付け鉛フリー技術に関する製品・製造技術

製品・製造技術			販売時期	出典
はんだ材	導電性ペースト	鉛フリー	開発中	http://www.sanken.osaka-u.ac.jp/labs/rci/nano/jiep/meeting-h10.html
部品等	ハーメチックシール用リッド	S-LID (Seal Lid)	販売中	http://www.smm.co.jp/b_info/b03.html

　はんだ付け鉛フリーに関する製品は、導電性ペースト、リードフレーム、ボンディングワイヤー、配線基板等で、対象製品としてはコネクタスイッチ等があり、導電性ペーストの鉛フリー化を開発中であり、ハーメチックシールの鉛フリー化は販売済みである。

2.12.3 はんだ付け鉛フリー技術の技術開発における課題別の保有特許

表 2.12.3-1にはんだ付け鉛フリー技術の技術開発における課題別の保有特許を示す。

表 2.12.3-1 住友金属鉱山のはんだ付け鉛フリー技術の技術開発における課題別の保有特許

(1/2)

技術要素		特許No.	特許分類(FI)	課題	概要
はんだ材料技術					
	組成	特開平11-172352	B23K35/26310Z C22C18/00	Zn-Al-Mg-Ga組成の高温はんだ	Zn基-Al-Mg-Gaからなる高温はんだ付用Zn合金。高い硬度、加工性が劣るため、200℃程度で熱間成形、あるいは粉末としてペースト状。Ga添加により共晶温度340℃付近のZn-Al-Mg系3元共晶合金の融点をPb-Sn系合金と同程度の265～320℃程度に下げることが可能。
		特開平11-288955	C22C18/00 H01L21/52E	Zn合金はんだの融点最適化	Alが1～9wt%、Geが0.05～1wt%、残部がZnおよび不可避不純物からなるZn合金とする。
		特開2001-205476	B23K35/26310A C22C13/00	接合後のろう材層の厚みを安定化	Sn-Ag系合金ろう材。Snの融点よりも分解温度の高い元素、Au、Cr、Co、Cu、Ni、Pd、Pt、Rh、Se、Teを含有し、最大粒径が5～80μmの範囲内の金属間化合物粒子が存在。
		特開平11-172353、特開平11-172354、特開平11-207487、特開平11-291087、特開平11-293307			

表 2.12.3-1 住友金属鉱山のはんだ付け鉛フリー技術の技術開発における課題別の保有特許
(2/2)

技術要素		特許No.	特許分類(FI)	課題	概要
はんだ材料技術					
	製法	特開平11-233930	B23K35/14D B23K35/26310A B23K35/40340H H05K3/34505A H01L23/12L H01L21/92603A	エリアアレーパッケージのはんだボールのコストダウン	エリアアレーパッケージに用いられるはんだボールの代替として、突起を有するはんだシートを用いる。または、はんだの融点より軟化点の低い樹脂フィルムを用いる。
電子部品接合技術					
	半導体等のはんだ接合	特開平4-239158	H01L23/12Q H01L23/14C	導体層との接合強度の高い窒化アルミ回路基板	無酸化雰囲気中で高エネルギー波(レーザー、電子ビーム等)を窒化アルミニウム基板の電極形成予定部位に照射し金属アルミニウム層を形成し、その上に厚膜電極材料を積層する。反応式：2AlN→2Al+N_2
		特開平11-261203	H05K3/32Z H05K3/34505A H05K3/34507C	中間材としてのバンプキャリアの使用方法	半導体装置の外部電極に対する位置に貫通孔を設けた基板と、貫通孔に設けられたバンプで構成されたバンプキャリアで、バンプ表面の融点が内部より50℃低くする。
		特開2001-121285	B23K35/26310A B23K35/28310D H01L21/52E	鉛代替組成(半導体素子のダイボンディング)	Sn-Zn系。ワイヤボンディング温度は200℃以下。さらに、Ge、Ag、Cu、Inの1種以上。はんだのぬれ性を向上させて半導体素子とリードフレームの接合をより安定化。
		特開平10-137927、特開2001-127076			
被接合材の表面処理技術					
	その他の被膜	特開2000-232178			
はんだレス接合技術					
	材料・接続方法	特開平10-303517	H05K3/32B H05K3/34501E H05K1/02C	導電性接着剤の電極間の短絡防止	回路基板上の電極端子間に導電性接着剤の流れ防止溝を設置する。

　住友金属鉱山の保有する特許の特徴は、はんだ材料技術の組成と電子部品接合技術の半導体等のはんだ接合であり、組成に関しては表1.4.1-1を見ると、Zn-Al系のはんだ特性の課題に対して解決手段としてMg、Ga、Sn、In添加にて改善を図っている。半導体等のはんだ接合に関しては、表1.4.2-1を見ると接合材料のダイボンド材およびバンプ形成の課題に対して、解決手段として接合材のSn系、接合部のバンプ形成で改善し、基板はんだ付けの接合方法の接合強度の課題に対しては、接合の多層系にて改善を図っている。

2.12.4 技術開発拠点
　　愛媛県：新居浜研究所
　　千葉県：中央研究所
　　東京都：電子事業本部
注：技術開発拠点は特許公報より入手しており、名称等の変更の可能性がある。

2.12.5 研究開発者
　図 2.12.5-1に出願年に対する発明者数・出願件数を示す。はんだ付け鉛フリー技術への本格的な特許の出願は1996年からであり、研究開発者数は98年に増加するが99年には減少している。はんだ組成技術の研究開発者がある程度固定されているのが特徴である。

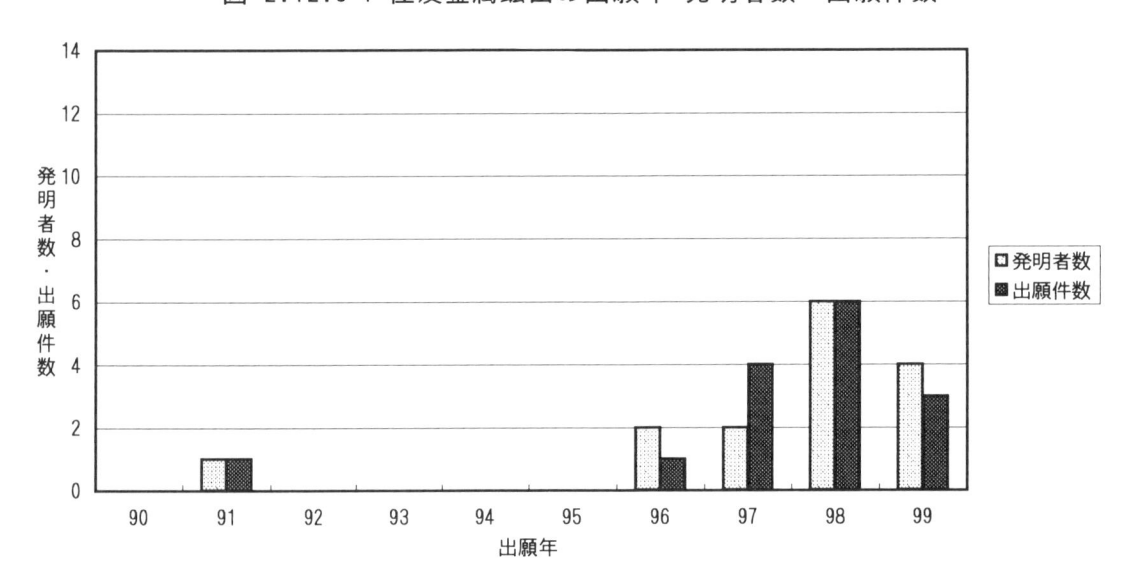

図 2.12.5-1 住友金属鉱山の出願年-発明者数・出願件数

2.13 古河電気工業

2.13.1 企業の概要

電線の大手の一角で、光ファイバ世界2位、超電導と形状記憶合金も手掛けており、情報通信関連、エネルギー関連、マテリアル関連、電子・実装機器の事業を展開している。はんだ付け鉛フリー技術では、はんだ付け装置とリードフレームの被接合物の表面処理技術、はんだ材料等の開発を行っている。古河電気工業の概要を表 2.13.1-1に示す。

表 2.13.1-1 古河電気工業の企業概要

1)	商号	古河電気工業 株式会社
2)	設立年月日	1896年6月
3)	資本金	591億7,500万円
4)	従業員数	8,382人
5)	事業内容	電線・ケーブル、情報機器・電子部品等、軽金属品、伸銅品、工事・機器電材、プラスチック品、その他
6)	事業所	本社/東京
7)	関連会社	理研電線、古河電池、古河総合設備、古河精密金属工業、協和電線、古河サーキットフォイル、古河産業
8)	業績推移	売上高(百万円)　　当期利益(百万円) 1998.3　568,372　　5,800 1999.3　515,817　　5,002 2000.3　504,841　14,665 2001.3　549,875　44,743
9)	主要製品	自動車電装部品、リフロー炉、放熱部品、ポリイミドチューブ、プレーナーコイル、銅合金製品、アルミニウム製品、発泡製品、ファイテル光製品、ネットワーク機器、光システム、CATVシステム
10)	主な取引先	伊藤忠商事、古河産業、デンソー、古河オートモーティブパーツ、加藤金属興業
11)	技術移転窓口	知的財産部:東京都千代田区丸の内2丁目6-1 / 03-3286-3541

ELC事業部にて鉛フリー対応のリフロー炉を扱っている。連結子会社である古河精密金属工業は、電子部品材料の製造販売を行っている。電子部品用の高導電率、高強度銅合金の開発を進めており、半導体リードフレーム用銅合金EFTEC64Tはパッケージ市場で高いシェアを確保しており、その高い性能から同業他社への技術供与も行っている。(2001年有価証券報告書)

本テーマに関する特許出願12件(1991～2001年10月公開)のうち、共同出願は3件。(古河精密金属工業、協和電線、ハリマ化成)

技術移転を希望する企業には積極的に交渉していく対応を取る。その際、仲介は介しても介さなくてもどちらでも可能。(アンケート結果)

2.13.2 はんだ付け鉛フリー技術に関する製品・製造技術

表 2.13.2-1にはんだ付け鉛フリー技術に関する製品・製造技術を示す。

表 2.13.2-1 古河電気工業のはんだ付け鉛フリー技術に関する製品・製造技術

製品・製造技術			販売時期	出典
はんだ装置	鉛フリーリフロー炉	サラマンダ XNA	販売中	http://www.furukawa.co.jp/sanki/salamander/xna.htm
		サラマンダ XCA	販売中	http://www.furukawa.co.jp/sanki/salamander/xca.htm
部品等	鉛フリーめっき電子機器部品	リードフレーム等	販売中	http://www.furukawa.co.jp/enviro/env2001/enviro_rpt2001.htm (P14)
	りん素銅合金（鉛フリーはんだ実装用材料）	F5218	販売中	http://www.furukawa.co.jp/copper/japanese/topic04.htm
		F5248	開発中	
その他	パラジウムめっきリードフレームに関し、特許相互使用契約を締結		1997年8月	http://www.furukawa.co.jp/what/pd.htm

はんだ付け鉛フリーに関する製品は、素材としては、りん素銅合金、リードフレームの鉛フリー化、電子部品の鉛フリーめっき品を販売中であり、赤外線面ヒーターと熱風の併用加熱方式で部品の熱劣化を防止できる鉛フリー対応のリフロー装置も製品化し販売中である。

2.13.3 はんだ付け鉛フリー技術の技術開発における課題別の保有特許

表 2.13.3-1にはんだ付け鉛フリー技術開発における課題別の保有特許を示す。

表 2.13.3-1 古河電気工業のはんだ付け鉛フリー技術の技術開発における課題別の保有特許 (1/3)

技術要素		特許No.	特許分類(FI)	課題	概要
はんだ材料技術					
	組成	特開平8-47793			
	製法	特開2001-68848	B23K3/06H H05K3/34512C H05K3/34505F H05K3/34505A	部品の電極部に均一なはんだ槽を形成する材料	表面に酸化物被膜を有し、酸素含有率が0.02～0.2wt%のはんだ粉を30～95wt%を含み、酸化物と反応して酸化物を溶解する酸成分とその溶剤を含むベース剤からなるはんだペースト組成。
被接合材の表面処理技術					
	めっき被膜	特開平10-313087	C25D7/00G C23C28/02 H01L23/50D	Pdめっきのワイヤボンディング性、はんだ付け性および耐食性向上	下層にCrまたはCr合金、さらにその上にPdまたはPd合金のめっき層を形成する。

表 2.13.3-1 古河電気工業のはんだ付け鉛フリー技術の技術開発における課題別の保有特許

(2/3)

技術要素		特許No.	特許分類(FI)	課題	概要
被接合材の表面処理技術					
	めっき被膜	特開平11-343594	C25D3/56Z C25D5/50 C25D7/00G C23C28/02 H01L23/48V	Sn合金めっきのはんだ付け性、接合強度、耐熱性向上	CuまたはCu合金基体の表面にCu$_3$Sn層、さらにその上にCu$_6$Sn$_5$層、さらにその上にCu含有率が0.1～3wt%で厚みが1～20μmのCuSnまたはCuSn合金を含むめっき層を形成する。
		特開平11-350188	C25D5/50 C25D7/00G C23C28/02 H01L23/48V	Sn合金めっきのはんだ付け性、接合強度、耐熱性向上	CuまたはCu合金基体の表面にCu、Ni、Ni合金、Agのいずれかのめっき層、さらにその上にCu含有率が0.1～3wt%で厚みが1～20μmのSnまたはSn合金めっき層を形成する。
		特開2001-107290	C25D5/26K C25D5/50 C25D7/00H	Sn合金めっきのはんだ付け性向上および酸化抑制	下地めっき層、さらにその上に厚さ3～10μmのSnまたはSn合金めっき層を全面または帯状に形成する。
		特開平11-350189、特開平11-350190			
	その他の被膜	特開2000-54189			
はんだ付け方法・装置					
	前処理	特開平7-102356	C23C2/06 C23C2/08 C23C2/34 C22C13/00 C22C18/00 H01B1/02Z	Al合金導体のはんだ付け性、圧着性向上および接触抵抗低減	AlまたはAl合金素材表面にSnを10～70wt%、Alを2～10wt%、Cuを0.5～4wt%、残部をZnおよび不可避的不純物からなるZn-Sn合金層を被覆する。
		特開2001-105567			

表 2.13.3-1 古河電気工業のはんだ付け鉛フリー技術の技術開発における課題別の保有特許
(3/3)

技術要素	特許No.	特許分類(FI)	課題	概要
はんだ付け方法・装置				
はんだ付け装置	特開2001-102741	B23K1/00330E B23K1/008C B23K31/02310J H05K3/34507K H05K3/34507G	異種部品間の温度差の縮小と部品保護を図る装置	直接加熱する輻射パネルヒータと熱風を吹き付ける熱風循環器を備え、熱容量の小さい部品の温度上昇を抑制するリフロー装置。

　古河電気工業の保有する特許の特徴は、被接合材の表面処理技術のめっき被膜に注力している。表1.4.3-1を見るとはんだ付け性、接合信頼性の課題に対して解決手段としては、めっき被膜形成のSn-Cu系、その他のSn系にて改良を図っている。

2.13.4 技術開発拠点
　　　　東京都：本社
注：技術開発拠点は特許公報より入手しており、名称等の変更の可能性がある。

2.13.5 研究開発者
　図 2.13.5-1に出願年に対する発明者数・出願件数を示す。はんだ付け鉛フリー技術への特許出願は1993年からスタートしており、研究開発者数も初期の段階としては比較的多いがその後減少し、再び97年より再参入し、研究開発者数は増加している。はんだ組成技術関連技術者が主である。

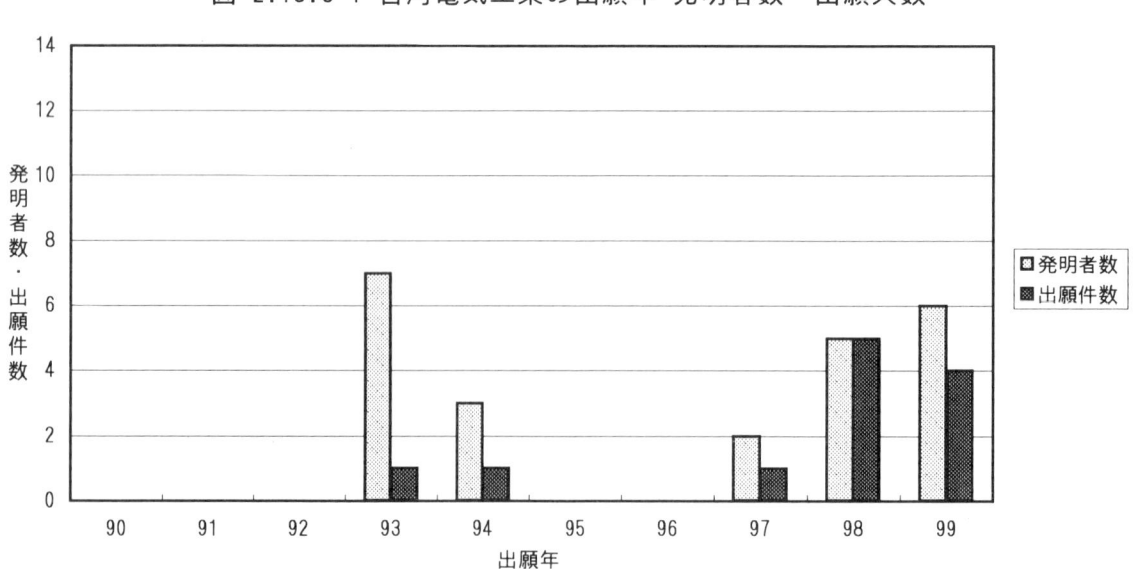

図 2.13.5-1 古河電気工業の出願年-発明者数・出願人数

2.14 三井金属鉱業

2.14.1 企業の概要

　亜鉛、銅等の非鉄関連から銅箔、TAB（Tape Automated Bonding）テープ等の電子材料に事業を転換、鉱山・基礎材料、中間材料、加工組み立ての事業を展開している。はんだ付け鉛フリー技術では、はんだ粉末、基板の銅箔等の製品を扱っており、はんだ材料等の開発も行っている。三井金属鉱業の概要を表 2.14.1-1 に示す。

表2.14.1-1 三井金属鉱業の企業概要

1)	商号	三井金属鉱業 株式会社
2)	設立年月日	1950年5月1日
3)	資本金	421億2,846万円
4)	従業員数	2,401人
5)	事業内容	基礎素材部門、中間素材部門、組立加工部門
6)	事業所	本社/東京
7)	関連会社	神岡鉱業、彦島製錬、日比共同製錬、八戸製錬、エム シー エス、台湾銅箔股有限公司、三井銅箔（マレーシア）、ジーコム、三井金属エンジニアリング
8)	業績推移	売上高(百万円)　　当期利益(百万円) 1998.3　　282,400　　　　3,923 1999.3　　263,420　　　　3,542 2000.3　　270,669　　　　5,680 2001.3　　293,686　　　　6,979
9)	主要製品	電解銅箔、TAB、電解二酸化マンガン、マグネタイト、導電性粉、銅紛、ニッケル紛、亜鉛、銅、貴金属、ドアロック、シートリクライナー、トランクロック、アルミダイカスト、マグネシウムダイカスト
10)	主な取引先	三井物産、三洋金属、本田技研工業、矢崎総業、東芝、シャープ、佐渡島金属、三井銅箔（マレーシア）、日鉄鉱業、台湾銅箔股分有限公司
11)	技術移転窓口	特許統括室:東京都品川区大崎1丁目11-1ゲートシティ大崎ウエストタワー19F ／ 03-5437-8055

　本テーマに関する特許出願14件（1991～2001年10月公開）のうち、共同出願は1件。（日本アルフアメタルズ）

　技術移転を希望する企業には、対応を取る。その際、仲介等は不要であり、直接交渉しても構わない。（アンケート結果）

2.14.2 はんだ付け鉛フリー技術に関する製品・製造技術

表 2.14.2-1にはんだ付け鉛フリー技術に関する製品・製造技術を示す。

表 2.14.2-1 三井金属鉱業のはんだ付け鉛フリー技術に関する製品・製造技術

製品・製造技術			販売時期	出典
はんだ材	鉛フリーはんだ粉	LFS-A LFS-B Sn-Cu Sn-Ag Sn-Bi Sn-In Sn-Ag-Cu-Bi	販売中	http://www.mitsui-kinzoku.co.jp/project/kinoufun/handa/m_freeha.html
その他	鉛フリーはんだ付けによる高密度実装の報告		―	2001年2月 http://wwwsoc.nii.ac.jp/jws/research/micro/mate/mate2001-contents.html

はんだ付け鉛フリーに関する製品は、はんだ粉末が主であり、Sn-Cu系、Sn-Ag系、Sn-Bi系、Sn-In系、Sn-Ag-Cu-Bi系のはんだ粉末を製品化している。課題であるクリープ寿命を長くしたはんだ粉を実現した。

2.14.3 はんだ付け鉛フリー技術の技術開発における課題別の保有特許

表 2.14.3-1にはんだ付け鉛フリー技術の技術開発における課題別の保有特許を示す。

表 2.14.3-1 三井金属鉱業のはんだ付け鉛フリー技術の技術開発における課題別の保有特許
(1/2)

技術要素		特許No.	特許分類(FI)	課題	概要
はんだ材料技術					
	組成	特許3091098	B23K35/26310A C22C13/00 F28F21/08Z	接合強度、クリープ強度および耐食性向上	Znを1～15wt%、残部がSnおよび不可避不純物からなるはんだ合金とする。
		特許2805595	B23K35/26310A	Sn-Ag系の引張強度向上	Sn-Ag-Bi、Inの少なくとも1種からなる鉛無含有はんだ合金。機械的特性（引張強度及び伸び値）を得る。
		特開平9-155587	B23K35/26310A C22C13/00	Sn-Zn-(Cu,Bi)組成はんだ	Sn-Zn-Cu,(Bi)含有。Zn：機械的強度の向上、融点低下。Cu：機械的強度向上、融点低下。Bi：クリープ強度を向上。

表 2.14.3-1 三井金属鉱業のはんだ付け鉛フリー技術の技術開発における課題別の保有特許
(2/2)

技術要素		特許No.	特許分類(FI)	課題	概要
はんだ材料技術					
	組成	特開平10-71488	B23K35/26310A C22C13/02	Sn-Ag-Bi-In組成のはんだ	Sn-Ag-Bi-In系。はんだ合金の組成を特定することにより、引張強度および伸び値に優れ、かつ融点特性に優れた。
		特開2001-150181	B23K35/26310A B23K35/26310C C22C12/00 C22C13/02	Sn-Bi系組成改善	Sn-Bi-P：伸び特性を有する。Pが微量で良いため、添加前の基合金の他の特質に悪影響を及ぼすことがない。
		特開平8-19892、特開平9-19790、特開平10-328880、特開2001-71174			
	製法	特開平10-58190	B23K35/22310C B23K35/40340F C07C55/14 B22F1/02F H05K3/34512C	はんだ粉末の表面酸化防止	はんだ合金粉末表面にアジピン酸とはんだ合金中の金属との有機化合物が形成されるはんだ粉末による。
		特開2000-15477	B23K35/22310A B23K35/26310A B23K35/40340F B23K35/36Z B22F1/02F C23F11/00C C22C13/00	鉛フリーのはんだ粉およびソルダーペースト	Sn-Zn、Sn-Zn-Biを主成分とする組成とし、はんだ表面にベンゾトリアールの有機化合物を形成する。
		特開2000-107882	B23K35/14C B23K35/26310A B23K35/40340F H05K3/34512C	鉛フリーはんだ粉の表面酸化防止	Sn-ZnまたはSn-Zn-Biを主成分とする鉛フリーはんだ粉にマロン酸とはんだ成分間に有機金属化合物をつくる。
		特開平8-298392			
はんだ付け方法・装置					
	前処理	特許3173982	C25D3/60	高信頼性Zn-Sn系鉛フリーはんだめっき浴	Zn-Sn系の鉛フリーはんだめっき浴は、ピロリン酸錫、ピロリン酸亜鉛、ピロリン酸カルシウム、過酸化水素水、ポリエチレンオキシドからなる。

　三井金属鉱業の保有する特許の特徴は、はんだ材料技術の組成と製法に注力している。組成に関しては表1.4.1-1を見ると、Sn-Ag系に関するものは、はんだ特性の課題に対して解決手段としてはBi/Inの添加で対応し、Sn-Zn系については、はんだ特性とCu食われ防止、

耐食性の課題に対してBi/In、Cu、CuBi/In添加で改善している。Sn-Bi系では伸びの課題に対してP添加で改善している。製法については表1.4.1-3を見ると、はんだペーストの酸化防止の課題に対して解決手段として合金添加、めっき被膜にて改善を図っている。

2.14.4 技術開発拠点
　　　　埼玉県：総合研究所
注：技術開発拠点は特許公報より入手しており、名称等の変更の可能性がある。

2.14.5 研究開発者
　図 2.14.5-1に出願年に対する発明者数・出願件数を示す。はんだ付け鉛フリー技術への特許の出願は1994年からであり、その後一定している。研究開発者ははんだ組成が主であり、メンバーが固定されている。

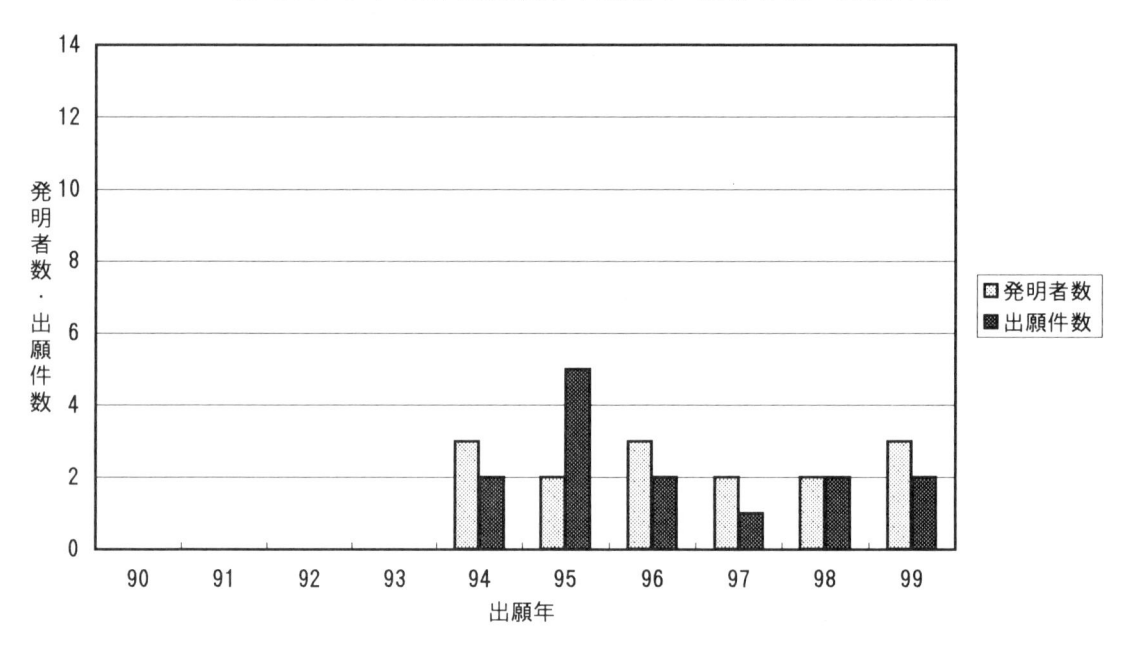

図 2.14.5-1 三井金属鉱業の出願年-発明者数・出願件数

2.15 旭化成

2.15.1 企業の概要

スチレン、アクリル系繊維・化学および住宅建材、エレクトロニクスや医薬の分野で、化成品・樹脂、繊維、住宅建材、繊維、その他の事業を展開している。はんだ付け鉛フリー技術では、プリント基板材やはんだレス技術に関する導電性接着剤等の開発を行っている。旭化成の概要を表 2.15.1-1 に示す。

表 2.15.1-1 旭化成の企業概要

1)	商号	旭化成 株式会社　　旧社名：旭化成工業 株式会社
2)	設立年月日	1931年5月21日
3)	資本金	1,033億8,852万円
4)	従業員数	12,221人
5)	事業内容	住宅・建材、化成品・樹脂、多角化事業、繊維
6)	事業所	本社/大阪
7)	関連会社	山陽石油化学、日本エラストマー、旭化成ホームズ、旭化成建材、旭陽産業、旭化成商事サービス、旭化成マイクロシステム、旭メディカル
8)	業績推移	売上高(百万円)　　当期利益(百万円) 1998.3　　　1,069,771　　　　17,326 1999.3　　　　959,624　　　　18,365 2000.3　　　　955,624　　　　11,187 2001.3　　　　990,430　　　　11,710
9)	主要製品	樹脂、ゴム、エラストマー、不織布、機能性モノマー、スルホン酸モノマー、感光材、プラスチック、光ファイバー、医薬品
10)	主な取引先	旭化成建材、蝶理、伊藤忠商事、スズケン、旭化成商事サービス
11)	技術移転窓口	知的財産部

多角化事業における電子材料は、プリント配線板や次世代パッケージなどの実装材料等の開発に積極的に取り組んでいる。(2001年有価証券報告書)

本テーマに関する特許出願13件（1991～2001年10月公開）。共同出願はなし。

2.15.2 はんだ付け鉛フリー技術に関する製品・製造技術

表 2.15.2-1にはんだ付け鉛フリー技術に関する製品・製造技術を示す。

表 2.15.2-1 旭化成のはんだ付け鉛フリー技術に関する製品・製造技術

製品・製造技術			販売時期	出典
部品等	Pdめっき品 (鉛はんだ不要)	InSbホール素子 GaAsホール素子	実施中	http://www.asahi-kasei.co.jp/asahi/jp/news/1995/el951120.html
その他	はんだレス接合 材料の開発	異方導電膜	開発中	http://www.asahi-kasei.co.jp/env/pdf/rc_report2001jp.pdf (P50)

はんだ付け鉛フリーに関する製品ははんだレス接合技術に関するもので、異方導電膜の鉛フリー化を開発中である。製品対応として、InSbホール素子の端子をPdめっきし、鉛フリー化して販売中である。

2.15.3 はんだ付け鉛フリー技術の技術開発における課題別の保有特許

表 2.15.3-1にはんだ付け鉛フリー技術の技術開発における課題別の保有特許を示す。

表 2.15.3-1 旭化成のはんだ付け鉛フリー技術の技術開発における課題別の保有特許 (1/2)

技術要素		特許No.	特許分類(FI)	課題	概要
はんだ材料技術					
	製法	特開2000-144203	H05K3/34512C H01L23/12L H01B1/00C B22F1/02A C23C28/00A	接合に使用する金属粒子の接合強度	接合に使用される金属粒子を中心核に外層を3層以上とし、3種類以上の金属を使用する。
		特開2001-176331			
はんだレス接合技術					
	材料・接続方法	特開平8-302312	C09J9/02JAT C09J201/00JBC	Cu合金導電性接着剤の接着強度向上	硬化性樹脂中にポリビニルアセタール、ポリアミド、ゴム変成エポキシ樹脂のいずれか、またはその混合物を含有する。
		特開平9-241420	C08J5/00CEZ C08K3/08KAB C08K7/04KCJ C08L101/00	導電性樹脂の電磁波遮蔽効果、長期特性向上	熱可塑性樹脂30～98wt%、導電性繊維1～50wt%および低融点金属0.1～30wt%の組成とする。
		特開平10-241461	C09J9/02 C09J161/00 C09J161/28 C09J163/00 C09J171/10 C09J175/02 C09J175/04 H01B1/20D	導電性接着剤の接着性、リワーク性および導電性向上	導電性フィラーを70～95wt%、熱可塑性樹脂と熱硬化性樹脂との混合樹脂における熱可塑性樹脂の割合を3～97wt%とする。
		特開平10-279902	C09J9/02 C09J11/04 C09J201/00 H01B1/22D	導電性接着剤の接着性、導電性および導電性長期安定性の向上	混合した球状およびリン片状導電性フィラーのいずれかが有機バインダーの硬化温度近傍で溶融する導電性コーティング層で導電性粒子表面を被覆した導電性フィラーを含有する。

表 2.15.3-1 旭化成のはんだ付け鉛フリー技術の技術開発における課題別の保有特許（2/2）

技術要素		特許No.	特許分類(FI)	課題	概要
はんだレス接合技術					
	材料・接続方法	特開平11-209715	C08L63/00A C08L63/00B C08G59/24 C08G59/62 C09J9/02 C09J11/04 C09J163/00	導電性接着剤の接着性、リペア性、導電性および導電性長期安定性向上	熱硬化樹脂をフェノール樹脂あるいはフェノール樹脂とエポキシ樹脂の混合物とする。
		特開2000-290617	H01B1/22D C09J9/02	導電性接着剤のせん断強度、導電性、長期安定性および熱安定性向上	Cuを含有する金属フィラーとエポキシ化合物とノボラック型フェノール樹脂と低分子多価フェノールと硬化剤とを必須成分とし、フェノール型水酸基当量のエポキシ当量に対する比を1〜2とする。
		特開平10-265748、特開平10-279903、特開平11-209716、特開2000-192000 特開2001-172606			

　旭化成の保有する特許の特性は、はんだレス接合技術の材料・接続方法に注力している。表1.4.5-1を見ると導電性接着剤の接着強度、リペア性、リワーク性、信頼性の課題に対して解決手段としてはカップリング材、樹脂バインダー、導電性フィラーと接着剤固定にて改善を図っている。

2.15.4 技術開発拠点
　　静岡県：富士支社
　　岡山県：水島支社
注：技術開発拠点は特許公報より入手しており、名称等の変更の可能性がある。

2.15.5 研究開発者

図 2.15.5-1に出願年に対して発明者数・出願件数を示す。はんだ付け鉛フリー技術への特許出願は1995年からであり、研究開発者数が96年に減少したが、その後増加に転じた。研究開発分野は主にはんだレス接合材料に関するもので、開発メンバーはほぼ固定されている。

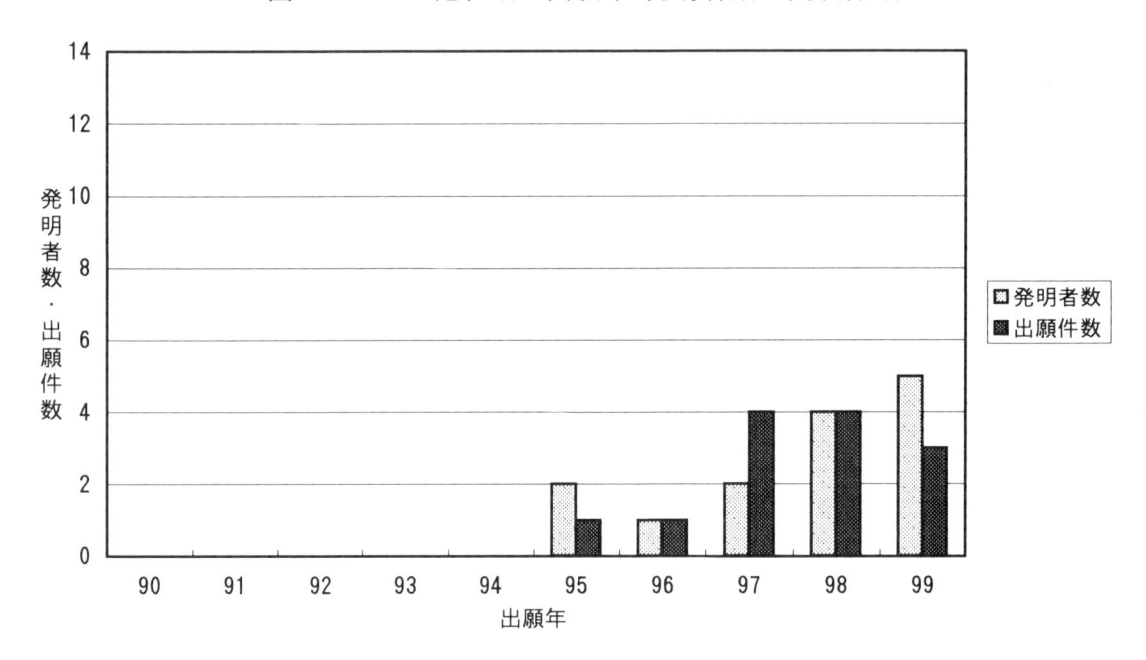

図 2.15.5-1 旭化成の出願年-発明者数・出願件数

2.16 タムラ製作所

2.16.1 企業の概要

　家電・AV用トランスの大手であり、電源・混成ICからはんだ付け装置までの多角経営を行っており、情報機器関連、電子部品関連、電子化学材料、はんだ付け装置関連の事業を展開している。はんだ付け鉛フリー技術では、はんだ材料、はんだ製法、はんだ付け装置関連で、タムラエフエーシステムと共同開発を行っている。タムラ製作所の概要を表2.16.1-1に示す。

表 2.16.1-1 タムラ製作所の企業概要

1)	商号	株式会社 タムラ製作所
2)	設立年月日	1939年11月21日
3)	資本金	118億2,965万円
4)	従業員数	649人
5)	事業内容	情報機器関連、電子部品関連、電子材料、精密省力機械関連
6)	事業所	本社/東京都
7)	関連会社	—
8)	業績推移	売上高(百万円)　当期利益(百万円) 1998.3　　66,795　　　　　1,216 1999.3　　60,062　　　　　　564 2000.3　　58,101　　　　　　305 2001.3　　58,876　　　　　　812
9)	主要製品	ACアダプター、ADSLモデム、電源モジュール、フェライト、センダスト、トランス、コイル、圧電インバータ、圧電応用製品、電流センサ、ノイズフィルタ、サーマルヘッド
10)	主な取引先	TOWN SKY HOLDINGS、AIWA、UNIDEN HONGKONG、ERICSSON INC、ナムコ、三菱電機、松下電器産業、カシオ計算機、ファナック等
11)	技術移転窓口	品質保証本部:東京都練馬区東大泉1丁目19-43 / 03-3978-2075

　子会社33社、関連会社1社で構成され、情報機器、電子部品、電子化学材料・はんだ付け装置の製造販売を主な事業としている。電子化学材料・はんだ付け装置関連事業において、電子化学材料はタムラ化研等の子会社に製造委託し、また、はんだ付け装置は子会社であるタムラエフエーシステムに製造委託している。電子化学材料・はんだ付け装置関連事業部門は、高まりつつある環境保護を常に考え、はんだ付材料と装置とを一体化した事業展開をしており、鉛フリー対応フラックス、ソルダーペーストおよびリフロー装置の開発・拡販に力を注いでいる。はんだ付装置部門では、リフローはんだ付装置の売上高が大幅に伸張した。この結果、この部門では増収増益となった。この部門の研究開発費は313百万円。技術援助料収入は160百万円（2001年有価証券報告書）。

　東芝とはんだ表面のプラズマ処理装置を共同開発している（1999年2月22日日経BizTecNews）。

本テーマに関する特許出願11件（1991～2001年10月公開）のうち、共同出願は10件（タムラエフエーシステム、日立製作所、日立カーエンジニアリング）。なお、子会社のタムラ化研の本テーマに関する特許出願は2件のうち、共同出願は2件。（デンソー、豊田中央研究所）

技術移転を希望する企業には、対応を取る。その際、仲介等は不要であり、直接交渉しても構わない。（アンケート結果）

2.16.2 はんだ付け鉛フリー技術に関する製品・製造技術

表 2.16.2-1にはんだ付け鉛フリー技術に関する製品・製造技術を示す。

表 2.16.2-1 タムラ製作所のはんだ付け鉛フリー技術に関する製品・製造技術

製品・製造技術			販売時期	出典
はんだ材	Sn-Ag-Cu Sn-Ag	TLF-204-27 TLF-101-27	販売中	電波新聞 2001.08.28 朝刊 7面
	ソルダーペースト Sn-3.5Ag-0.7Cu Sn-3.0Ag-0.5Cu Sn-2.5Ag-2.5Bi-0.5Cu Sn-2.5Ag-1.0Bi-0.5Cu	TLF-201-19 TLF-204-19 TLF-301-19 TLF-302-19	開発中	http://www.tamura-ss.co.jp/jp/lineup/soldering_equipment/pb_free/guide/G-9007.pdf (P8)
フラックス	鉛フリー用 フラックス	EC-19S EC-15	販売中	http://www.tamura-ss.co.jp/jp/lineup/soldering_equipment/pb_free/guide/G-9007.pdf (P7)
はんだ装置	ウェーブはんだ付け装置	標準タイプ HC33-28KDF2 HC40-32KDF2	販売中	http://www.tamura-ss.co.jp/jp/lineup/soldering_equipment/pb_free/wave/Wave-A/main.html
		汎用タイプ HC33-36NF HC40-36NF	販売中	http://www.tamura-ss.co.jp/jp/lineup/soldering_equipment/pb_free/wave/Wave-B/main.html
		産機向けタイプ HC25-32HNF HC40-38HNF	販売中	http://www.tamura-ss.co.jp/jp/lineup/soldering_equipment/pb_free/wave/Wave-C/main.html
	リフローはんだ付け装置	N_2 リフロー TNR25-53PH エアーリフロー TAR30-36LH	販売中	http://www.tamura-ss.co.jp/jp/lineup/soldering_equipment/pb_free/reflow/index.html
その他	ガイダンス	―	実施中	http://www.tamura-ss.co.jp/jp/lineup/soldering_equipment/pb_free/guide/

鉛フリーはんだおよびフラックス、はんだ付け装置の総合メーカーであり、Sn-Ag系の4種類のソルダーペーストを製品化し、販売している。またSn-Ag系のはんだも販売している。はんだ付け装置では、鉛フリー対応のウェーブはんだ付け装置とリフローはんだ付け装置を販売している。ブリッジ防止に対して45度回転はんだ槽と水平搬送方式を採用し、酸化防止に対してフルチャンバー式窒素雰囲気の噴流はんだ装置を開発した。また基板温度を設定し、温度プロファイル条件の設定による温度制御が可能なリフローはんだ装置を完成させた。ガイダンスもインターネットで公開している。鉛フリーに関してかなり積極的である。

2.16.3 はんだ付け鉛フリー技術の技術開発における課題別の保有特許

表 2.16.3-1にはんだ付け鉛フリー技術の技術開発における課題別の保有特許を示す。

表 2.16.3-1 タムラ製作所のはんだ付け鉛フリー技術の技術開発における課題別の保有特許

(1/2)

技術要素		特許No.	特許分類(FI)	課題	概要
はんだ付け方法・装置					
	はんだ付け装置	特開2000-167661	B23K1/00330E B23K1/08320A H05K3/34506K	部品の接合位置の変更に対応できるはんだ付け装置	溶融したはんだ槽と複数の可動局所ノズルを具備した、鉛フリーにも対応可能な自在に局所はんだ付けができる装置。
		特開2000-332401	B23K1/00330E B23K1/008C B23K31/02310H B23K1/08320Z H05K3/34506F H05K3/34507J	急冷によりリフトオフ現象の発生防止を図る装置	はんだ付け直後の被はんだ付け物に超音波振動子で微細霧化されたミストを吹き付けることで急速急冷する装置。
		特開2001-150128	B23K3/00310D B23K3/00310Z B23K1/00A B23K1/00330E B23K1/008C H05K3/34507Z	インターネットに接続した制御コントローラで管理する方法	管理用パソコンから送信した電子メールあるいはFTPのデータによりはんだ付け装置の動作を制御する。はんだ付け装置に障害が生じた時、制御コントローラは所定のインターネットアドレスに電子メールを送信し管理する。

表 2.16.3-1 タムラ製作所のはんだ付け鉛フリー技術の技術開発における課題別の保有特許 (2/2)

技術要素	特許No.	特許分類(FI)	課題	概要
はんだ付け方法・装置				
はんだ付け装置	特開2001-170767	B23K1/008C B23K1/00330E B23K31/02310J H05K3/34507K H05K3/34507G	均熱加熱による部品の損傷防止を図る装置	送風機とヒーター間に配置した多孔質体で圧力を均一化し、ヒーターとワーク間の輻射板で乱流をつくり電子部品に吹き付けるリフロー炉の加熱装置。
検査および評価装置	特開2000-357868、特開2000-357870、特開2001-156437、特開2001-150127、特開2001-162368、特開2001-198671 特開2000-121533	B23K31/00K B23K1/00A B23K1/08310 G01N13/02	はんだ組成の異常を簡便に検出監視する方法	溶融はんだの表面張力変化を検出する反力検出器（コイルスプリングの変位を検出）を用いて、はんだ組成の変化を検出する装置。

　タムラ製作所の保有する特許の特徴は、はんだ付け方法、装置に注力している。表1.4.4-1を見ると、浸漬はんだ装置では高密度装置、組成の安定化の課題に対して解決手段としては、噴流はんだ槽と装置、治工具にて改善を図っており、リフローはんだ装置に関しては、部品の信頼性湿度管理の課題に対して解決手段としては、加熱方法、冷却方法、監視装置にて改善を図っている。それ以外のはんだ装置についてははんだ特性の課題に対して、冷却方法にて改良している。

2.16.4 技術開発拠点
　　東京都：本社
注：技術開発拠点は特許公報より入手しており、名称等の変更の可能性がある。

2.16.5 研究開発者

図 2.16.5-1に出願年に対する発明者数・出願件数を示す。はんだ付け鉛フリー技術の特許の出願は1998年からであり、研究開発者数が少ないのは、タムラエフエーシステムとの共同研究を行っているためで、特許出願もほとんど共同出願となっている。技術分野ははんだ付け装置、評価装置である。

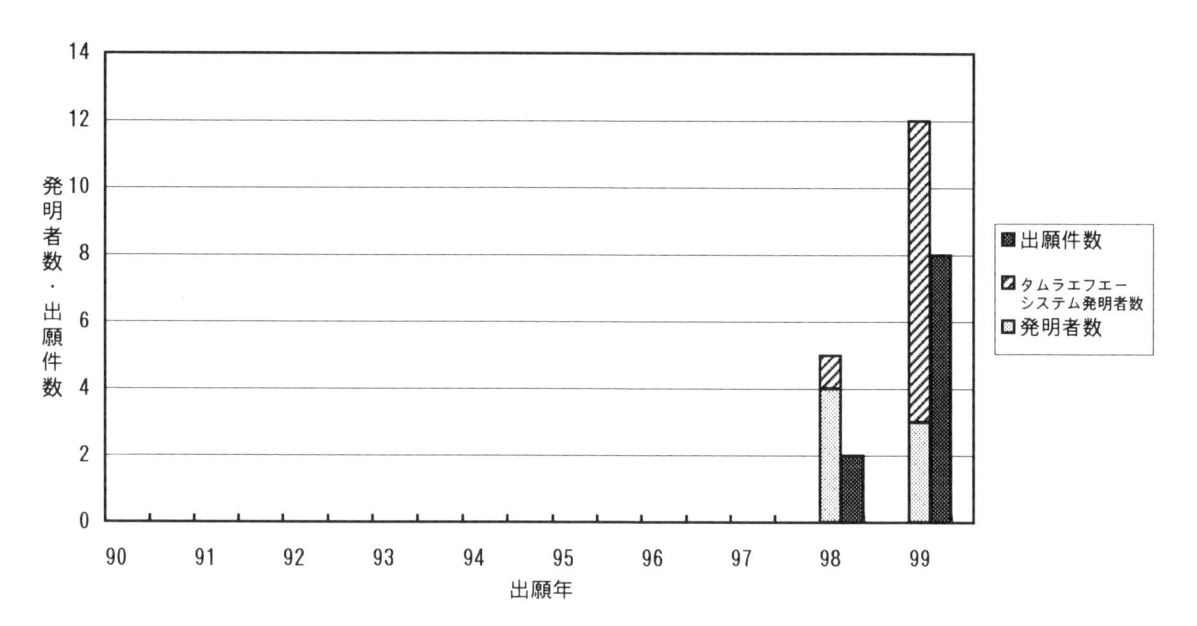

図2.16.5-1 タムラ製作所の出願年-発明者数・出願件数

2.17 内橋エステック

2.17.1 企業の概要

ヒューズの製造とはんだの製造が主な事業で、リチウムイオンバッテリーの安全部品、半導体の接合材、封止材等の合金技術にて事業を展開している。はんだ付け鉛フリー技術では、はんだ材料、はんだペースト（ソルダーペースト）等、はんだ組成の開発を行っている。内橋エステックの概要を表 2.17.1-1に示す。

表 2.17.1-1 内橋エステックの企業概要

1)	商号	内橋エステック 株式会社
2)	設立年月日	1949年12月7日
3)	資本金	9,226万円
4)	従業員数	215人
5)	事業内容	ヒューズの製造、はんだの製造
6)	事業所	本社/大阪
7)	関連会社	―
8)	業績推移	売上高(百万円)　　当期利益(百万円) 1998.5　　　4,700　　　　　　430 1999.5　　　5,300　　　　　　430 2000.5　　　5,301　　　　　　450 2001.5　　　4,500　　　　　　360
9)	主要製品	ソルダリボン、ソルダファイバー、ヤニ入りはんだ、フラックス、ソルダーペースト、鉛フリーソルダーペースト、温度ヒューズ、M1素子ヒューズ抵抗、電池保護部品
10)	主な取引先	松下電器産業、三洋電機、ソニー、東芝、シャープ、日立製作所
11)	技術移転窓口	技術部技術課:大阪府大阪市鶴見区今津北2丁目9-14 06-6962-6661

本テーマに関する特許出願10件（1991～2001年10月公開）。共同出願はなし。

2.17.2 はんだ付け鉛フリー技術に関する製品・製造技術

表 2.17.2-1にはんだ付け鉛フリー技術に関する製品・製造技術を示す。

表 2.17.2-1 内橋エステックのはんだ付け鉛フリー技術に関する製品・製造技術

製品・製造技術			販売時期	出典
はんだ材	ソルダリボン	Sn-Ag系 SR-018-025	販売中	http://www.uchihashi.co.jp/japanese/sol2.htm
	ソルダファイバー	Sn-Ag系 SF-018-150	販売中	
	鉛フリーソルダーペースト	Sn-Bi-Ag系 NL90C001RA NL90C002RMA NL84C003RA NL91C004RA	販売中	
その他	鉛フリーはんだの評価技術の開発	ウェッティングバランス試験 チップ抵抗剪断強度試験 高温クリープ試験	開発中	http://www.uchihashi.co.jp/japanese/image/pdfr9903.pdf

鉛フリーはんだは、組成がSn-Ag系のソルダリボン、ソルダファイバーと、Sn-Bi-Ag系のソルダーペーストを製品化し、既に販売している。ソルダリボンはフラックスレス（無洗浄化）に対応しており、ソルダファイバーは200μm以下を実現した低融点合金はんだを使用したものを開発した。また鉛フリーはんだおよび評価装置を開発中である。

2.17.3 はんだ付け鉛フリー技術の技術開発における課題別の保有特許

表 2.17.3-1にはんだ付け鉛フリー技術の技術開発における課題別の保有特許を示す。

表 2.17.3-1 内橋エステックのはんだ付け鉛フリー技術の技術開発における課題別の保有特許

(1/2)

技術要素		特許No.	特許分類(FI)	課題	概要
はんだ材料技術					
	組成	特開平9-155586	B23K35/26310A C22C13/00 H05K3/34512C	Sn-Ag-Cu-In-(P,Ga)組成のはんだの改善	Sn基Ag、Cu、InおよびPまたはGaを含有：浸漬法またはリフロー法はんだ付けに使用できる優れた機械的強度を有する。
		特開平9-327790	B23K35/26310A C22C13/02 H05K3/34512C	Sn-Ag-Bi-Cu-Sb-(P,Ga)組成のはんだ	Sn-Ag-Bi-Cu-Sb系-(P,Ga)：構成元素の組成を特定することにより、低融点を保持しつつ機械的強度の大幅な増加を達成する。
		特開2000-15479	B23K31/00330E B23K31/19Z B23K35/26310A H05K3/34512C	初期強度および耐熱疲労強度に優れたはんだ組成	はんだ合金組成は、Cu：0.1～3wt%、Pt：0.05～2wt%、残部Snからなるめっき接合用はんだ。
		特開2000-52083	B23K35/26310A C22C13/00 H05K3/34512C	Sn-Ag系でのマンハッタン現象や凝固偏析防止	Sn-Ag-Au系。Cu、PまたGa添加。マンハッタン現象や凝固偏析を防止。はんだ自体の優れた強度ならびに接合界面強度のために、熱的、機械的条件のもとでも信頼性の高い実装が可能。

表 2.17.3-1 内橋エステックのはんだ付け鉛フリー技術の技術開発における課題別の保有特許

(2/2)

技術要素		特許No.	特許分類(FI)	課題	概要
はんだ材料技術					
	組成	特開2000-135557	B23K1/00K B23K35/26310A B23K35/26310D H05K3/34507C H05K3/34512C C22C13/00 C22C28/00B	接合強度および耐熱性の向上を図る材料と方法	Inを2～80wt%、残部がSnのはんだ材を使用し、はんだの溶融状態で加熱・加圧し、母材と合金化されないはんだの低融点成分を排出させるはんだ付け方法。
	製法	特開平9-327791			
		特開2001-170796	B23K101:36 B23K31/00C B23K31/00330E B23K35/363C B23K35/14B H05K3/34512C	マイグレーションの発生を防止するはんだ	メルトフローレート500g/10min以上のエチレン・酢酸ビニル共重合体を1～50wt%、ロジン、活性剤を含有するフラックスを内蔵させたやに入りはんだ。
		特開2001-212693	B23K35/40340D B23K35/26310A B23K35/26310C B23K35/363C H05K3/34512C	脆弱な鉛フリー合金用フラックス付線状はんだの製造	はんだ材料を一方のはんだ線が調整はんだ線よりも靭性が高い組成材の2つに分け、各々回転液中紡糸法で製造する。その後より合わせ一括する方法。
		特開2001-212691	B23K35/14A B23K35/14B B23K35/26310A B23K35/40340H B21C1/00C H05K3/34505A H05K3/34512C C22C13/00 C22C13/02	Sn-Ag合金はんだのぬれ性向上および伸線化	伸線加工されたSn-Ag系組成伸線とSn-Bi系組成伸線との一括がより合わせまたは集合により行われた構成とする。
		特開2001-212694			

内橋エステックの保有する特許の特徴は、はんだ材料技術の組成と製法に注力している。組成に対して表1.4.1-1を見るとSn-Ag系でははんだ特性、組織、凝固偏析防止の課題に対して解決手段としてはCu、Bi/In添加とAu添加にて改善を図っており、Sn-Cu系ではめっき接合用に対して、Pt添加、Sn-In系の耐熱疲労の課題に対しては無添加にし改善を図っている。製法については表1.4.1-3を見ると、棒状はんだの加工性、はんだ特性の課題に対しては、解決手段としてはんだ材料の合金化、フラックスの活性剤、加工の形状にて改善を図っている。

2.17.4 技術開発拠点
　　　大阪府：本社
注：技術開発拠点は特許公報より入手しており、名称等の変更の可能性がある。

2.17.5 研究開発者
　図2.17.5-1に出願年に対する発明者数・出願人数を示す。はんだ付け鉛フリー技術の特許の出願は1995年からであり、研究開発者は同一の開発者である。技術分野ははんだ組成とはんだおよびフラックス技術である。

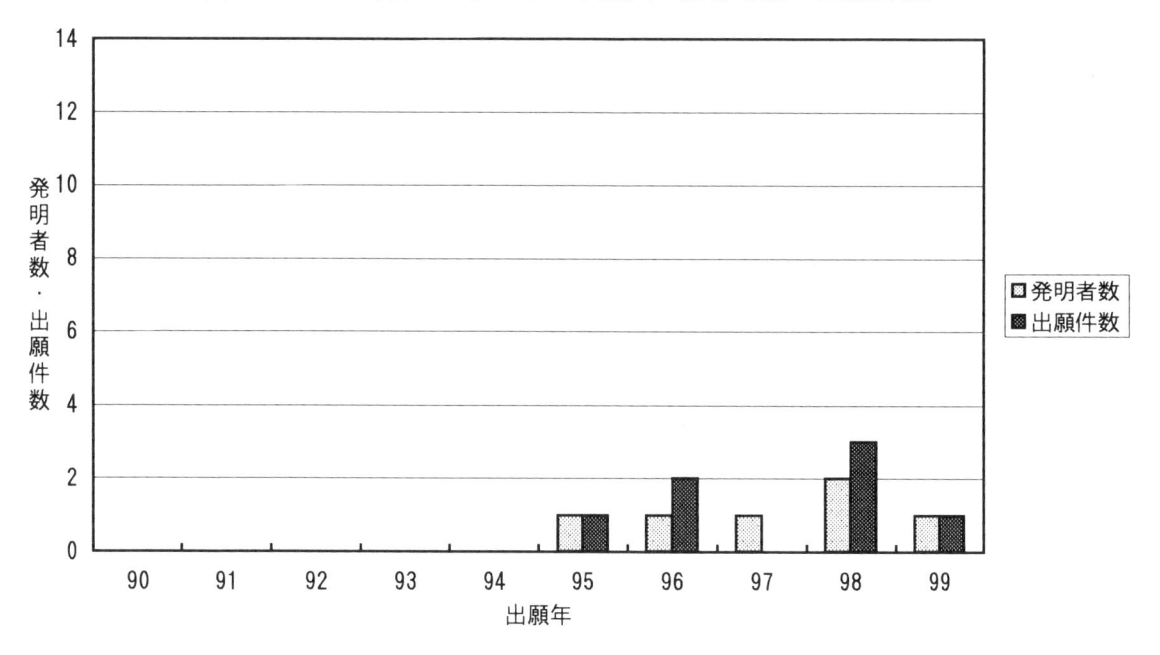

図2.17.5-1　内橋エステックの出願年-発明者数・出願件数

2.18 日鉱金属

2.18.1 企業の概要

銅精錬の最大手であり、銅、インジウム、リン青銅、圧延銅箔では国内生産1位で電子材料に注力しており、金属、金属加工、環境リサイクル、エンジニアリング、コンサルタンティングの事業を展開している。はんだ付け鉛フリー技術では、めっき浴であり、Sn-Biめっき浴、Sn-Agめっき浴等の開発を行っている。日鉱金属の概要を表2.18.1-1に示す。

表 2.18.1-1 日鉱金属の企業概要

1)	商号	日鉱金属 株式会社
2)	設立年月日	1992年5月28日
3)	資本金	349億9,726万円
4)	従業員数	1,141人
5)	事業内容	銅製錬事業、亜鉛製錬事業、金属加工事業、精密加工事業、環境リサイクル事業
6)	事業所	本社/東京
7)	関連会社	ニッポンマイニングオブネザーランド社、豊羽鉱山、日本マリン、日鉱商事、日鉱物流パートナーズ、日鉱ポリテック
8)	業績推移	売上高(百万円)　　当期利益(百万円) 1998.3　　242,785　　　　10,774 1999.3　　212,974　　　　 8,962 2000.3　　229,216　　　　 8,514 2001.3　　234,155　　　　10,118
9)	主要製品	電線銅、伸鋼品、亜鉛、金、銀、鉛、りん青銅、黄銅、洋白アンバー、電子部品のめっき加工品
10)	主な取引先	日鉱商事、日立電線、三井物産、昭和電線電纜、丸紅、日商岩井、ジャパンエナジー、タツタ電線、兼松、国長金属
11)	技術移転窓口	㈱日鉱テクノサービス：東京都港区虎ノ門2-10-1新日鉱ビル 03-5573-7396

非鉄専業として経営効率の向上を図るため、日本鉱業（現：ジャパンエナジー）の全額出資により平成4年5月設立。(2001年有価証券報告書)
銅、インジウム、りん青銅、圧延銅箔は、国内生産シェア1位。
(http://www.nikko-metal.co.jp/corporate/products.html)
2002年10月を目途に、ジャパンエナジーと共同持株会社を設立予定。
(http://www.nikko-metal.co.jp/corporate/news.html)
2001年5月、銅製錬関連事業の国際競争力を一段と強化するため、三井金属鉱業との間で、業務提携を推進することとした。
(http://www.nikko-metal.co.jp/business/index.html)
本テーマに関する特許出願10件（1991～2001年10月公開）。共同出願はなし。

2.18.2 はんだ付け鉛フリー技術に関する製品・製造技術

表 2.18.2-1にはんだ付け鉛フリー技術に関する製品・製造技術を示す。

表 2.18.2-1 日鉱金属のはんだ付け鉛フリー技術に関する製品・製造技術

製品・製造技術			販売時期	出典
部品等	はんだ合金めっき層の形成技術	Sn-Biはんだ合金めっき Sn-Inはんだ合金めっき Sn-Agはんだ合金めっき	開発中	http://www.itdc-patent.com/setlist/No9189.pdf

　はんだ付け関連では、めっきの業務も行っており、鉛フリーはんだ対応製品は、Sn-Bi系、Sn-In系、Sn-Ag系のはんだめっき層による鉛フリーはんだ箔を開発中である。その他に鉛フリーはんだの電子部品にめっき処理を行っている。

2.18.3 はんだ付け鉛フリー技術の技術開発における課題別の保有特許

表 2.18.3-1にはんだ付け鉛フリー技術の技術開発における課題別の保有特許を示す。

表 2.18.3-1 日鉱金属のはんだ付け鉛フリー技術の技術開発における課題別の保有特許 (1/2)

技術要素		特許No.	特許分類(FI)	課題	概要
電子部品接合技術					
	半導体等のはんだ接合	特開平11-330108	B23K35/26310Z H01L21/52D H01L21/52E	短時間に電子部品をボンディング、マウント接合する方法	金細線にSnをめっきした接合材を用いて、2つ以上の電子部品間を接合する方法。所定箇所のみを加熱することで、熱の影響を他の箇所や部品に及ぼさないようにする。
被接合材の表面処理技術					
	めっき被膜	特開平10-317184	C25D3/56Z	Sn-Bi合金めっきにおける電流密度の広範囲化および光沢性の向上	Sn-Bi合金の電気めっき用水溶液として、有機スルホン酸、金属塩、分散剤としてポリオキシルエチレンアルキルフェニルエーテル等、光沢剤としてクロロベンズアルデヒドとナフトアルデヒドとパラアセトアルデヒドを含有する。
		特開平11-279791	C25D3/56Z C25D5/50 C25D5/10 C22C13/00	品質に優れたSn-In合金めっきの形成方法	被めっき物に第1層をSnめっきし、第2層に第1層の1／2以下の厚みのInめっきを形成し、リフロー処理し合金層を形成する方法。これで、めっきが難しいキレート材等を含むめっき浴の使用を避けることができる。

表 2.18.3-1 日鉱金属のはんだ付け鉛フリー技術の技術開発における課題別の保有特許（2/2）

技術要素	特許No.	特許分類(FI)	課題	概要
被接合材の表面処理技術				
めっき被膜	特開平11-279792	B23K35/26310A H05K3/34512C C25D3/30 C25D3/46 C25D5/50 C25D5/10 C22C13/00	はんだ付けが良好なSn-Agはんだ合金めっき層の形成	下地めっきの有無にかかわらず、被めっき物にAgをめっきし、その上にSn層を特定値以上の厚みでめっきし、これらの層のめっきをリフローすることにより、キレート剤を添加しないめっき液で外観とはんだ付けが良好なはんだ合金めっき層を形成する。
	特開2001-40495	C23C18/32 C25D3/56101 C25D5/14	プレス破面の耐食性が向上するSn合金めっき材	Ni-P合金めっき、さらにその上にSnまたはSn合金めっきを形成した後、リフローまたは時効処理を施すプレス破面の耐食性が向上するめっき材。
	特開平11-279789、特開2000-144482、特開2000-169995、特開2000-169996、特開2000-169997			

　日鉱金属の保有する特許の特徴は、被接合材の表面処理技術のめっき被膜に注力している。表1.4.3-1を見ると表面状態の光沢性の課題に対して、解決手段としてめっき被膜組成のSn-Bi系、Sn-In系とめっき液、浴の添加物にて改善を図っており、耐食性、経年劣化の課題に対しては、めっき被膜組成のSn系により改善を図っている。

2.18.4 技術開発拠点
　　　神奈川県：倉見工場
　　　茨城県　：技術開発センター
注：技術開発拠点は特許公報より入手しており、名称等の変更の可能性がある。

2.18.5 研究開発者

図 2.18.5-1に出願年に対して発明者数・出願件数を示す。はんだ付け鉛フリー技術の特許出願は1997年からであり、その後出願数は増えているが、発明者数は増加していない。固定されたメンバーで研究開発されている。技術分野はめっき技術である。

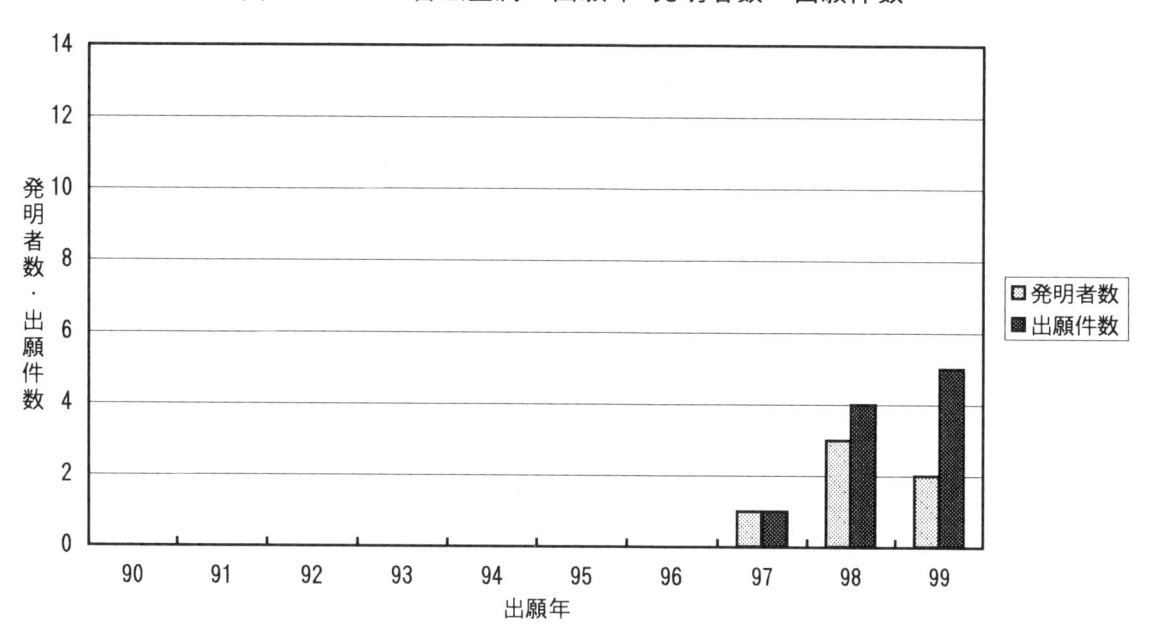

図 2.18.5-1 日鉱金属の出願年-発明者数・出願件数

2.19 トピー工業

2.19.1 企業の概要

　自動車ホイール・建機履板で国内1位、素材から一貫成形、橋梁等に展開しており、鉄鋼事業関連、自動車・産業機械部品関連、橋梁・土木・建築事業等に事業を展開している。はんだ付け鉛フリー技術では、はんだ材料、はんだ加工品で特に半導体接合に使用されるはんだ加工関連を開発している。トピー工業の概要を表 2.19.1-1に示す。

表 2.19.1-1 トピー工業の企業概要

1)	商号	トピー工業 株式会社
2)	設立年月日	1934年12月19日
3)	資本金	180億9,343万円
4)	従業員数	2,4790人
5)	事業内容	プレス部門、スチール部門、造機部門、鉄鋼部門、その他
6)	事業所	本社/東京
7)	関連会社	トピー実業、トピー海運、トピーファスナー工業、トピーレック、九州ホイール工業、トージツ、オートピア、トピーメタリ、明海リサイクルセンター、トピーコーポレーション、トピーインターナショナル.INC.、トピーインターナショナル（ヨーロッパ）B.V.、トピープレシジョンMFG.、INC.、北越メタル、三和部品、明海発電
8)	業績推移	売上高(百万円)　　当期利益(百万円) 1998.3　　　　154,821　　　　　2,021 1999.3　　　　131,314　　　　　　61 2000.3　　　　128,704　　　　　 819 2001.3　　　　133,287　　　　 -1,819
9)	主要製品	H形鋼、一般形鋼、平鋼、ホイール、アクディーブスクリーン、大型印刷、マイカ
10)	主な取引先	トヨタ自動車、日産自動車、三菱商事、三菱自動車、スズキ、建設省、いすゞ自動車、日鉄商事、三井物産、新日本製鉄
11)	技術移転窓口	技術統括部:東京都千代田区四番町5-9 / 03-3265-0111

　技術研究所でははんだメーカーである日本フィラーメタルズ（子会社）を支援し、鉛フリー合金および鉛フリーはんだ製品の開発を積極的に進めている。
(http://www.topy.co.jp/info/index.html)
　本テーマに関する特許出願10件（1991～2001年10月公開）のうち、共同出願は１件。（日本フィラーメタルズ）

2.19.2 はんだ付け鉛フリー技術に関する製品・製造技術

表 2.19.2-1にはんだ付け鉛フリー技術に関する製品・製造技術を示す。

表 2.19.2-1 トピー工業のはんだ付け鉛フリー技術に関する製品・製造技術

製品・製造技術			販売時期	出典
はんだ材	浸漬ソルダーPbフリー合金	JTAX-168（SnCu系Pbフリー合金）	販売中	http://www.venus.dti.ne.jp/~thkoki/JTAX-168PDF.PDF
	BGA、CSP用はんだボール	LF01(Sn-3.5Ag) LF24(Sn-Ag-Cu)	販売中	
フラックス	BGA/CSP用フラックス	BGFW-04 BGFW-05 BGFR-542H BGFR-542I BGFR-551 BGFR-561	販売中	http://www.nmc-net.co.jp/solder.html
その他	鉛フリーはんだの開発	子会社の日本フィラーメタルズ社を技術支援	開発中	http://www.topy.co.jp/info/policy/products.html

Sn-Ag共晶、Sn-Ag-Cu系のBGA、CSP用のはんだボールと、BGA、CSP用フラックスを量産化し、販売している。また浸漬はんだ槽のSn-Cu系浸漬ソルダーを販売している。鉛フリーはんだを開発中である。

2.19.3 はんだ付け鉛フリー技術の技術開発における課題別の保有特許

表 2.19.3-1にはんだ付け鉛フリー技術の技術開発における課題別の保有特許を示す。

表2.19.3-1 トピー工業のはんだ付け鉛フリー技術の技術開発における課題別の保有特許(1/2)

技術要素		特許No.	特許分類(FI)	課題	概要
はんだ材料技術					
	組成	特開平11-226776	B23K35/26310A H05K3/34512C C22C13/00 C22C13/02	高耐酸化性、高延性、高強度な無鉛はんだ	SnにAg、Cu、Ge、Teを添加。必要に応じてBiを添加。Ag添加によりSnの強度を高め、銀食われ防止効果あり。Cu添加により組織を微細化し、延性を増大、銅食くわれを防止する。Ge、Te添加によりはんだ浴の酸化物発生を半減し、耐酸化性を長時間持続。Bi添加により高強度にする。
	製法	特開平10-180481、特開平11-226777、特開2001-129682、特開2001-191196 特開平11-147197	B23K35/40340C B21B3/00L B21C1/22C B21C37/06P B23K35/14B B23K35/26310A	難加工性材料の線状はんだ加工方法	Sn-Ag-Bi組成のはんだインゴットを圧延ロールで再結晶後、フラックス入りはんだとして伸線する方法。

表2.19.3-1 トピー工業のはんだ付け鉛フリー技術の技術開発における課題別の保有特許(2/2)

技術要素		特許No.	特許分類(FI)	課題	概要
はんだ材料技術					
	製法	特開2001-96395	B22D11/00G B22D11/00D B23K35/40340H B23K35/26310A B21C1/22C C22C13/02	難加工性はんだからのフラックス入り線はんだの製造	フラックスを閉じ込める多数の凹部を設けた鉛フリー等の薄板はんだを形成し切断。その後溝の開口部を閉じながら線引きする方法。
		特開2001-96393	B23K35/14Z B23K35/14B B23K35/34310 B23K35/40340C B23K35/40340H B23K35/26310A	難加工性線はんだの形成方法	難加工化成粉末とこれを被覆するSnまたはSn合金の表皮とを具備した線状体とし、粉末と表皮が溶融合金化することにより形成する。
		特開2000-158097			
はんだ付け方法・装置					
	前処理	特開平11-123587	B23K35/26310A B23K35/363A C08K5/17 C08L67/02 C08G63/49 H05K3/34503A	電気特性の低下を防止する液状フラックス	活性剤を特定の有機アミンの塩酸塩とし、フラックス残さにハロゲンが少量しか含まれないようにすることにより、電気特性の低下を回避する。

　トピー工業の保有する特許の特徴は、はんだ材料技術の組成と製法に注力している。組成に関しては表1.4.1-1を見ると、Sn-Ag系でははんだ特性の課題に対して、解決手段としてCu,Bi/Inの添加で改善を図り、Sn-Cu系では組織、酸化防止の課題に対してGe,Te等の添加で対応し、Sn基に対して組織、酸化防止の課題はGe,Te等添加で改善を図っている。製法については、表1.4.1-3を見ると棒状はんだの加工性の課題に対して、はんだ材料の合金化、フラックス材料の成分、加工方法により改善を図っている。

2.19.4 技術開発拠点
　　東京都：本社
注：技術開発拠点は特許公報より入手しており、名称等の変更の可能性がある。

2.19.5 研究開発者

図 2.19.5-1に出願年に対する発明者数・出願件数を示す。はんだ付け鉛フリー技術の特許出願は1997年からであり、研究開発者数はほぼ一定である。はんだとフラックスの技術分野で固定された研究開発者により研究開発されている。

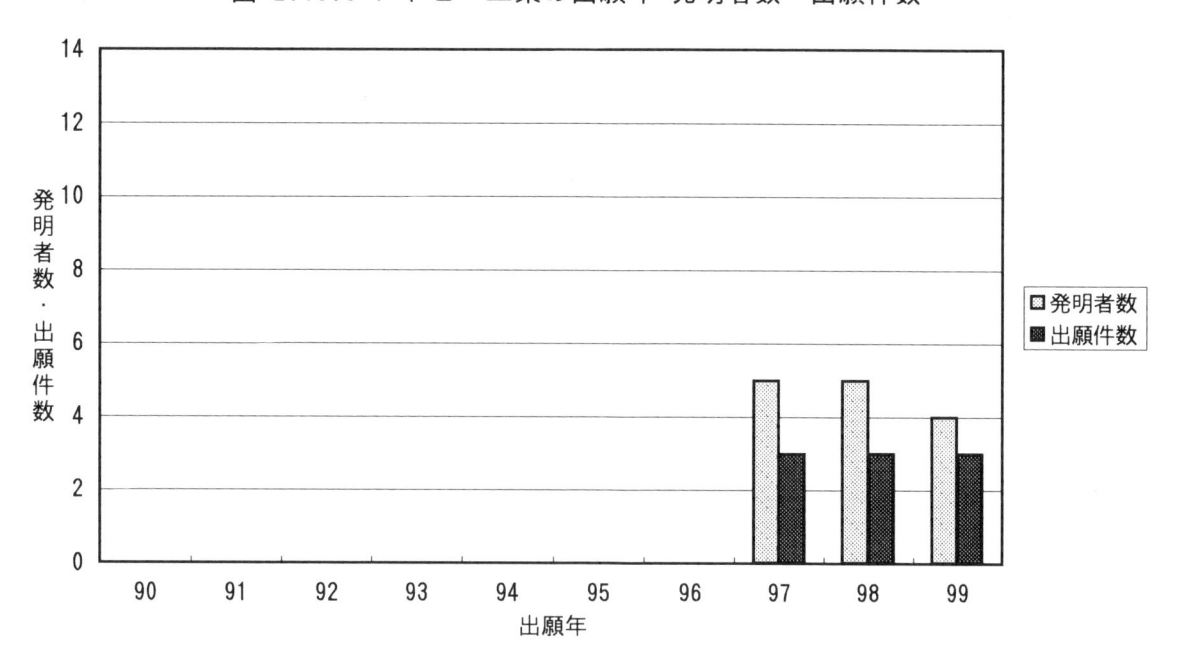

図 2.19.5-1 トピー工業の出願年-発明者数・出願件数

2.20 日本電熱計器

2.20.1 企業の概要

温度調節機器、電熱機器、はんだ付け機器に事業展開しており、はんだ付け鉛フリー技術でははんだ付け装置関連であり、鉛フリー対応のウェーブ式電磁噴流はんだ槽、リフローはんだ装置、窒素ガス発生装置等の開発を行っている。日本電熱計器の概要を表2.20.1-1 に示す。

表 2.20.1-1 日本電熱計器の企業概要

1)	商号	日本電熱計器 株式会社
2)	設立年月日	昭和32年1月
3)	資本金	4,000万円
4)	従業員数	223人
5)	事業内容	自動温度調節器、各種電熱ヒータ、自動はんだ付装置、各種はんだ槽、照明暖房器、その他一般電熱器・器具の製造販売。医療用部品の製造販売。
6)	事業所	本社/東京
7)	関連会社	―
8)	業績推移	売上高(百万円)　　当期利益(百万円) 1998.12　　4,075　　　　　　1 1999.12　　3,721　　　　　　1 2000.12　　4,046　　　　　25
9)	主要製品	シーズヒータ、特殊ヒータ、シリコンゴムヒータ、鉛フリーはんだ浸漬装置、窒素ガス発生装置、スプレーフラクサー
10)	主な取引先	日本電気、東芝、三菱電機、リコー、島津製作所
11)	技術移転窓口	企画部特許課:東京都大田区下丸山2-27-1 / 03-3757-1231

我が国最初のプリント配線板の自動はんだ付け処理装置を開発。(カタログ0111A)
本テーマに関する特許出願10件（1991～2001年10月公開）。共同出願はなし。
　技術移転を希望する企業には、対応を取る。その際、仲介は介しても介さなくてもどちらでも可能。(アンケート結果)

2.20.2 はんだ付け鉛フリー技術に関する製品・製造技術

表 2.20.2-1にはんだ付け鉛フリー技術に関する製品・製造技術を示す。

表 2.20.2-1 日本電熱計器のはんだ付け鉛フリー技術に関する製品・製造技術

製品・製造技術			販売時期	出典
はんだ装置	浸漬はんだ付装置	LG-350FT	販売中	http://www.sensbey.co.jp/product/3handa/lg350ft/index.htm
		LG-300PBL	販売中	http://www.sensbey.co.jp/product/3handa/lg300pbl/index.htm
		LG-300NN	販売中	電波新聞 001.1.29 朝刊 6面
	N₂浸漬タイプはんだ付け装置	ILF-350	販売中	電波新聞 2001.8.4 朝刊 6面
	N₂リフロータイプはんだ付装置	JN-3507NL	販売中	http://www.sensbey.co.jp/product/3handa/ssby_jn3507/index.htm
		N-450	販売中	電波新聞 2000.12.30 朝刊 6面
		N-350	販売中	電波新聞 2001.1.29 朝刊 6面
	ロボットはんだ付け装置	RBT-350	販売中	
	リニアポンプ式はんだ槽	ELG-350	販売中	http://www.sensbey.co.jp/product/3handa/elman/index.htm
その他	鉛フリーはんだ付け方法の技術開発	Sn-3.5Ag Sn-3.5Ag-0.75Cu 両はんだのはんだ付条件の検討	開発中	http://www.sensbey.co.jp/doc/doc.pdf

はんだ付け装置メーカーであり、鉛フリー化の製品は浸漬タイプ、リフロータイプのはんだ装置と、リニアポンプ式はんだ槽、窒素雰囲気のリフローはんだ装置、ロボットはんだ装置を販売中である。課題である温度制御に関しては、高速熱風循環方式を採用し、精度の高い温度制御を実現している。また鉛フリーはんだ付け方法を研究開発中である。

2.20.3 はんだ付け鉛フリー技術の技術開発における課題別の保有特許

表 2.20.3-1 にはんだ付け鉛フリー技術の技術開発における課題別の保有特許を示す。

表 2.20.3-1 日本電熱計器のはんだ付け鉛フリー技術の技術開発における課題別の保有特許

(1/2)

技術要素		特許No.	特許分類(FI)	課題	概要
はんだ付け方法・装置					
	はんだ付け装置	特開2000-277903	B23K3/06D B23K1/08320Z H05K3/34506K	モータ部の小型化による消費電力削減を図る装置	溶融はんだを吹き口に送出するポンプの回転駆動モータをはんだ槽の外壁側に設け、完全に封止する噴流装置。
		特開2001-44611	B23K1/00330E B23K31/02310H B23K31/02310B B23K1/08Z H05K3/34506F	リフトオフの発生防止のため、酸素濃度の安定化を図る装置	溶融はんだが固化しないうちに、チャンバ体外の大気を利用して急冷する。しかも、低酸素濃度の不活性ガス雰囲気の状態も安定に維持できる低コスト浸漬装置。

表 2.20.3-1 日本電熱計器のはんだ付け鉛フリー技術の技術開発における課題別の保有特許
(2/2)

技術要素	特許No.	特許分類(FI)	課題	概要
はんだ付け方法・装置				
はんだ付け装置	特開2001-144426	H05K3/34507G H05K3/34507K	均一に加熱できるリフローはんだ付け装置	プリント配線板に対面して熱風を高速で噴出させる条列状に突出した熱風吹き付けノズルを所定間隔で並べ送風体とする。熱風の還流路にヒーターを配置し熱風とともに赤外線を照射する。
	特開2001-230542	B23K1/005B B23K1/008C B23K31/02310J H05K3/34507K H05K3/34507E H05K3/34507J F24F7/06B	低耐熱温度部品の鉛フリーはんだ付け装置	赤外線ヒーターと無反射吸熱手段を設けた構造で、プリント配線板の下方側のはんだ付け部のみ選択的に加熱するリフロー装置。
	特開2000-208926、特開2000-208930、特開2000-340938、特開2001-144427、特開2001-177230、特開2001-230538			

　日本電熱計器の保有する特許の特徴は、はんだ付け方法・装置のはんだ付け装置に注力している。表1.4.4-1を見ると、浸漬はんだ付けに関しては、はんだ特性、酸化防止、組成の安定化の課題に対して解決手段として噴流はんだ槽、冷却方法、雰囲気制御装置、治工具で対応しており、リフローはんだ付け装置に関しては、部品の信頼性の課題に対して解決手段として加熱方法で改善を図っている。

2.20.4 技術開発拠点
　　　神奈川県：横浜工場
注：技術開発拠点は特許公報より入手しており、名称等の変更の可能性がある。

2.20.5 研究開発者

図 2.20.5-1に出願年に対する発明者数・出願件数を示す。はんだ付け鉛フリー技術の特許出願は1999年からである。参入が遅れたが、この業界での研究開発者数では多い方である。

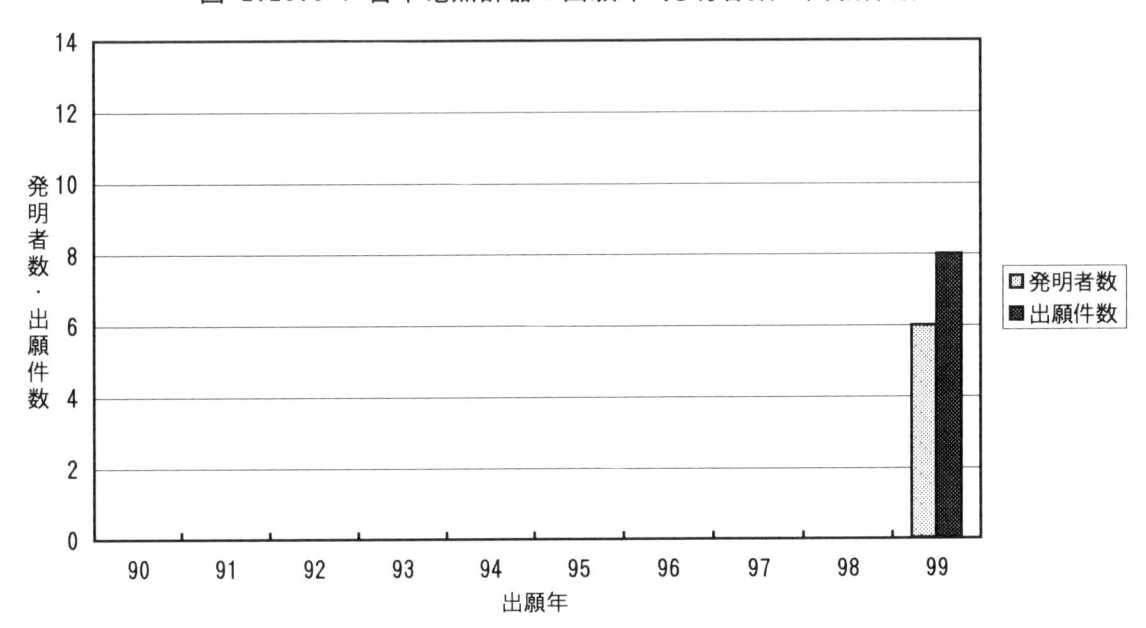

図 2.20.5-1 日本電熱計器の出願年−発明者数・出願件数

2.21 ハリマ化成

2.21.1 企業の概要

製紙用薬品・トール油でトップシェアであり、樹脂事業、製紙用薬品事業、工業用油脂事業、観光事業、その他の事業を展開している。はんだ付け鉛フリー技術では、はんだ材料の組成、はんだ材料製法、フラックス等の開発を行っている。
ハリマ化成の概要を表 2.21.1-1 に示す。

表 2.21.1-1 ハリマ化成の企業概要

1)	商号	ハリマ化成 株式会社
2)	設立年月日	1947年11月18日
3)	資本金	100億1,295万円
4)	従業員数	436人
5)	事業内容	樹脂、製紙用薬品、工業用油剤、その他
6)	事業所	本社/大阪府
7)	関連会社	ハリマ観光、ハリマ メディカル、セブンリバー、ハリマ エム アイ ディ、HARIMA U.S.A.Inc.、プラズミン テクノロジーInc.等
8)	業績推移	売上高(百万円)　　当期利益(百万円) 1998.3　　　24,997　　　　　309 1999.3　　　22,742　　　　　316 2000.3　　　23,863　　　　　638 2001.3　　　24,032　　　　　141
9)	主要製品	電子材料の主要製品
10)	主な取引先	大昭和製紙、日本製紙、大王製紙、東洋インキ製造、JSR、ザ インクテック、日本ゼオン
11)	技術移転窓口	－

はんだを扱う電子材料部門は、独自技術によるスーパーソルダー工法によるパソコンや携帯電話の基板加工に重点を置いている。また、環境問題に配慮した鉛フリーはんだの販売、ナノ技術を応用したナノペーストの技術開発など電子材料部門へ注力している。当事業の2000年度の研究開発費は2億2千7百万円。クリーン&ファインをコンセプトに、環境対応商品としての無洗浄タイプの失活性ソルダーペーストと鉛フリーはんだの開発およびスーパーソルダー（SS）に代表される微細接合法と新規導電材料の研究開発を行っている（2001年有価証券報告書）。

松下電器産業と連携し、インジウム含有率を8％まで高めることにより206℃融点で、必要な接合強度のある低温タイプの四元系の鉛フリーはんだを実用化している。（化学工業日報2002年1月21日）

Sn-Ag-Cu系鉛フリーはんだの特許セットライセンスを千住金属工業と日本スペリアと締結。(http://www.harima.co.jp/products/electronics/what%27s_frame.html)

本テーマに関する特許出願10件（1991～2001年10月公開）のうち共願1件。（古河電気工業）

技術移転を希望する企業には、対応を取る。その際、仲介は介しても介さなくてもどちらでも可能。（アンケート結果）

2.21.2 はんだ付け鉛フリー技術に関する製品・製造技術

表 2.21.2-1にはんだ付け鉛フリー付け技術に関する製品・製造技術を示す。

表 2.21.2-1 ハリマ化成のはんだ付け鉛フリー付け技術に関する製品・製造技術

	製品・製造技術		販売時期	出典
はんだ材	Sn-Ag-Bi-In はんだ	In含有率8％の製品	販売中	化学工業日報 2001.12.17 朝刊 12面
	鉛フリーはんだペースト（MSシリーズ）	Sn-Ag品 Sn-Ag-Cu品 Sn-Zn-Bi品	販売中	http://www.harima.co.jp/products/electronics/dl_kobetu.html
	熱硬化型導電性ペースト（CPシリーズ）	スルーホール用銅ペースト品 低温硬化型銀ペースト品	販売中	
	微細配線用金属ペースト（NPシリーズ）	金ペースト 銀ペースト	販売中	
	BGA用バンプ材	鉛フリーはんだボール	開発中	http://www.harima.co.jp/products/electronics/dl_concept.html
その他	低融点鉛フリーはんだの開発	Sn-Ag-Bi-In系の新組成のはんだ	開発中	http://www.harima.co.jp/products/electronics/img/ms01/ms01j/ms01j03.pdf

半導体チップの接合に用いるはんだ材を得意とするメーカーで、鉛フリー化の製品は、ソルダーペーストを販売しており、BGA用バンプ材としてのはんだペースト（鉛フリーはんだボール、Sn-Ag系、Sn-Zn系プリコート）を開発中である。鉛フリーはんだ用フラックス材料をロジンからアクリルに変更し、無洗浄化を実現した。熱硬化型導電ペーストや電解法、アトマイズ法、湿式還元法により0.5～10μmの金属粒子を使用したナノペーストを販売中である。

2.21.3 はんだ付け鉛フリー技術の技術開発における課題別の保有特許

表 2.21.3-1にはんだ付け鉛フリー技術の技術開発における課題別の保有特許を示す。

表2.21.3-1 ハリマ化成のはんだ付け鉛フリー技術の技術開発における課題別の保有特許（1/2）

技術要素		特許No.	特許分類(FI)	課題	概要
はんだ材料技術					
	製法	特開平9-1382	B23K35/22310C B23K35/28310D B23K35/363E C23C18/31A C23C22/02 C23C22/05 C23C30/00A C23F11/00C	Zn系鉛フリーはんだの防錆	Zn含有鉛フリーはんだ粉末を含むソルダーペーストのはんだ粉末の表面をイミアゾール系またはトリアゾール系の防錆剤またはAu、Ag、Sn、Ptの金属でコーティングする。

表2.21.3-1 ハリマ化成のはんだ付け鉛フリー技術の技術開発における課題別の保有特許(2/2)

技術要素		特許No.	特許分類(FI)	課題	概要
はんだ材料技術					
	製法	特開平9-1381	B23K31/20F B23K35/22310A B23K35/26310A	Znはんだ合金を生成する接合方法	はんだで接合する金属表面のうち少なくとも一方をZn合金で被覆し、Snを主成分とするはんだ合金の粉末を主体とするソルダーペーストではんだ接合する方法。
		特開平11-58065	B23K35/22310C B23K35/26310A B23K35/363E C22C13/00	Zn系鉛フリーはんだの金属間化合物層の進行を抑制し、接合強度を維持する	Znを含むはんだ合金とフラックスよりなるソルダーペーストにおいて、Znよりイオン化傾向の小さい金属（Bi、In、Au、Ag、Cu）等の金属塩を添加する。
		特開2000-94179	B23K31/20J B23K35/22310A B23K35/363E B23K35/40340Z H05K3/34505C H05K3/34512C H05K3/24F	はんだ量のばらつきが少なく、ブリッジ発生を防止するペースト	表面を均一に酸化被膜で形成、平均粒径が4～20μmでかつ酸素含有量が700～3000ppmのはんだ粉末とフラックスとを混合する。
はんだ付け方法・装置					
	前処理	特開平11-123543	B23K1/14A B23K1/19K B23K35/26310A	接合母材のぬれ拡がり性を改善し、接合強度の優れたはんだ付け方法	はんだ付けに使用するフラックスの中のはんだ金属と接合母材との間の電位差が50～500mVの条件下ではんだ付けする方法。
		特開平11-254184	B23K35/363B H05K3/34503Z	ぬれ性が良好かつ接合強度に優れた鉛フリーはんだ用フラックス	ロジン等の樹脂成分を主成分とアミン類などの活性剤に、有機酸の金属塩を0.5～50wt%添加した鉛フリーはんだ用フラックス。
被接合材の表面処理技術					
	その他の被膜	特開2000-286542	H05K3/34501F	Sn-Znはんだを用いたクラック発生を防止するはんだ付け方法	Cuを主成分とする素地の表面にNi被膜層を形成し、この表面にAu、Ag、PdまたはSnの薄層を形成してはんだ付け基材とする。

　ハリマ化成の保有する特許の特徴は、はんだ材料技術の製法と、はんだ付け方法・装置の前処理に注力している。製法に関しては表1.4.1-3を見ると、はんだペーストに関する接合強度、ブリッジ防止、酸化防止の課題に対して解決手段として、はんだ材料の合金添加めっき被膜にて改善を図っており、はんだ付け方法・装置の前処理に対しては、表1.4.4-1を見るとはんだペースト・フラックスのはんだ特性の課題に対してはんだ成分にて改善を図っている。

2.21.4 技術開発拠点
　　　兵庫県：中央研究所
注：技術開発拠点は特許公報より入手しており、名称等の変更の可能性がある。

2.21.5 研究開発者
　図 2.21.5-1に出願年に対する発明者数・出願件数を示す。
はんだ付け鉛フリー技術の特許の出願は1995年からであり、98年は研究開発者数が増加しているが、その後減少傾向である。

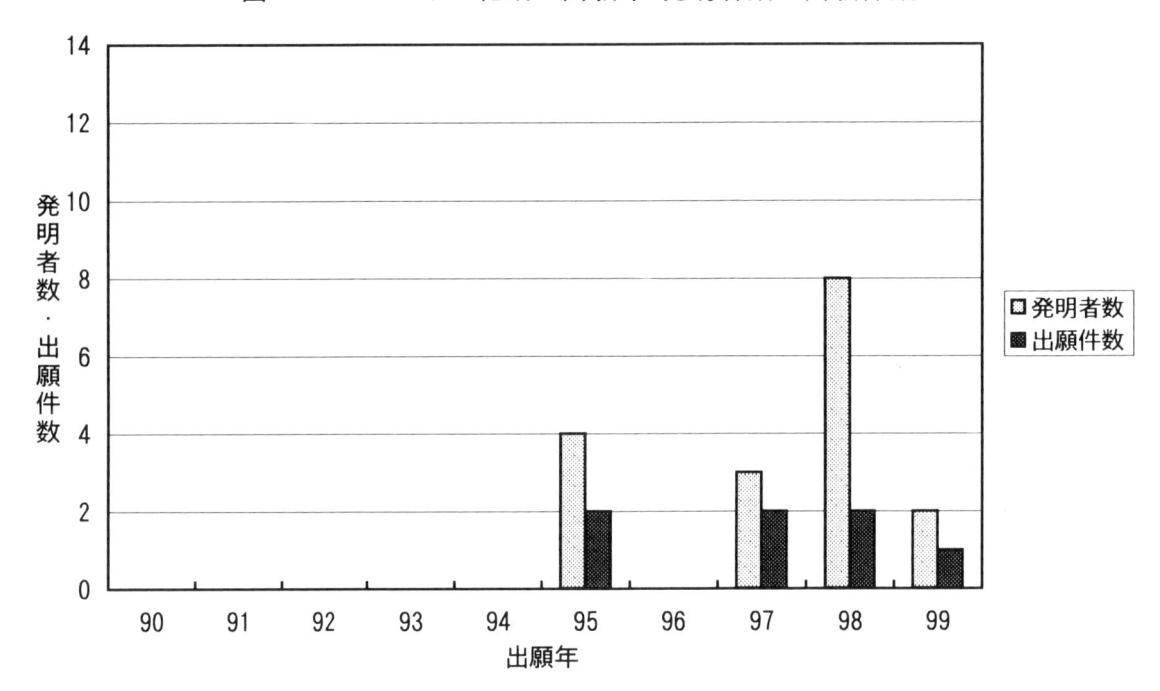

図2.21.5-1 ハリマ化成の出願年-発明者数・出願件数

はんだ付け鉛フリー技術に関連する特許において、出願人または発明者が大学および公的機関の特許を示す。

2.22 東北大学

2.22.1 研究室の構成
表 2.22.1-1 にはんだ付け鉛フリー技術に関する研究室の構成を示す。

表 2.22.1-1 東北大学の研究室構成

名称	東北大学
発明者	石田 清仁（教授）
発明者所属	東北大学 未来科学技術共同研究センター 開発研究部 未来材料システム創製
研究室構成	教授1名
所在地	〒980-8579 宮城県仙台市青葉区荒巻字青葉
Tel	022-217-7105
Fax	022-217-7985

2.22.2 特許リスト
表 2.22.2-1 にはんだ付け鉛フリー技術関連の特許を示す。

表 2.22.2-1 東北大学のはんだ付け鉛フリー関連特許

	公開番号	発明の名称	出願人
1	特開平11-207487	高温はんだ付用Ｚｎ合金	住友金属鉱山
2	特開平11-288955	高温はんだ付用Ｚｎ合金	住友金属鉱山

2.23 甲南大学

2.23.1 研究室の構成
表 2.23.1-1 にはんだ付け鉛フリー技術に関する研究室の構成を示す。

表 2.23.1-1 甲南大学の研究室構成

名称	甲南大学
発明者	縄舟秀美（教授）、水本省三、池田一輝
発明者所属	甲南大学 理工学部 機能分子化学科 無機工業化学研究室
研究室構成	教授1名 講師1名 マスター7名
所在地	〒658-0072 兵庫県神戸市東灘区岡本字十文字山1200
Tel	078-435-2488
Fax	078-435-2539

2.23.2 特許リスト

表 2.23.2-1 にはんだ付け鉛フリー技術関連の特許を示す。

表2.23.2-1 甲南大学のはんだ付け鉛フリー関連特許

	公開番号	発明の名称	出願人	
1	特開2001-49486	スズ-銅合金メッキ浴	大和化成研究所	石原薬品
2	特開平9-302498	錫-銀合金電気めっき浴	大和化成研究所	
3	特開平10-36995	錫-銀合金めっき浴	大和化成研究所	
4	特開平10-46385	電気・電子回路部品	大和化成研究所	
5	特開平10-102266	電気・電子回路部品	大和化成研究所	石原薬品
6	特開平10-102277	光沢錫-銀合金電気めっき浴	大和化成研究所	石原薬品
7	特開平10-102279	電気・電子回路部品	大和化成研究所	石原薬品
8	特開平10-102283	電気・電子回路部品	大和化成研究所	石原薬品
9	特開平10-130855	非シアン置換銀めっき浴	大和化成研究所	石原薬品
10	特開2000-26994	電気・電子回路部品	大和化成研究所	石原薬品
11	特開2001-164396	スズ-銅含有合金メッキ浴、スズ-銅含有合金メッキ方法及びスズ-銅含有合金メッキ皮膜が形成された物品	大和化成研究所	石原薬品

2.24 大阪大学

2.24.1 研究室の構成

表 2.24.1-1、表 2.24.1-2にはんだ付け鉛フリー技術に関する研究室の構成を示す。

表 2.24.1-1 大阪大学の研究室構成 その1

名称	大阪大学
発明者	菅沼 克昭（教授）[1]
発明者所属	大阪大学 産業科学研究所 高次インターマテリアル研究センター ナノ粒子制御構造インターマテリアル（菅沼研究室）
研究室構成	教授1名　助教授1名　助手1名　ドクター7名　マスター5名　技官1名
所在地	〒567-0047　大阪府茨木市美穂ヶ丘8-1
Tel	06-6879-8520
Fax	06-6879-8522

表 2.24.1-2 大阪大学の研究室構成 その2

名称	大阪大学
発明者	竹本 正（教授）[2]
発明者所属	大阪大学 先端科学技術共同研究センター 先端科学技術インキュベーション部門 環境・資源系分野（竹本研究室）
研究室構成	教授1名　ドクター1名　マスター2名　研究員5名　他1名
所在地	〒565-0871　大阪府吹田市山田丘2-1
Tel	06-6879-7795
Fax	06-6879-7796

2.24.2 特許リスト

表 2.24.2-1にはんだ付け鉛フリー技術関連の特許を示す。

表 2.24.2-1 大阪大学のはんだ付け鉛フリー関連特許

	公開番号	発明の名称	出願人
1	特開2000-141078 [1]	無鉛ハンダ	日本板硝子
2	特開2000-326088 [1]	無鉛ハンダ	日本板硝子
3	特開2001-58287 [1]	無鉛ハンダ	日本板硝子
4	特開平11-123543 [2]	半田付け方法	ハリマ化成

2.25 その他の大学・機関

2.25.1 出願特許概要

表 2.25.1-1にはんだ付け鉛フリー技術関連特許の中で、出願人もしくは発明者が上記以外の大学および公的機関等に属する特許を以下に示す。

表 2.25.1-1 その他の大学・機関の鉛フリーはんだ付け関連特許

	大学・機関（所属発明者）	公開番号	発明の名称	出願人
1	東京都立大（渡辺 徹）長野県	特開平09-296274	スズー銅合金メッキ浴	長野県
2	京都大学（松重 和美）	特開2000-351065	鉛フリー半田の半田付け方法、及び当該半田付け方法にて半田付けされた接合体	松下電器産業 松重和美
3	徳島大学（赤松 則男）	特開2001-44616	電子部品、プリント配線板、及びプリント配線板に電子部品を着脱する方法	アオイ電子 赤松則男
4	北海道大学（成田 敏夫）	特開平7-082050	セラミックスと金属の接合方法	田中貴金属工業 成田敏夫
5	日本工業大学（野口 裕之）科学技術振興事業団	特開平10-237331	鉛フリー超高導電性プラスチック、それによる導電回路及びその導電回路の形成方法	科学技術振興事業団
6	慶応義塾大学（仙名 保）	特開2000-317682	はんだ粉末とその製造方法、およびソルダーペースト	松下電器産業
7	工業技術院長	特開平11-209888	すず／亜鉛合金めっき浴及びそれを用いるめっき方法	工業技術院長
8	工業技術院長	特開平11-246991	4価すず酸イオンを用いるすず／亜鉛合金めっき浴及びそれを用いるめっき方法	工業技術院長
9	長野県（新井 進：現信州大学）	特開平9-296289	錫－銀系合金めっき浴およびこのめっき浴を用いためっき物の製造方法	長野県
10	名古屋市	特開平11-17090	リードフレーム	名古屋市
11	大阪市	特開平11-256390	錫－銀合金電気めっき浴	大阪市 キザイ

3. 主要企業の技術開発拠点

3.1 はんだ材料技術
3.2 電子部品接合技術
3.3 被接合材の表面処理技術
3.4 はんだ付け方法・装置
3.5 はんだレス接合技術

> 特許流通
> 支援チャート
>
> # 3．主要企業の技術開発拠点
>
> 鉛フリーはんだ技術が徐々に確立され、企業の開発拠点
> は国内各地はもとより海外にまで増加、拡散している。

　技術導入や、売込み先のアクセス情報の参考に資することを目的として主要企業の技術開発拠点を特許明細書に記されている発明者の住所から調査した。

　はんだ付け鉛フリー技術の技術要素は、はんだ材料技術の組成と製法、電子部品接合技術、被接合材の表面処理技術、はんだ付け方法・装置、はんだレス接合技術であり、この要素技術ごとに技術開発拠点を示す。

　各技術要素における技術開発拠点は東京都、神奈川県等の関東地方に集中しており、次に大阪府、京都府等の近畿地方であるが、近年は九州地方、東北地方、中部地方に拡散の傾向がみられる。

3.1 はんだ材料技術

(1) 組成

図 3.1-1にはんだ材料技術・組成に関する主要企業の技術開発拠点を地図上に示す。ただし技術開発拠点は公報より入手したもので、組織変更等により名称、場所の変更の可能性がある。

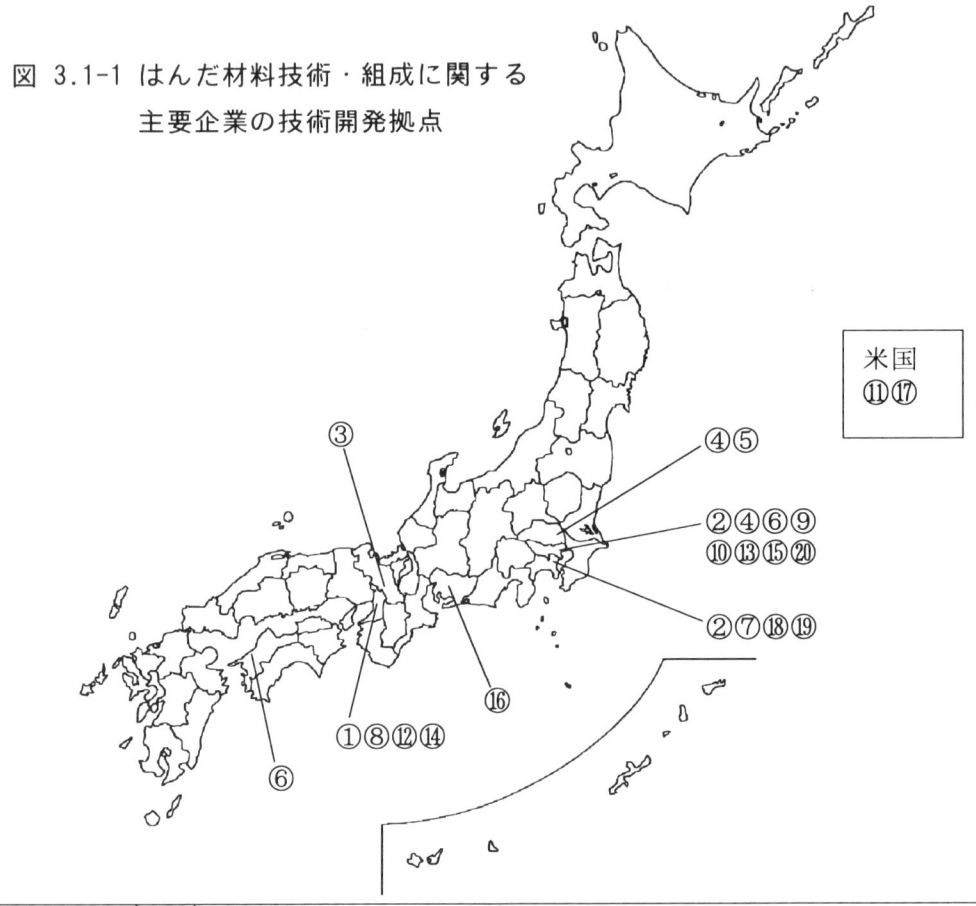

図 3.1-1 はんだ材料技術・組成に関する主要企業の技術開発拠点

No	企業名	特許	事業所名・都道府県・発明者数
1	松下電器産業	16	大阪府(14人)
2	日立製作所	12	生産技術研究所・神奈川県(10人)、神奈川工場・神奈川県(1人)、デバイス開発センター・東京都(1人)
3	村田製作所	10	京都府(11人)
4	千住金属工業	9	草加事業所・埼玉県(2人)、東京(1人)
5	三井金属鉱業	9	総合研究所 機能材料研究室・埼玉県(6人)
6	住友金属鉱山	8	東京都(3人)、愛媛県(1人)
7	富士電機	7	神奈川県(3人)
8	内橋エステック	6	大阪府(2人)
9	徳力本店	6	東京都(5人)
10	ソニー	6	東京都(3人)
11	IBM	6	米国(1人)
12	日本スペリア	5	大阪府(1人)
13	トピー工業	5	東京都(3人)
14	石川金属	5	大阪府(3人)
15	田中電子工業	5	三鷹工場・東京都(5人)
16	豊田中央研究所	5	愛知県(4人)
17	インディウム	3	米国(2人)
18	田中貴金属	3	伊勢原工場・神奈川県(3人)
19	東芝	3	東芝研究開発センター・神奈川県(3人)、横浜事業所・神奈川県(2人)

(2) 製法

図 3.1-2にはんだ材料技術・製法に関する主要企業の技術開発拠点を地図上に示す。ただし技術開発拠点は公報より入手したもので、組織変更等により名称、場所の変更の可能性がある。

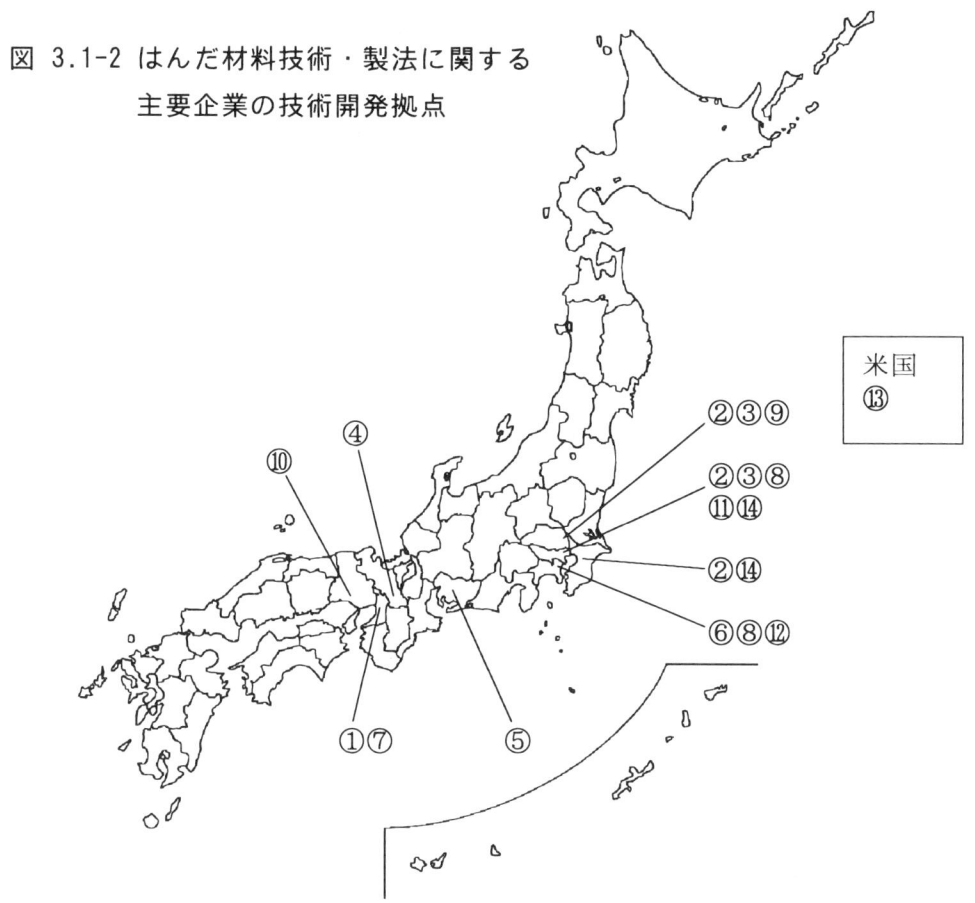

図 3.1-2 はんだ材料技術・製法に関する主要企業の技術開発拠点

No	企業名	特許	事業所名・都道府県・発明者数
1	松下電器産業	10	大阪府(10人)
2	昭和電工	7	東京都(3人)、総合研究所・千葉県(6人)、秩父研究所・埼玉県(1人)
3	千住金属工業	6	東京都(8人)、附属研究所・埼玉県(1人)
4	オムロン	4	京都府(8人)
5	豊田中央研究所	4	愛知県(7人)
6	日立製作所	4	生産技術研究所・神奈川県(10人)
7	内橋エステック	4	大阪府(2人)
8	東芝	4	横浜事業所・神奈川県(4人)、生産技術研究所・神奈川県(3人)、府中工場・東京都(3人)、京浜事業所・神奈川県(2人)、多摩川工場・神奈川県(2人)
9	三井金属鉱山	4	総合研究所・埼玉県(2人)
10	ハリマ化成	4	中央研究所・兵庫県(8人)
11	トピー工業	4	東京都(4人)
12	富士通	3	神奈川県(7人)
13	モトローラ	3	米国(6人)
14	ニホンハンダ	3	東京都(4人)、船橋工場・千葉県(1人)

3.2 電子部品接合技術

図 3.2-1に電子部品接合技術に関する主要企業の技術開発拠点を地図上に示す。ただし技術開発拠点は公報より入手したもので、組織変更等により名称、場所の変更の可能性がある。

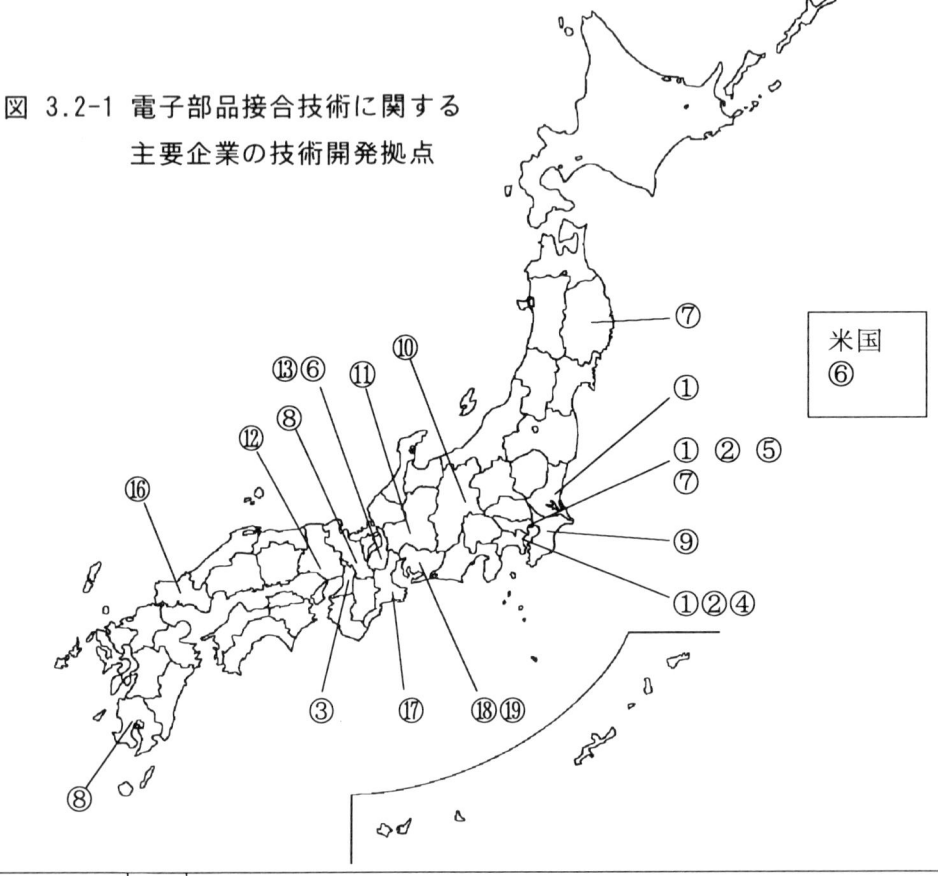

図 3.2-1 電子部品接合技術に関する主要企業の技術開発拠点

米国
⑥

No	企業名	特許	事業所名・都道府県・発明者数
1	日立製作所	26	生産技術研究所・神奈川県(28人)、デバイス開発センタ・東京都(10人)、神奈川工場・神奈川県(1人)、半導体事業部・東京都(17人)、中央研究所・東京都(3人)、情報通信事業部・神奈川県(2人)、機械研究所・茨城県(5人)、汎用コンピュータ事業部・神奈川県(7人)、日立研究所・茨城県(6人)、自動車機器事業部・茨城県(2人)、エンタープライズサーバー事業部・神奈川県(2人)
2	東芝	15	京浜事業所・神奈川県(9人)、生産技術研究所・神奈川県(7人)、横浜事業所・神奈川県(5人)、研究開発センター・神奈川県(7人)、多摩川工場・神奈川県(1人)、本社事務所・東京都(1人)、マイクロエレクトロニクスセンター・神奈川県(2人)、府中工場・東京都(2人)
3	松下電器産業	14	大阪府(36人)
4	富士通	12	神奈川県(23人)
5	日本電気	8	東京都(8人)
6	IBM	7	滋賀県(2人)、米国(19人)
7	ソニー	7	東京都(7人)、ソニー千厩・岩手県(1人)
8	京セラ	5	鹿児島国分工場・鹿児島県(4人)、総合研究所・鹿児島県(4人)、中央研究所・京都府(3人)
9	住友金属鉱山	5	中央研究所・千葉県(2人)、電子事業本部・東京都(2人)
10	新光電気工業	5	長野県(9人)

11.イビデン・4件・大垣北工場・岐阜県(4人)、青柳工場・岐阜県(1人)　12.住友電気工業・4件・伊丹製作所・兵庫県(7人)　13.エヌイーシーショット・3件・関西日本電気・滋賀県(4人)　14.三菱瓦斯化学・3件・東京都(1人)、東京工場・東京都(2人)　15.三菱電機・3件・東京都(4人)　16.住友金属エレクトロデバイス・3件・山口県(6人)　17.住友電装・3件・三重県(2人)　18.東海理化電機製作所・3件・愛知県(6人)　19.日本特殊陶業・3件・愛知県(8人)

3.3 被接合材の表面処理技術

図 3.3-1に被接合材の表面処理技術に関する主要企業の技術開発拠点を地図上に示す。ただし技術開発拠点は公報より入手したもので、組織変更等により名称、場所の変更の可能性がある。

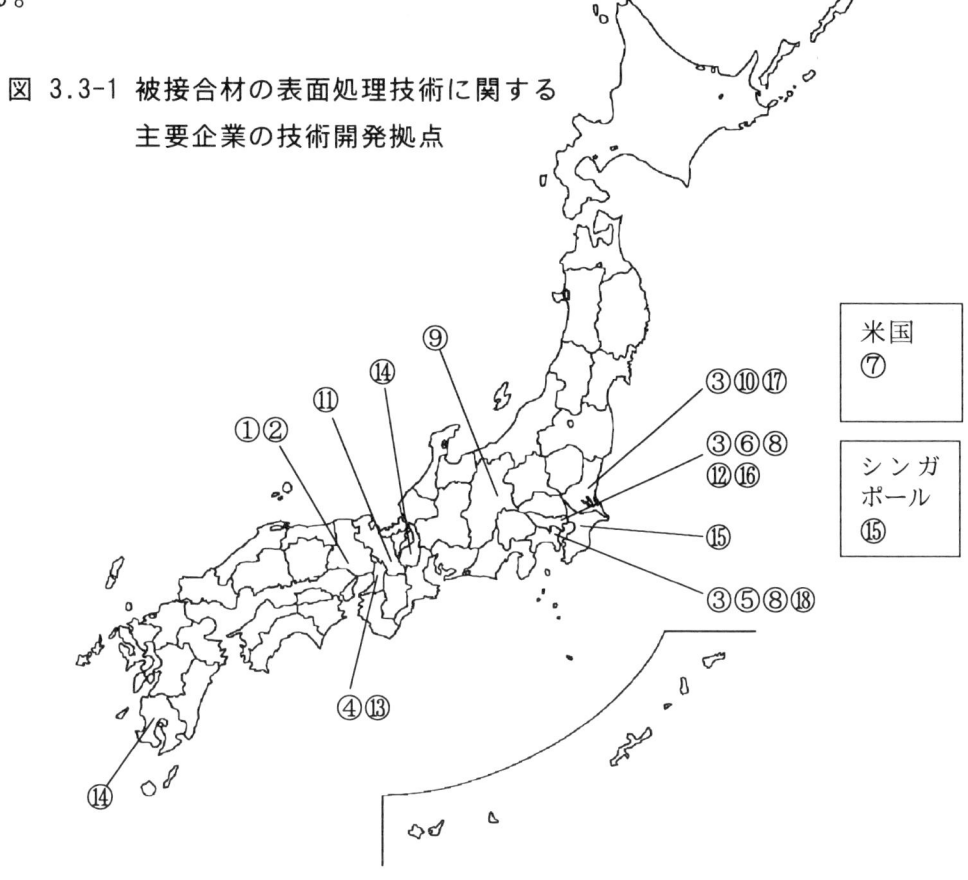

図 3.3-1 被接合材の表面処理技術に関する主要企業の技術開発拠点

No	企業名	特許	事業所名・都道府県・発明者数
1	大和化成研究所	19	兵庫県(7人)
2	石原産業	17	兵庫県(4人)
3	日立製作所	10	デバイス開発センタ・東京都(6人)、生産技術研究所・神奈川県(11人)、汎用コンピュータ事業部・神奈川県(3人)、半導体事業部・東京都(1人)、計測器事業部・茨城県(2人)
4	松下電器産業	9	大阪府(17人)
5	日鉱金属	8	倉見工場・神奈川県(2人)
6	古河電気工業	7	東京都(4人)
7	IBM	6	米国(5人)
8	東芝	6	京浜事業所・神奈川県(3人)、生産技術研究所・神奈川県(3人)、青梅工場・東京都(1人)、府中工場・東京都(1人)、横浜事業所・東京都(3人)、日野工場・東京都(1人)、本社・東京都(2人)
9	東京特殊電線	5	上田工場・長野県(5人)
10	日立電線	5	パワーシステム研究所・茨城県(2人)、システムマテリアル研究所・茨城県(2人)
11	村田製作所	4	京都府(5人)
12	千住金属工業	4	東京都(4人)
13	協和電線	4	大阪府(4人)
14	京セラ	4	滋賀工場・滋賀県(2人)、総合研究所・鹿児島県(3人)、国分工場・鹿児島県(3人)
15	エヌイーケムキャット	4	シンガポール(1人)、市川事業所・千葉県(1人)
16	日本電気	4	本社・東京都(4人)
17	日立化成	4	山崎工場・茨城県(4人)、茨城研究所・茨城県(3人)、下館研究所・茨城県(2人)
18	富士通	4	神奈川県(6人)

3.4 はんだ付け方法・装置

図 3.4-1にはんだ付け方法・装置に関する主要企業の技術開発拠点を地図上に示す。ただし技術開発拠点は公報より入手したもので、組織変更等により名称、場所の変更の可能性がある。

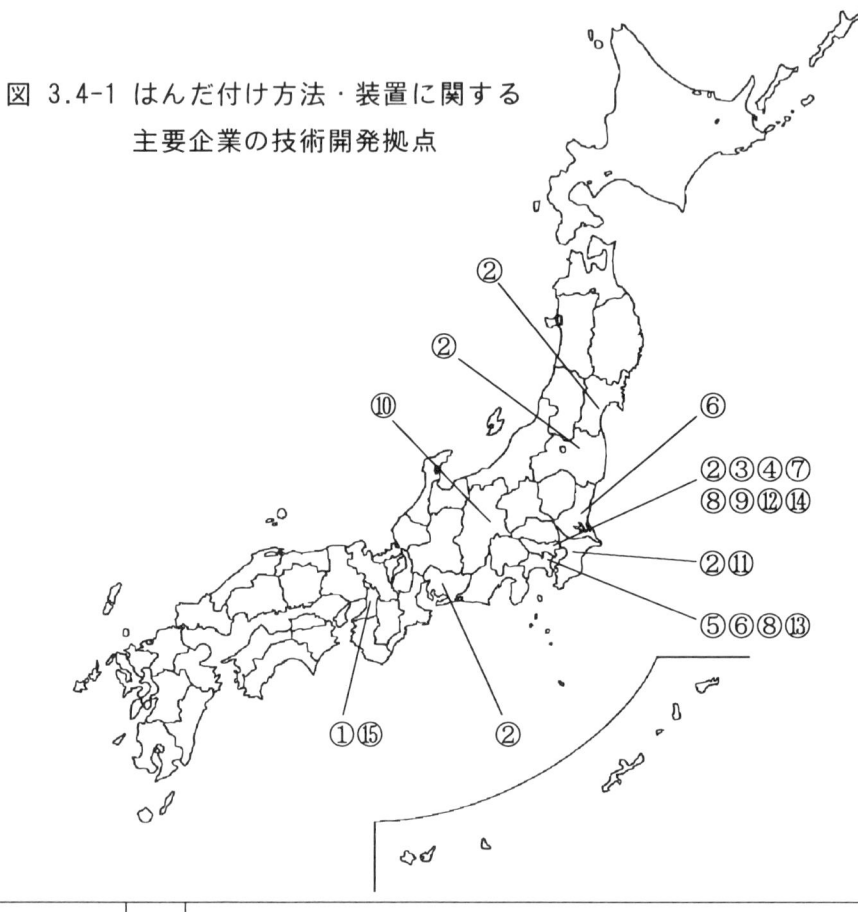

図 3.4-1 はんだ付け方法・装置に関する主要企業の技術開発拠点

No	企業名	特許	事業所名・都道府県・発明者数
1	松下電器産業	25	大阪府(21人)、松下電子工業・大阪府(2人)
2	ソニー	12	本社・東京都(9人)、ソニー中新田・宮城県(1人)、ソニー本宮・福島県(2人)、ソニーエンジニアリング・東京都(1人)、ソニー幸田・愛知県(1人)、ソニー木更津・千葉県(1人)
3	タムラ製作所	11	東京都(2人)
4	タムラエフエーシステム	10	東京都(7人)
5	日本電熱計器	10	横浜工場・神奈川県(7人)
6	日立製作所	9	生産技術研究所・神奈川県(4人)、汎用コンピュータ事業部・神奈川県(3人)、自動車機器グループ・茨城県(4人)、那珂インスツルメンツ・茨城県(1人)
7	千住金属工業	8	東京都(15人)
8	東芝	8	東芝研究開発センター・神奈川県(3人)、東芝リサーチコンサルティング・神奈川県(1人)、横浜事業所・神奈川県(11人)、本社・東京都(1人)、青梅工場・東京都(3人)
9	ティーディーケイ	5	東京都(2人)
10	アスリートエフエー	5	長野県(3人)
11	昭和電工	5	総合研究所・千葉県(7人)
12	日本電気	4	東京都(4人)
13	富士通	3	神奈川県(6人)
14	古河電気工業	3	東京都(7人)
15	松下電工	3	大阪府(6人)

3.5 はんだレス接合技術

図 3.5-1にはんだレス接合技術に関する主要企業の技術開発拠点を地図上に示す。ただし技術開発拠点は公報より入手したもので、組織変更等により名称、場所の変更の可能性がある。

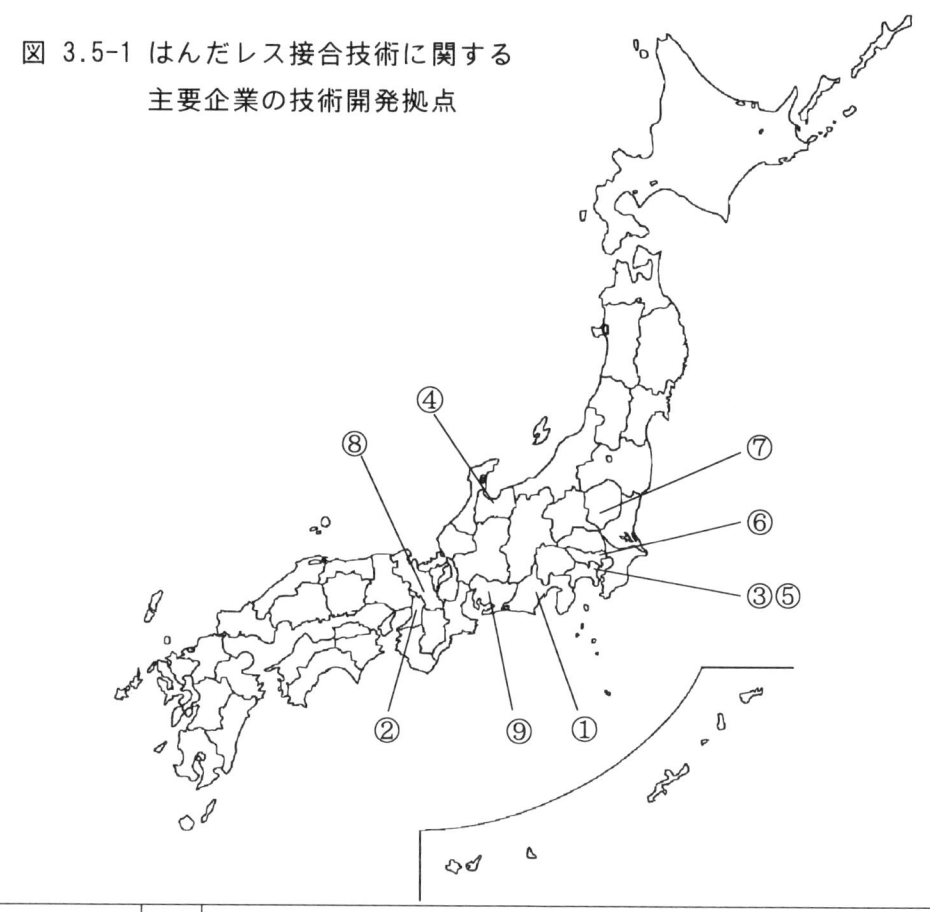

図 3.5-1 はんだレス接合技術に関する主要企業の技術開発拠点

No	企業名	特許	事業所名・都道府県・発明者数
1	旭化成	10	静岡県(8人)
2	松下電器産業	7	大阪府(13人)
3	富士通	3	神奈川県(4人)
4	北陸電気工業	2	富山県(4人)
5	日立製作所	2	生産技術研究所・神奈川県(5人)、デジタルメディアシステム・神奈川県(1人)
6	三菱電機	2	東京都(5人)
7	ソニーケミカル	2	栃木県(3人)
8	村田製作所	2	京都府(4人)
9	デンソー	2	愛知県(4人)

資料

1. 工業所有権総合情報館と特許流通促進事業
2. 特許流通アドバイザー一覧
3. 特許電子図書館情報検索指導アドバイザー一覧
4. 知的所有権センター一覧
5. 平成13年度 25技術テーマの特許流通の概要
6. 特許番号一覧
7. ライセンス提供の用意のある特許

資料1．工業所有権総合情報館と特許流通促進事業

　特許庁工業所有権総合情報館は、明治20年に特許局官制が施行され、農商務省特許局庶務部内に図書館を置き、図書等の保管・閲覧を開始したことにより、組織上のスタートを切りました。
　その後、我が国が明治32年に「工業所有権の保護等に関するパリ同盟条約」に加入することにより、同条約に基づく公報等の閲覧を行う中央資料館として、国際的な地位を獲得しました。
　平成9年からは、工業所有権相談業務と情報流通業務を新たに加え、総合的な情報提供機関として、その役割を果たしております。さらに平成13年4月以降は、独立行政法人工業所有権総合情報館として生まれ変わり、より一層の利用者ニーズに機敏に対応する業務運営を目指し、特許公報等の情報提供及び工業所有権に関する相談等による出願人支援、審査審判協力のための図書等の提供、開放特許活用等の特許流通促進事業を推進しております。

1　事業の概要
(1) 内外国公報類の収集・閲覧
　下記の公報閲覧室でどなたでも内外国公報等の調査を行うことができる環境と体制を整備しています。

閲覧室	所在地	TEL
札幌閲覧室	北海道札幌市北区北7条西2-8　北ビル7F	011-747-3061
仙台閲覧室	宮城県仙台市青葉区本町3-4-18　太陽生命仙台本町ビル7F	022-711-1339
第一公報閲覧室	東京都千代田区霞が関3-4-3　特許庁2F	03-3580-7947
第二公報閲覧室	東京都千代田区霞が関1-3-1　経済産業省別館1F	03-3581-1101（内線3819）
名古屋閲覧室	愛知県名古屋市中区栄2-10-19　名古屋商工会議所ビルB2F	052-223-5764
大阪閲覧室	大阪府大阪市天王寺区伶人町2-7　関西特許情報センター1F	06-4305-0211
広島閲覧室	広島県広島市中区上八丁堀6-30　広島合同庁舎3号館	082-222-4595
高松閲覧室	香川県高松市林町2217-15　香川産業頭脳化センタービル2F	087-869-0661
福岡閲覧室	福岡県福岡市博多区博多駅東2-6-23　住友博多駅前第2ビル2F	092-414-7101
那覇閲覧室	沖縄県那覇市前島3-1-15　大同生命那覇ビル5F	098-867-9610

(2) 審査審判用図書等の収集・閲覧
　審査に利用する図書等を収集・整理し、特許庁の審査に提供すると同時に、「図書閲覧室（特許庁2F）」において、調査を希望する方々へ提供しています。【TEL：03-3592-2920】

(3) 工業所有権に関する相談
　相談窓口（特許庁　2F）を開設し、工業所有権に関する一般的な相談に応じています。

手紙、電話、e-mail 等による相談も受け付けています。
　【TEL：03-3581-1101(内線 2121～2123)】【FAX：03-3502-8916】
　【e-mail：PA8102@ncipi.jpo.go.jp】

(4) 特許流通の促進
　特許権の活用を促進するための特許流通市場の整備に向け、各種事業を行っています。
（詳細は2項参照）【TEL：03-3580-6949】

2　特許流通促進事業
　先行き不透明な経済情勢の中、企業が生き残り、発展して行くためには、新しいビジネスの創造が重要であり、その際、知的資産の活用、とりわけ技術情報の宝庫である特許の活用がキーポイントとなりつつあります。
　また、企業が技術開発を行う場合、まず自社で開発を行うことが考えられますが、商品のライフサイクルの短縮化、技術開発のスピードアップ化が求められている今日、外部からの技術を積極的に導入することも必要になってきています。
　このような状況下、特許庁では、特許の流通を通じた技術移転・新規事業の創出を促進するため、特許流通促進事業を展開していますが、2001年4月から、これらの事業は、特許庁から独立をした「独立行政法人　工業所有権総合情報館」が引き継いでいます。

(1) 特許流通の促進
① 特許流通アドバイザー
　全国の知的所有権センター・TLO 等からの要請に応じて、知的所有権や技術移転についての豊富な知識・経験を有する専門家を特許流通アドバイザーとして派遣しています。
　知的所有権センターでは、地域の活用可能な特許の調査、当該特許の提供支援及び大学・研究機関が保有する特許と地域企業との橋渡しを行っています。（資料2参照）

② 特許流通促進説明会
　地域特性に合った特許情報の有効活用の普及・啓発を図るため、技術移転の実例を紹介しながら特許流通のプロセスや特許電子図書館を利用した特許情報検索方法等を内容とした説明会を開催しています。

(2) 開放特許情報等の提供
① 特許流通データベース
　活用可能な開放特許を産業界、特に中小・ベンチャー企業に円滑に流通させ実用化を推進していくため、企業や研究機関・大学等が保有する提供意思のある特許をデータベース化し、インターネットを通じて公開しています。（http://www.ncipi.go.jp）

② 開放特許活用例集
　特許流通データベースに登録されている開放特許の中から製品化ポテンシャルが高い案

件を選定し、これら有用な開放特許を有効に使ってもらうためのビジネスアイデア集を作成しています。

③ 特許流通支援チャート
　企業が新規事業創出時の技術導入・技術移転を図る上で指標となりうる国内特許の動向を技術テーマごとに、分析したものです。出願上位企業の特許取得状況、技術開発課題に対応した特許保有状況、技術開発拠点等を紹介しています。

④ 特許電子図書館情報検索指導アドバイザー
　知的財産権及びその情報に関する専門的知識を有するアドバイザーを全国の知的所有権センターに派遣し、特許情報の検索に必要な基礎知識から特許情報の活用の仕方まで、無料でアドバイス・相談を行っています。(資料3参照)

(3) 知的財産権取引業の育成
① 知的財産権取引業者データベース
　特許を始めとする知的財産権の取引や技術移転の促進には、欧米の技術移転先進国に見られるように、民間の仲介事業者の存在が不可欠です。こうした民間ビジネスが質・量ともに不足し、社会的認知度も低いことから、事業者の情報を収集してデータベース化し、インターネットを通じて公開しています。

② 国際セミナー・研修会等
　著名海外取引業者と我が国取引業者との情報交換、議論の場(国際セミナー)を開催しています。また、産学官の技術移転を促進して、企業の新商品開発や技術力向上を促進するために不可欠な、技術移転に携わる人材の育成を目的とした研修事業を開催しています。

資料2．特許流通アドバイザー一覧 （平成14年3月1日現在）

○経済産業局特許室および知的所有権センターへの派遣

派遣先	氏名	所在地	TEL
北海道経済産業局特許室	杉谷 克彦	〒060-0807 札幌市北区北7条西2丁目8番地1北ビル7階	011-708-5783
北海道知的所有権センター (北海道立工業試験場)	宮本 剛汎	〒060-0819 札幌市北区北19条西11丁目 北海道立工業試験場内	011-747-2211
東北経済産業局特許室	三澤 輝起	〒980-0014 仙台市青葉区本町3-4-18 太陽生命仙台本町ビル7階	022-223-9761
青森県知的所有権センター ((社)発明協会青森県支部)	内藤 規雄	〒030-0112 青森市大字八ッ役字芦谷202-4 青森県産業技術開発センター内	017-762-3912
岩手県知的所有権センター (岩手県工業技術センター)	阿部 新喜司	〒020-0852 盛岡市飯岡新田3-35-2 岩手県工業技術センター内	019-635-8182
宮城県知的所有権センター (宮城県産業技術総合センター)	小野 賢悟	〒981-3206 仙台市泉区明通二丁目2番地 宮城県産業技術総合センター内	022-377-8725
秋田県知的所有権センター (秋田県工業技術センター)	石川 順三	〒010-1623 秋田市新屋町字砂奴寄4-11 秋田県工業技術センター内	018-862-3417
山形県知的所有権センター (山形県工業技術センター)	冨樫 富雄	〒990-2473 山形市松栄1-3-8 山形県産業創造支援センター内	023-647-8130
福島県知的所有権センター ((社)発明協会福島県支部)	相澤 正彬	〒963-0215 郡山市待池台1-12 福島県ハイテクプラザ内	024-959-3351
関東経済産業局特許室	村上 義英	〒330-9715 さいたま市上落合2-11 さいたま新都心合同庁舎1号館	048-600-0501
茨城県知的所有権センター ((財)茨城県中小企業振興公社)	齋藤 幸一	〒312-0005 ひたちなか市新光町38 ひたちなかテクノセンタービル内	029-264-2077
栃木県知的所有権センター ((社)発明協会栃木県支部)	坂本 武	〒322-0011 鹿沼市白桑田516-1 栃木県工業技術センター内	0289-60-1811
群馬県知的所有権センター ((社)発明協会群馬県支部)	三田 隆志	〒371-0845 前橋市烏羽町190 群馬県工業試験場内	027-280-4416
	金井 澄雄	〒371-0845 前橋市烏羽町190 群馬県工業試験場内	027-280-4416
埼玉県知的所有権センター (埼玉県工業技術センター)	野口 満	〒333-0848 川口市芝下1-1-56 埼玉県工業技術センター内	048-269-3108
	清水 修	〒333-0848 川口市芝下1-1-56 埼玉県工業技術センター内	048-269-3108
千葉県知的所有権センター ((社)発明協会千葉県支部)	稲谷 稔宏	〒260-0854 千葉市中央区長洲1-9-1 千葉県庁南庁舎内	043-223-6536
	阿草 一男	〒260-0854 千葉市中央区長洲1-9-1 千葉県庁南庁舎内	043-223-6536
東京都知的所有権センター (東京都城南地域中小企業振興センター)	鷹見 紀彦	〒144-0035 大田区南蒲田1-20-20 城南地域中小企業振興センター内	03-3737-1435
神奈川県知的所有権センター支部 ((財)神奈川高度技術支援財団)	小森 幹雄	〒213-0012 川崎市高津区坂戸3-2-1 かながわサイエンスパーク内	044-819-2100
新潟県知的所有権センター ((財)信濃川テクノポリス開発機構)	小林 靖幸	〒940-2127 長岡市新産4-1-9 長岡地域技術開発振興センター内	0258-46-9711
山梨県知的所有権センター (山梨県工業技術センター)	廣川 幸生	〒400-0055 甲府市大津町2094 山梨県工業技術センター内	055-220-2409
長野県知的所有権センター ((社)発明協会長野県支部)	徳永 正明	〒380-0928 長野市若里1-18-1 長野県工業試験場内	026-229-7688
静岡県知的所有権センター ((社)発明協会静岡県支部)	神長 邦雄	〒421-1221 静岡市牧ヶ谷2078 静岡工業技術センター内	054-276-1516
	山田 修寧	〒421-1221 静岡市牧ヶ谷2078 静岡工業技術センター内	054-276-1516
中部経済産業局特許室	原口 邦弘	〒460-0008 名古屋市中区栄2-10-19 名古屋商工会議所ビルB2F	052-223-6549
富山県知的所有権センター (富山県工業技術センター)	小坂 郁雄	〒933-0981 高岡市二上町150 富山県工業技術センター内	0766-29-2081
石川県知的所有権センター (財)石川県産業創出支援機構	一丸 義次	〒920-0223 金沢市戸水町イ65番地 石川県地場産業振興センター新館1階	076-267-8117
岐阜県知的所有権センター (岐阜県科学技術振興センター)	松永 孝義	〒509-0108 各務原市須衛町4-179-1 テクノプラザ5F	0583-79-2250
	木下 裕雄	〒509-0108 各務原市須衛町4-179-1 テクノプラザ5F	0583-79-2250
愛知県知的所有権センター (愛知県工業技術センター)	森 孝和	〒448-0003 刈谷市一ツ木町西新割 愛知県工業技術センター内	0566-24-1841
	三浦 元久	〒448-0003 刈谷市一ツ木町西新割 愛知県工業技術センター内	0566-24-1841

派遣先	氏名	所在地	TEL
三重県知的所有権センター (三重県工業技術総合研究所)	馬渡 建一	〒514-0819 津市高茶屋5-5-45 三重県科学振興センター工業研究部内	059-234-4150
近畿経済産業局特許室	下田 英宣	〒543-0061 大阪市天王寺区伶人町2-7 関西特許情報センター1階	06-6776-8491
福井県知的所有権センター (福井県工業技術センター)	上坂 旭	〒910-0102 福井市川合鷲塚町61字北稲田10 福井県工業技術センター内	0776-55-2100
滋賀県知的所有権センター (滋賀県工業技術センター)	新屋 正男	〒520-3004 栗東市上砥山232 滋賀県工業技術総合センター別館内	077-558-4040
京都府知的所有権センター ((社)発明協会京都支部)	衣川 清彦	〒600-8813 京都市下京区中堂寺南町17番地 京都リサーチパーク京都高度技術研究所ビル4階	075-326-0066
大阪府知的所有権センター (大阪府立特許情報センター)	大空 一博	〒543-0061 大阪市天王寺区伶人町2-7 関西特許情報センター内	06-6772-0704
	梶原 淳治	〒577-0809 東大阪市永和1-11-10	06-6722-1151
兵庫県知的所有権センター ((財)新産業創造研究機構)	園田 憲一	〒650-0047 神戸市中央区港島南町1-5-2 神戸キメックセンタービル6F	078-306-6808
	島田 一男	〒650-0047 神戸市中央区港島南町1-5-2 神戸キメックセンタービル6F	078-306-6808
和歌山県知的所有権センター ((社)発明協会和歌山県支部)	北澤 宏造	〒640-8214 和歌山県寄合町25 和歌山市発明館4階	073-432-0087
中国経済産業局特許室	木村 郁男	〒730-8531 広島市中区上八丁堀6-30 広島合同庁舎3号館1階	082-502-6828
鳥取県知的所有権センター ((社)発明協会鳥取県支部)	五十嵐 善司	〒689-1112 鳥取市若葉台南7-5-1 新産業創造センター1階	0857-52-6728
島根県知的所有権センター ((社)発明協会島根県支部)	佐野 馨	〒690-0816 島根県松江市北陵町1 テクノアークしまね内	0852-60-5146
岡山県知的所有権センター ((社)発明協会岡山県支部)	横田 悦造	〒701-1221 岡山市芳賀5301 テクノサポート岡山内	086-286-9102
広島県知的所有権センター ((社)発明協会広島県支部)	壹岐 正弘	〒730-0052 広島市中区千田町3-13-11 広島発明会館2階	082-544-2066
山口県知的所有権センター ((社)発明協会山口県支部)	滝川 尚久	〒753-0077 山口市熊野町1-10 NPYビル10階 (財)山口県産業技術開発機構内	083-922-9927
四国経済産業局特許室	鶴野 弘章	〒761-0301 香川県高松市林町2217-15 香川産業頭脳化センタービル2階	087-869-3790
徳島県知的所有権センター ((社)発明協会徳島県支部)	武岡 明夫	〒770-8021 徳島市雑賀町西開11-2 徳島県立工業技術センター内	088-669-0117
香川県知的所有権センター ((社)発明協会香川県支部)	谷田 吉成	〒761-0301 香川県高松市林町2217-15 香川産業頭脳化センタービル2階	087-869-9004
	福家 康矩	〒761-0301 香川県高松市林町2217-15 香川産業頭脳化センタービル2階	087-869-9004
愛媛県知的所有権センター ((社)発明協会愛媛県支部)	川野 辰己	〒791-1101 松山市久米窪田町337-1 テクノプラザ愛媛	089-960-1489
高知県知的所有権センター ((財)高知県産業振興センター)	吉本 忠男	〒781-5101 高知市布師田3992-2 高知県中小企業会館2階	0888-46-7087
九州経済産業局特許室	簗田 克志	〒812-8546 福岡市博多区博多駅東2-11-1 福岡合同庁舎内	092-436-7260
福岡県知的所有権センター ((社)発明協会福岡県支部)	道津 毅	〒812-0013 福岡市博多区博多駅東2-6-23 住友博多駅前第2ビル1階	092-415-6777
福岡県知的所有権センター北九州支部 ((株)北九州テクノセンター)	沖 宏治	〒804-0003 北九州市戸畑区中原新町2-1 (株)北九州テクノセンター内	093-873-1432
佐賀県知的所有権センター (佐賀県工業技術センター)	光武 章二	〒849-0932 佐賀市鍋島町大字八戸溝114 佐賀県工業技術センター内	0952-30-8161
	村上 忠郎	〒849-0932 佐賀市鍋島町大字八戸溝114 佐賀県工業技術センター内	0952-30-8161
長崎県知的所有権センター ((社)発明協会長崎県支部)	嶋北 正俊	〒856-0026 大村市池田2-1303-8 長崎県工業技術センター内	0957-52-1138
熊本県知的所有権センター ((社)発明協会熊本県支部)	深見 毅	〒862-0901 熊本市東町3-11-38 熊本県工業技術センター内	096-331-7023
大分県知的所有権センター (大分県産業科学技術センター)	古崎 宣	〒870-1117 大分市高江西1-4361-10 大分県産業科学技術センター内	097-596-7121
宮崎県知的所有権センター ((社)発明協会宮崎県支部)	久保田 英世	〒880-0303 宮崎県宮崎郡佐土原町東上那珂16500-2 宮崎県工業技術センター内	0985-74-2953
鹿児島県知的所有権センター (鹿児島県工業技術センター)	山田 式典	〒899-5105 鹿児島県姶良郡隼人町小田1445-1 鹿児島県工業技術センター内	0995-64-2056
沖縄総合事務局特許室	下司 義雄	〒900-0016 那覇市前島3-1-15 大同生命那覇ビル5階	098-867-3293
沖縄県知的所有権センター (沖縄県工業技術センター)	木村 薫	〒904-2234 具志川市州崎12-2 沖縄県工業技術センター内1階	098-939-2372

○技術移転機関(TLO)への派遣

派遣先	氏名	所在地	TEL
北海道ティー・エル・オー(株)	山田　邦重	〒060-0808 札幌市北区北8条西5丁目 北海道大学事務局分館2館	011-708-3633
	岩城　全紀	〒060-0808 札幌市北区北8条西5丁目 北海道大学事務局分館2館	011-708-3633
(株)東北テクノアーチ	井硲　弘	〒980-0845 仙台市青葉区荒巻字青葉468番地 東北大学未来科学技術共同センター	022-222-3049
(株)筑波リエゾン研究所	関　淳次	〒305-8577 茨城県つくば市天王台1－1－1 筑波大学共同研究棟A303	0298-50-0195
	綾　紀元	〒305-8577 茨城県つくば市天王台1－1－1 筑波大学共同研究棟A303	0298-50-0195
(財)日本産業技術振興協会 産総研イノベーションズ	坂　光	〒305-8568 茨城県つくば市梅園1－1－1 つくば中央第二事業所D-7階	0298-61-5210
日本大学国際産業技術・ビジネス育成センター	斎藤　光史	〒102-8275 東京都千代田区九段南4-8-24	03-5275-8139
	加根魯　和宏	〒102-8275 東京都千代田区九段南4-8-24	03-5275-8139
学校法人早稲田大学知的財産センター	菅野　淳	〒162-0041 東京都新宿区早稲田鶴巻町513 早稲田大学研究開発センター120-1号館1F	03-5286-9867
	風間　孝彦	〒162-0041 東京都新宿区早稲田鶴巻町513 早稲田大学研究開発センター120-1号館1F	03-5286-9867
(財)理工学振興会	鷹巣　征行	〒226-8503 横浜市緑区長津田町4259 フロンティア創造共同研究センター内	045-921-4391
	北川　謙一	〒226-8503 横浜市緑区長津田町4259 フロンティア創造共同研究センター内	045-921-4391
よこはまティーエルオー(株)	小原　郁	〒240-8501 横浜市保土ヶ谷区常盤台79-5 横浜国立大学共同研究推進センター内	045-339-4441
学校法人慶応義塾大学知的資産センター	道井　敏	〒108-0073 港区三田2－11－15 三田川崎ビル3階	03-5427-1678
	鈴木　泰	〒108-0073 港区三田2－11－15 三田川崎ビル3階	03-5427-1678
学校法人東京電機大学産官学交流センター	河村　幸夫	〒101-8457 千代田区神田錦町2－2	03-5280-3640
タマティーエルオー(株)	古瀬　武弘	〒192-0083 八王子市旭町9－1 八王子スクエアビル11階	0426-31-1325
学校法人明治大学知的資産センター	竹田　幹男	〒101-8301 千代田区神田駿河台1－1	03-3296-4327
(株)山梨ティー・エル・オー	田中　正男	〒400-8511 甲府市武田4－3－11 山梨大学地域共同開発研究センター内	055-220-8760
(財)浜松科学技術研究振興会	小野　義光	〒432-8561 浜松市城北3－5－1	053-412-6703
(財)名古屋産業科学研究所	杉本　勝	〒460-0008 名古屋市中区栄二丁目十番十九号 名古屋商工会議所ビル	052-223-5691
	小西　富雅	〒460-0008 名古屋市中区栄二丁目十番十九号 名古屋商工会議所ビル	052-223-5694
関西ティー・エル・オー(株)	山田　富義	〒600-8813 京都市下京区中堂寺南町17 京都リサーチパークサイエンスセンタービル1号館2階	075-315-8250
	斎田　雄一	〒600-8813 京都市下京区中堂寺南町17 京都リサーチパークサイエンスセンタービル1号館2階	075-315-8250
(財)新産業創造研究機構	井上　勝彦	〒650-0047 神戸市中央区港島南町1－5－2 神戸キメックセンタービル6F	078-306-6805
	長富　弘充	〒650-0047 神戸市中央区港島南町1－5－2 神戸キメックセンタービル6F	078-306-6805
(財)大阪産業振興機構	有馬　秀平	〒565-0871 大阪府吹田市山田丘2－1 大阪大学先端科学技術共同研究センター4F	06-6879-4196
(有)山口ティー・エル・オー	松本　孝三	〒755-8611 山口県宇部市常盤台2－16－1 山口大学地域共同研究開発センター内	0836-22-9768
	熊原　尋美	〒755-8611 山口県宇部市常盤台2－16－1 山口大学地域共同研究開発センター内	0836-22-9768
(株)テクノネットワーク四国	佐藤　博正	〒760-0033 香川県高松市丸の内2－5 ヨンデンビル別館4F	087-811-5039
(株)北九州テクノセンター	乾　全	〒804-0003 北九州市戸畑区中原新町2番1号	093-873-1448
(株)産学連携機構九州	堀　浩一	〒812-8581 福岡市東区箱崎6－10－1 九州大学技術移転推進室内	092-642-4363
(財)くまもとテクノ産業財団	桂　真郎	〒861-2202 熊本県上益城郡益城町田原2081－10	096-289-2340

資料3. 特許電子図書館情報検索指導アドバイザー一覧 (平成14年3月1日現在)

○知的所有権センターへの派遣

派遣先	氏名	所在地	TEL
北海道知的所有権センター (北海道立工業試験場)	平野 徹	〒060-0819 札幌市北区北19条西11丁目	011-747-2211
青森県知的所有権センター ((社)発明協会青森県支部)	佐々木 泰樹	〒030-0112 青森市第二問屋町4-11-6	017-762-3912
岩手県知的所有権センター (岩手県工業技術センター)	中嶋 孝弘	〒020-0852 盛岡市飯岡新田3-35-2	019-634-0684
宮城県知的所有権センター (宮城県産業技術総合センター)	小林 保	〒981-3206 仙台市泉区明通2-2	022-377-8725
秋田県知的所有権センター (秋田県工業技術センター)	田嶋 正夫	〒010-1623 秋田市新屋町字砂奴寄4-11	018-862-3417
山形県知的所有権センター (山形県工業技術センター)	大澤 忠行	〒990-2473 山形市松栄1-3-8	023-647-8130
福島県知的所有権センター ((社)発明協会福島県支部)	栗田 広	〒963-0215 郡山市待池台1-12 福島県ハイテクプラザ内	024-963-0242
茨城県知的所有権センター ((財)茨城県中小企業振興公社)	猪野 正己	〒312-0005 ひたちなか市新光町38 ひたちなかテクノセンタービル1階	029-264-2211
栃木県知的所有権センター ((社)発明協会栃木県支部)	中里 浩	〒322-0011 鹿沼市白桑田516-1 栃木県工業技術センター内	0289-65-7550
群馬県知的所有権センター ((社)発明協会群馬県支部)	神林 賢蔵	〒371-0845 前橋市鳥羽町190 群馬県工業試験場内	027-254-0627
埼玉県知的所有権センター ((社)発明協会埼玉県支部)	田中 廣雅	〒331-8669 さいたま市桜木町1-7-5 ソニックシティ10階	048-644-4806
千葉県知的所有権センター ((社)発明協会千葉県支部)	中原 照義	〒260-0854 千葉市中央区長洲1-9-1 千葉県庁南庁舎R3階	043-223-7748
東京都知的所有権センター ((社)発明協会東京支部)	福澤 勝義	〒105-0001 港区虎ノ門2-9-14	03-3502-5521
神奈川県知的所有権センター (神奈川県産業技術総合研究所)	森 啓次	〒243-0435 海老名市下今泉705-1	046-236-1500
神奈川県知的所有権センター支部 ((財)神奈川高度技術支援財団)	大井 隆	〒213-0012 川崎市高津区坂戸3-2-1 かながわサイエンスパーク西棟205	044-819-2100
神奈川県知的所有権センター支部 ((社)発明協会神奈川県支部)	蓮見 亮	〒231-0015 横浜市中区尾上町5-80 神奈川中小企業センター10階	045-633-5055
新潟県知的所有権センター ((財)信濃川テクノポリス開発機構)	石谷 速夫	〒940-2127 長岡市新産4-1-9	0258-46-9711
山梨県知的所有権センター (山梨県工業技術センター)	山下 知	〒400-0055 甲府市大津町2094	055-243-6111
長野県知的所有権センター ((社)発明協会長野県支部)	岡田 光正	〒380-0928 長野市若里1-18-1 長野県工業試験場内	026-228-5559
静岡県知的所有権センター ((社)発明協会静岡県支部)	吉井 和夫	〒421-1221 静岡市牧ヶ谷2078 静岡工業技術センター資料館内	054-278-6111
富山県知的所有権センター (富山県工業技術センター)	齋藤 靖雄	〒933-0981 高岡市二上町150	0766-29-1252
石川県知的所有権センター (財)石川県産業創出支援機構	辻 寛司	〒920-0223 金沢市戸水町イ65番地 石川県地場産業振興センター	076-267-5918
岐阜県知的所有権センター (岐阜県科学技術振興センター)	林 邦明	〒509-0108 各務原市須衛町4-179-1 テクノプラザ5F	0583-79-2250
愛知県知的所有権センター (愛知県工業技術センター)	加藤 英昭	〒448-0003 刈谷市一ツ木町西新割	0566-24-1841
三重県知的所有権センター (三重県工業技術総合研究所)	長峰 隆	〒514-0819 津市高茶屋5-5-45	059-234-4150
福井県知的所有権センター (福井県工業技術センター)	川・好昭	〒910-0102 福井市川合鷲塚町61字北稲田10	0776-55-1195
滋賀県知的所有権センター (滋賀県工業技術センター)	森 久子	〒520-3004 栗東市上砥山232	077-558-4040
京都府知的所有権センター ((社)発明協会京都支部)	中野 剛	〒600-8813 京都市下京区中堂寺南町17 京都リサーチパーク内 京都高度技研ビル4階	075-315-8686
大阪府知的所有権センター (大阪府立特許情報センター)	秋田 伸一	〒543-0061 大阪市天王寺区伶人町2-7	06-6771-2646
大阪府知的所有権センター支部 ((社)発明協会大阪支部知的財産センター)	戎 邦夫	〒564-0062 吹田市垂水町3-24-1 シンプレス江坂ビル2階	06-6330-7725
兵庫県知的所有権センター ((社)発明協会兵庫県支部)	山口 克己	〒654-0037 神戸市須磨区行平町3-1-31 兵庫県立産業技術センター4階	078-731-5847
奈良県知的所有権センター (奈良県工業技術センター)	北田 友彦	〒630-8031 奈良市柏木町129-1	0742-33-0863

派遣先	氏名	所在地	TEL
和歌山県知的所有権センター ((社)発明協会和歌山県支部)	木村 武司	〒640-8214 和歌山県寄合町25 和歌山市発明館4階	073-432-0087
鳥取県知的所有権センター ((社)発明協会鳥取県支部)	奥村 隆一	〒689-1112 鳥取市若葉台南7-5-1 新産業創造センター1階	0857-52-6728
島根県知的所有権センター ((社)発明協会島根県支部)	門脇 みどり	〒690-0816 島根県松江市北陵町1番地 テクノアークしまね1F内	0852-60-5146
岡山県知的所有権センター ((社)発明協会岡山県支部)	佐藤 新吾	〒701-1221 岡山市芳賀5301 テクノサポート岡山内	086-286-9656
広島県知的所有権センター ((社)発明協会広島県支部)	若木 幸蔵	〒730-0052 広島市中区千田町3-13-11 広島発明会館内	082-544-0775
広島県知的所有権センター支部 ((社)発明協会広島県支部備後支会)	渡部 武徳	〒720-0067 福山市西町2-10-1	0849-21-2349
広島県知的所有権センター支部 (呉地域産業振興センター)	三上 達矢	〒737-0004 呉市阿賀南2-10-1	0823-76-3766
山口県知的所有権センター ((社)発明協会山口県支部)	大段 恭二	〒753-0077 山口市熊野町1-10 NPYビル10階	083-922-9927
徳島県知的所有権センター ((社)発明協会徳島県支部)	平野 稔	〒770-8021 徳島市雑賀町西開11-2 徳島県立工業技術センター内	088-636-3388
香川県知的所有権センター ((社)発明協会香川県支部)	中元 恒	〒761-0301 香川県高松市林町2217-15 香川産業頭脳化センタービル2階	087-869-9005
愛媛県知的所有権センター ((社)発明協会愛媛県支部)	片山 忠徳	〒791-1101 松山市久米窪田町337-1 テクノプラザ愛媛	089-960-1118
高知県知的所有権センター (高知県工業技術センター)	柏井 富雄	〒781-5101 高知市布師田3992-3	088-845-7664
福岡県知的所有権センター ((社)発明協会福岡県支部)	浦井 正章	〒812-0013 福岡市博多区博多駅東2-6-23 住友博多駅前第2ビル2階	092-474-7255
福岡県知的所有権センター北九州支部 ((株)北九州テクノセンター)	重藤 務	〒804-0003 北九州市戸畑区中原新町2-1	093-873-1432
佐賀県知的所有権センター (佐賀県工業技術センター)	塚島 誠一郎	〒849-0932 佐賀市鍋島町八戸溝114	0952-30-8161
長崎県知的所有権センター ((社)発明協会長崎県支部)	川添 早苗	〒856-0026 大村市池田2-1303-8 長崎県工業技術センター内	0957-52-1144
熊本県知的所有権センター ((社)発明協会熊本県支部)	松山 彰雄	〒862-0901 熊本市東町3-11-38 熊本県工業技術センター内	096-360-3291
大分県知的所有権センター (大分県産業科学技術センター)	鎌田 正道	〒870-1117 大分市高江西1-4361-10	097-596-7121
宮崎県知的所有権センター ((社)発明協会宮崎県支部)	黒田 護	〒880-0303 宮崎県宮崎郡佐土原町東上那珂16500-2 宮崎県工業技術センター内	0985-74-2953
鹿児島県知的所有権センター (鹿児島県工業技術センター)	大井 敏民	〒899-5105 鹿児島県姶良郡隼人町小田1445-1	0995-64-2445
沖縄県知的所有権センター (沖縄県工業技術センター)	和田 修	〒904-2234 具志川市字州崎12-2 中城湾港新港地区トロピカルテクノパーク内	098-929-0111

資料4．知的所有権センター一覧 （平成14年3月1日現在）

都道府県	名　称	所在地	TEL
北海道	北海道知的所有権センター （北海道立工業試験場）	〒060-0819 札幌市北区北19条西11丁目	011-747-2211
青森県	青森県知的所有権センター （(社)発明協会青森県支部）	〒030-0112 青森市第二問屋町4－11－6	017-762-3912
岩手県	岩手県知的所有権センター （岩手県工業技術センター）	〒020-0852 盛岡市飯岡新田3－35－2	019-634-0684
宮城県	宮城県知的所有権センター （宮城県産業技術総合センター）	〒981-3206 仙台市泉区明通2－2	022-377-8725
秋田県	秋田県知的所有権センター （秋田県工業技術センター）	〒010-1623 秋田市新屋町字砂奴寄4－11	018-862-3417
山形県	山形県知的所有権センター （山形県工業技術センター）	〒990-2473 山形市松栄1－3－8	023-647-8130
福島県	福島県知的所有権センター （(社)発明協会福島県支部）	〒963-0215 郡山市待池台1－12 福島県ハイテクプラザ内	024-963-0242
茨城県	茨城県知的所有権センター （(財)茨城県中小企業振興公社）	〒312-0005 ひたちなか市新光町38 ひたちなかテクノセンタービル1階	029-264-2211
栃木県	栃木県知的所有権センター （(社)発明協会栃木県支部）	〒322-0011 鹿沼市白桑田516－1 栃木県工業技術センター内	0289-65-7550
群馬県	群馬県知的所有権センター （(社)発明協会群馬県支部）	〒371-0845 前橋市鳥羽町190 群馬県工業試験場内	027-254-0627
埼玉県	埼玉県知的所有権センター （(社)発明協会埼玉県支部）	〒331-8669 さいたま市桜木町1－7－5 ソニックシティ10階	048-644-4806
千葉県	千葉県知的所有権センター （(社)発明協会千葉県支部）	〒260-0854 千葉市中央区長洲1－9－1 千葉県庁南庁舎R3階	043-223-7748
東京都	東京都知的所有権センター （(社)発明協会東京支部）	〒105-0001 港区虎ノ門2－9－14	03-3502-5521
神奈川県	神奈川県知的所有権センター （神奈川県産業技術総合研究所）	〒243-0435 海老名市下今泉705－1	046-236-1500
	神奈川県知的所有権センター支部 （(財)神奈川高度技術支援財団）	〒213-0012 川崎市高津区坂戸3－2－1 かながわサイエンスパーク西棟205	044-819-2100
	神奈川県知的所有権センター支部 （(社)発明協会神奈川県支部）	〒231-0015 横浜市中区尾上町5－80 神奈川中小企業センター10階	045-633-5055
新潟県	新潟県知的所有権センター （(財)信濃川テクノポリス開発機構）	〒940-2127 長岡市新産4－1－9	0258-46-9711
山梨県	山梨県知的所有権センター （山梨県工業技術センター）	〒400-0055 甲府市大津町2094	055-243-6111
長野県	長野県知的所有権センター （(社)発明協会長野県支部）	〒380-0928 長野市若里1－18－1 長野県工業試験場内	026-228-5559
静岡県	静岡県知的所有権センター （(社)発明協会静岡県支部）	〒421-1221 静岡市牧ヶ谷2078 静岡工業技術センター資料館内	054-278-6111
富山県	富山県知的所有権センター （富山県工業技術センター）	〒933-0981 高岡市二上町150	0766-29-1252
石川県	石川県知的所有権センター (財)石川県産業創出支援機構	〒920-0223 金沢市戸水町イ65番地 石川県地場産業振興センター	076-267-5918
岐阜県	岐阜県知的所有権センター （岐阜県科学技術振興センター）	〒509-0108 各務原市須衛町4－179－1 テクノプラザ5F	0583-79-2250
愛知県	愛知県知的所有権センター （愛知県工業技術センター）	〒448-0003 刈谷市一ツ木町西新割	0566-24-1841
三重県	三重県知的所有権センター （三重県工業技術総合研究所）	〒514-0819 津市高茶屋5－5－45	059-234-4150
福井県	福井県知的所有権センター （福井県工業技術センター）	〒910-0102 福井市川合鷲塚町61字北稲田10	0776-55-1195
滋賀県	滋賀県知的所有権センター （滋賀県工業技術センター）	〒520-3004 栗東市上砥山232	077-558-4040
京都府	京都府知的所有権センター （(社)発明協会京都支部）	〒600-8813 京都市下京区中堂寺南町17 京都リサーチパーク内　京都高度技研ビル4階	075-315-8686
大阪府	大阪府知的所有権センター （大阪府立特許情報センター）	〒543-0061 大阪市天王寺区伶人町2－7	06-6771-2646
	大阪府知的所有権センター支部 （(社)発明協会大阪支部知的財産センター）	〒564-0062 吹田市垂水町3－24－1 シンプレス江坂ビル2階	06-6330-7725
兵庫県	兵庫県知的所有権センター （(社)発明協会兵庫県支部）	〒654-0037 神戸市須磨区行平町3－1－31 兵庫県立産業技術センター4階	078-731-5847

都道府県	名　称	所　在　地	TEL
奈良県	奈良県知的所有権センター (奈良県工業技術センター)	〒630-8031 奈良市柏木町129－1	0742-33-0863
和歌山県	和歌山県知的所有権センター ((社)発明協会和歌山県支部)	〒640-8214 和歌山県寄合町25 和歌山市発明館4階	073-432-0087
鳥取県	鳥取県知的所有権センター ((社)発明協会鳥取県支部)	〒689-1112 鳥取市若葉台南7－5－1 新産業創造センター1階	0857-52-6728
島根県	島根県知的所有権センター ((社)発明協会島根県支部)	〒690-0816 島根県松江市北陵町1番地 テクノアークしまね1F内	0852-60-5146
岡山県	岡山県知的所有権センター ((社)発明協会岡山県支部)	〒701-1221 岡山市芳賀5301 テクノサポート岡山内	086-286-9656
広島県	広島県知的所有権センター ((社)発明協会広島県支部)	〒730-0052 広島市中区千田町3－13－11 広島発明会館内	082-544-0775
	広島県知的所有権センター支部 ((社)発明協会広島県支部備後支会)	〒720-0067 福山市西町2－10－1	0849-21-2349
	広島県知的所有権センター支部 (呉地域産業振興センター)	〒737-0004 呉市阿賀南2－10－1	0823-76-3766
山口県	山口県知的所有権センター ((社)発明協会山口県支部)	〒753-0077 山口市熊野町1-10 NPYビル10階	083-922-9927
徳島県	徳島県知的所有権センター ((社)発明協会徳島県支部)	〒770-8021 徳島市雑賀町西開11－2 徳島県立工業技術センター内	088-636-3388
香川県	香川県知的所有権センター ((社)発明協会香川県支部)	〒761-0301 香川県高松市林町2217－15 香川産業頭脳化センタービル2階	087-869-9005
愛媛県	愛媛県知的所有権センター ((社)発明協会愛媛県支部)	〒791-1101 松山市久米窪田町337－1 テクノプラザ愛媛	089-960-1118
高知県	高知県知的所有権センター (高知県工業技術センター)	〒781-5101 高知市布師田3992－3	088-845-7664
福岡県	福岡県知的所有権センター ((社)発明協会福岡県支部)	〒812-0013 福岡市博多区博多駅東2－6－23 住友博多駅前第2ビル2階	092-474-7255
	福岡県知的所有権センター北九州支部 ((株)北九州テクノセンター)	〒804-0003 北九州市戸畑区中原新町2－1	093-873-1432
佐賀県	佐賀県知的所有権センター (佐賀県工業技術センター)	〒849-0932 佐賀市鍋島町八戸溝114	0952-30-8161
長崎県	長崎県知的所有権センター ((社)発明協会長崎県支部)	〒856-0026 大村市池田2－1303－8 長崎県工業技術センター内	0957-52-1144
熊本県	熊本県知的所有権センター ((社)発明協会熊本県支部)	〒862-0901 熊本市東町3－11－38 熊本県工業技術センター内	096-360-3291
大分県	大分県知的所有権センター (大分県産業科学技術センター)	〒870-1117 大分市高江西1－4361－10	097-596-7121
宮崎県	宮崎県知的所有権センター ((社)発明協会宮崎県支部)	〒880-0303 宮崎県宮崎郡佐土原町東上那珂16500-2 宮崎県工業技術センター内	0985-74-2953
鹿児島県	鹿児島県知的所有権センター (鹿児島県工業技術センター)	〒899-5105 鹿児島県姶良郡隼人町小田1445-1	0995-64-2445
沖縄県	沖縄県知的所有権センター (沖縄県工業技術センター)	〒904-2234 具志川市字州崎12－2 中城湾港新港地区トロピカルテクノパーク内	098-929-0111

資料5．平成13年度25技術テーマの特許流通の概要

5.1 アンケート送付先と回収率

平成13年度は、25の技術テーマにおいて「特許流通支援チャート」を作成し、その中で特許流通に対する意識調査として各技術テーマの出願件数上位企業を対象としてアンケート調査を行った。平成13年12月7日に郵送によりアンケートを送付し、平成14年1月31日までに回収されたものを対象に解析した。

表5.1-1に、アンケート調査表の回収状況を示す。送付数578件、回収数306件、回収率52.9%であった。

表5.1-1 アンケートの回収状況

送付数	回収数	未回収数	回収率
578	306	272	52.9%

表5.1-2に、業種別の回収状況を示す。各業種を一般系、機械系、化学系、電気系と大きく4つに分類した。以下、「○○系」と表現する場合は、各企業の業種別に基づく分類を示す。それぞれの回収率は、一般系56.5%、機械系63.5%、化学系41.1%、電気系51.6%であった。

表5.1-2 アンケートの業種別回収件数と回収率

業種と回収率	業種	回収件数
一般系 48/85=56.5%	建設	5
	窯業	12
	鉄鋼	6
	非鉄金属	17
	金属製品	2
	その他製造業	6
化学系 39/95=41.1%	食品	1
	繊維	12
	紙・パルプ	3
	化学	22
	石油・ゴム	1
機械系 73/115=63.5%	機械	23
	精密機器	28
	輸送機器	22
電気系 146/283=51.6%	電気	144
	通信	2

図 5.1 に、全回収件数を母数にして業種別に回収率を示す。全回収件数に占める業種別の回収率は電気系 47.7%、機械系 23.9%、一般系 15.7%、化学系 12.7%である。

図 5.1 回収件数の業種別比率

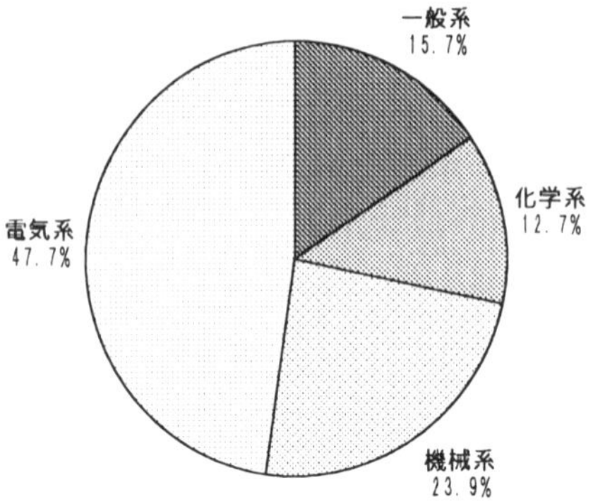

一般系	化学系	機械系	電気系	合計
48	39	73	146	306

表 5.1-3 に、技術テーマ別の回収件数と回収率を示す。この表では、技術テーマを一般分野、化学分野、機械分野、電気分野に分類した。以下、「〇〇分野」と表現する場合は、技術テーマによる分類を示す。回収率の最も良かった技術テーマは焼却炉排ガス処理技術の 71.4%で、最も悪かったのは有機 EL 素子の 34.6%である。

表 5.1-3 テーマ別の回収件数と回収率

分野	技術テーマ名	送付数	回収数	回収率
一般分野	カーテンウォール	24	13	54.2%
	気体膜分離装置	25	12	48.0%
	半導体洗浄と環境適応技術	23	14	60.9%
	焼却炉排ガス処理技術	21	15	71.4%
	はんだ付け鉛フリー技術	20	11	55.0%
化学分野	プラスティックリサイクル	25	15	60.0%
	バイオセンサ	24	16	66.7%
	セラミックスの接合	23	12	52.2%
	有機ＥＬ素子	26	9	34.6%
	生分解ポリエステル	23	12	52.2%
	有機導電性ポリマー	24	15	62.5%
	リチウムポリマー電池	29	13	44.8%
機械分野	車いす	21	12	57.1%
	金属射出成形技術	28	14	50.0%
	微細レーザ加工	20	10	50.0%
	ヒートパイプ	22	10	45.5%
電気分野	圧力センサ	22	13	59.1%
	個人照合	29	12	41.4%
	非接触型ＩＣカード	21	10	47.6%
	ビルドアップ多層プリント配線板	23	11	47.8%
	携帯電話表示技術	20	11	55.0%
	アクティブマトリックス液晶駆動技術	21	12	57.1%
	プログラム制御技術	21	12	57.1%
	半導体レーザの活性層	22	11	50.0%
	無線ＬＡＮ	21	11	52.4%

5.2 アンケート結果
5.2.1 開放特許に関して
(1) 開放特許と非開放特許

他者にライセンスしてもよい特許を「開放特許」、ライセンスの可能性のない特許を「非開放特許」と定義した。その上で、各技術テーマにおける保有特許のうち、自社での実施状況と開放状況について質問を行った。

306 件中 257 件の回答があった（回答率 84.0%）。保有特許件数に対する開放特許件数の割合を開放比率とし、保有特許件数に対する非開放特許件数の割合を非開放比率と定義した。

図 5.2.1-1 に、業種別の特許の開放比率と非開放比率を示す。全体の開放比率は 58.3%で、業種別では一般系が 37.1%、化学系が 20.6%、機械系が 39.4%、電気系が 77.4%である。化学系（20.6%）の企業の開放比率は、化学分野における開放比率（図 5.2.1-2）の最低値である「生分解ポリエステル」の 22.6%よりさらに低い値となっている。これは、化学分野においても、機械系、電気系の企業であれば、保有特許について比較的開放的であることを示唆している。

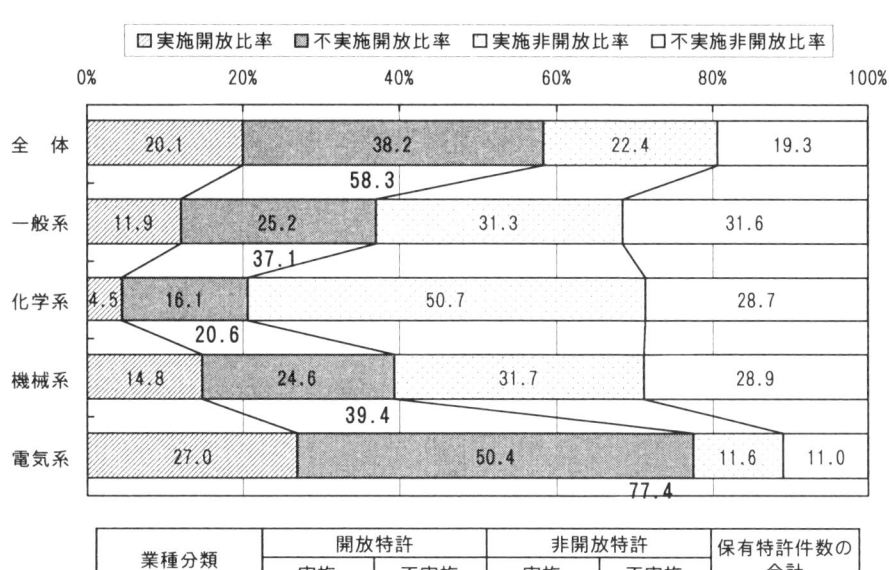

図 5.2.1-1 業種別の特許の開放比率と非開放比率

業種分類	開放特許 実施	開放特許 不実施	非開放特許 実施	非開放特許 不実施	保有特許件数の合計
一般系	346	732	910	918	2,906
化学系	90	323	1,017	576	2,006
機械系	494	821	1,058	964	3,337
電気系	2,835	5,291	1,218	1,155	10,499
全 体	3,765	7,167	4,203	3,613	18,748

図 5.2.1-2 に、技術テーマ別の開放比率と非開放比率を示す。

開放比率（実施開放比率と不実施開放比率を加算。）が高い技術テーマを見てみると、最高値は「個人照合」の 84.7%で、次いで「はんだ付け鉛フリー技術」の 83.2%、「無線LAN」の 82.4%、「携帯電話表示技術」の 80.0%となっている。一方、低い方から見ると、「生分解ポリエステル」の 22.6%で、次いで「カーテンウォール」の 29.3%、「有機EL」の 30.5%である。

図 5.2.1-2 技術テーマ別の開放比率と非開放比率

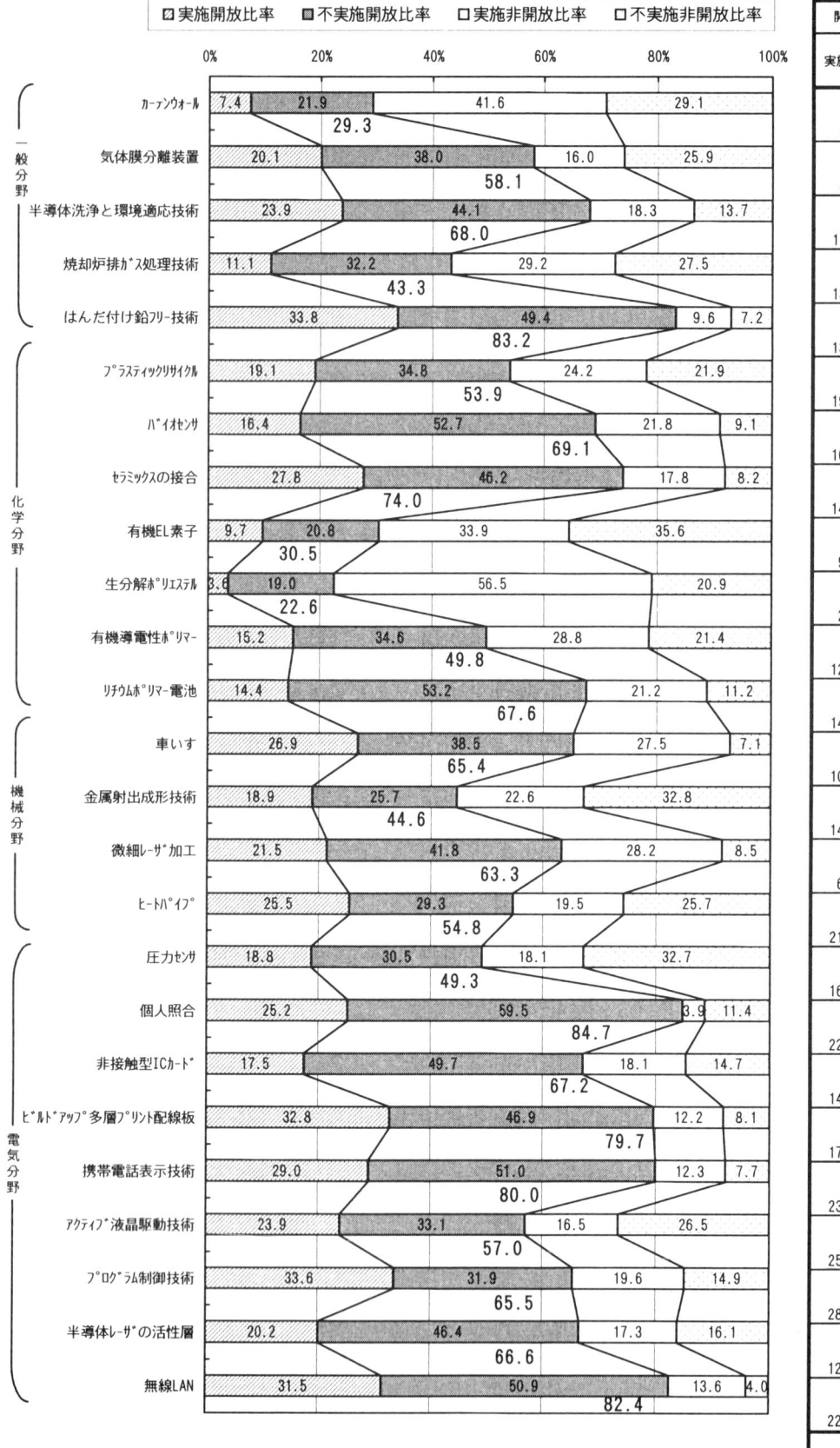

凡例: ■実施開放比率 ▨不実施開放比率 □実施非開放比率 □不実施非開放比率

分野	技術テーマ	実施開放	不実施開放	実施非開放	不実施非開放	開放計	開放特許 実施	開放特許 不実施	非開放特許 実施	非開放特許 不実施	保有特許件数の合計
一般分野	カーテンウォール	7.4	21.9	41.6	29.1	29.3	67	198	376	264	905
	気体膜分離装置	20.1	38.0	16.0	25.9	58.1	88	166	70	113	437
	半導体洗浄と環境適応技術	23.9	44.1	18.3	13.7	68.0	155	286	119	89	649
	焼却炉排ガス処理技術	11.1	32.2	29.2	27.5	43.3	133	387	351	330	1,201
	はんだ付け鉛フリー技術	33.8	49.4	9.6	7.2	83.2	139	204	40	30	413
化学分野	プラスティックリサイクル	19.1	34.8	24.2	21.9	53.9	196	357	248	225	1,026
	バイオセンサ	16.4	52.7	21.8	9.1	69.1	106	340	141	59	646
	セラミックスの接合	27.8	46.2	17.8	8.2	74.0	145	241	93	42	521
	有機EL素子	9.7	20.8	33.9	35.6	30.5	90	193	316	332	931
	生分解ポリエステル	3.6	19.0	56.5	20.9	22.6	28	147	437	162	774
	有機導電性ポリマー	15.2	34.6	28.8	21.4	49.8	125	285	237	176	823
	リチウムポリマー電池	14.4	53.2	21.2	11.2	67.6	140	515	205	108	968
機械分野	車いす	26.9	38.5	27.5	7.1	65.4	107	154	110	28	399
	金属射出成形技術	18.9	25.7	22.6	32.8	44.6	147	200	175	255	777
	微細レーザ加工	21.5	41.8	28.2	8.5	63.3	68	133	89	27	317
	ヒートパイプ	25.5	29.3	19.5	25.7	54.8	215	248	164	217	844
	圧力センサ	18.8	30.5	18.1	32.7	49.3	164	267	158	286	875
電気分野	個人照合	25.2	59.5	3.9	11.4	84.7	220	521	34	100	875
	非接触型ICカード	17.5	49.7	18.1	14.7	67.2	140	398	145	117	800
	ビルドアップ多層プリント配線板	32.8	46.9	12.2	8.1	79.7	177	254	66	44	541
	携帯電話表示技術	29.0	51.0	12.3	7.7	80.0	235	414	100	62	811
	アクティブ液晶駆動技術	23.9	33.1	16.5	26.5	57.0	252	349	174	278	1,053
	プログラム制御技術	33.6	31.9	19.6	14.9	65.5	280	265	163	124	832
	半導体レーザの活性層	20.2	46.4	17.3	16.1	66.6	123	282	105	99	609
	無線LAN	31.5	50.9	13.6	4.0	82.4	227	367	98	29	721
	合計						3,767	7,171	4,214	3,596	18,748

図 5.2.1-3 は、業種別に、各企業の特許の開放比率を示したものである。

開放比率は、化学系で最も低く、電気系で最も高い。機械系と一般系はその中間に位置する。推測するに、化学系の企業では、保有特許は「物質特許」である場合が多く、自社の市場独占を確保するため、特許を開放しづらい状況にあるのではないかと思われる。逆に、電気・機械系の企業は、商品のライフサイクルが短いため、せっかく取得した特許も短期間で新技術と入れ替える必要があり、不実施となった特許を開放特許として供出やすい環境にあるのではないかと考えられる。また、より効率性の高い技術開発を進めるべく他社とのアライアンスを目的とした開放特許戦略を採るケースも、最近出てきているのではないだろうか。

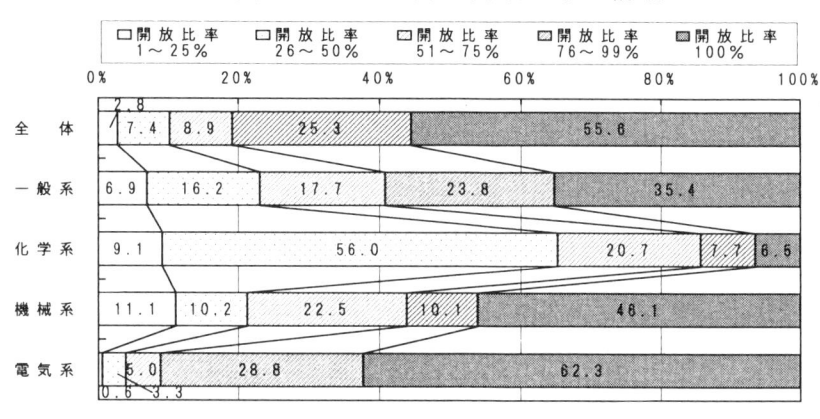

図 5.2.1-3 特許の開放比率の構成

図 5.2.1-4 に、業種別の自社実施比率と不実施比率を示す。全体の自社実施比率は42.5%で、業種別では化学系55.2%、機械系46.5%、一般系43.2%、電気系38.6%である。化学系の企業は、自社実施比率が高く開放比率が低い。電気・機械系の企業は、その逆で自社実施比率が低く開放比率は高い。自社実施比率と開放比率は、反比例の関係にあるといえる。

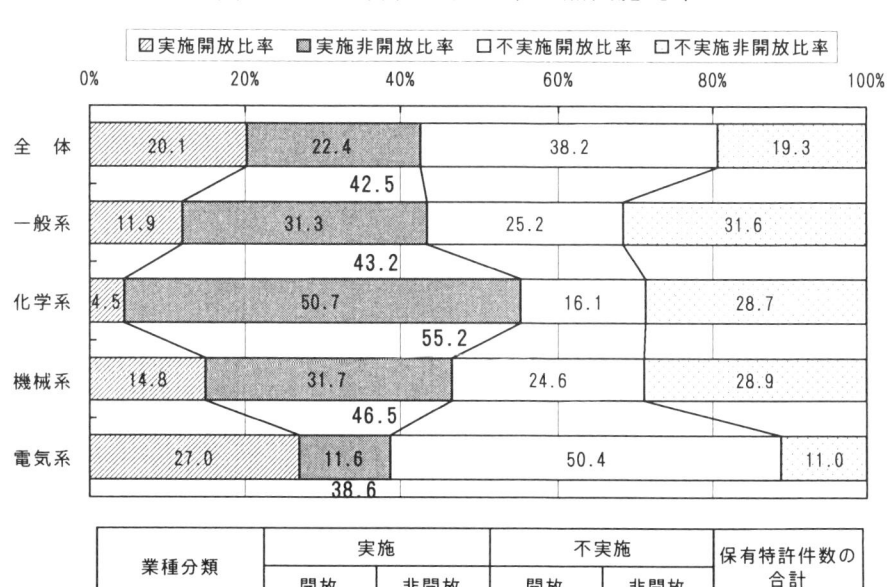

図 5.2.1-4 自社実施比率と無実施比率

業種分類	実施 開放	実施 非開放	不実施 開放	不実施 非開放	保有特許件数の合計
一般系	346	910	732	918	2,906
化学系	90	1,017	323	576	2,006
機械系	494	1,058	821	964	3,337
電気系	2,835	1,218	5,291	1,155	10,499
全体	3,765	4,203	7,167	3,613	18,748

（2）非開放特許の理由

開放可能性のない特許の理由について質問を行った（複数回答）。

質問内容	一般系	化学系	機械系	電気系	全体
・独占的排他権の行使により、ライバル企業を排除するため（ライバル企業排除）	36.3%	36.7%	36.4%	34.5%	36.0%
・他社に対する技術の優位性の喪失（優位性喪失）	31.9%	31.6%	30.5%	29.9%	30.9%
・技術の価値評価が困難なため（価値評価困難）	12.1%	16.5%	15.3%	13.8%	14.4%
・企業秘密がもれるから（企業秘密）	5.5%	7.6%	3.4%	14.9%	7.5%
・相手先を見つけるのが困難であるため（相手先探し）	7.7%	5.1%	8.5%	2.3%	6.1%
・ライセンス経験不足等のため提供に不安があるから（経験不足）	4.4%	0.0%	0.8%	0.0%	1.3%
・その他	2.1%	2.5%	5.1%	4.6%	3.8%

図 5.2.1-5 は非開放特許の理由の内容を示す。

「ライバル企業の排除」が最も多く 36.0％、次いで「優位性喪失」が 30.9％と高かった。特許権を「技術の市場における排他的独占権」として充分に行使していることが伺える。「価値評価困難」は 14.4％となっているが、今回の「特許流通支援チャート」作成にあたり分析対象とした特許は直近 10 年間だったため、登録前の特許が多く、権利範囲が未確定なものが多かったためと思われる。

電気系の企業で「企業秘密がもれるから」という理由が 14.9％と高いのは、技術のライフサイクルが短く新技術開発が激化しており、さらに、技術自体が模倣されやすいことが原因であるのではないだろうか。

化学系の企業で「企業秘密がもれるから」という理由が 7.6％と高いのは、物質特許のノウハウ漏洩に細心の注意を払う必要があるためと思われる。

機械系や一般系の企業で「相手先探し」が、それぞれ 8.5％、7.7％と高いことは、これらの分野で技術移転を仲介する者の活躍できる潜在性が高いことを示している。

なお、その他の理由としては、「共同出願先との調整」が 12 件と多かった。

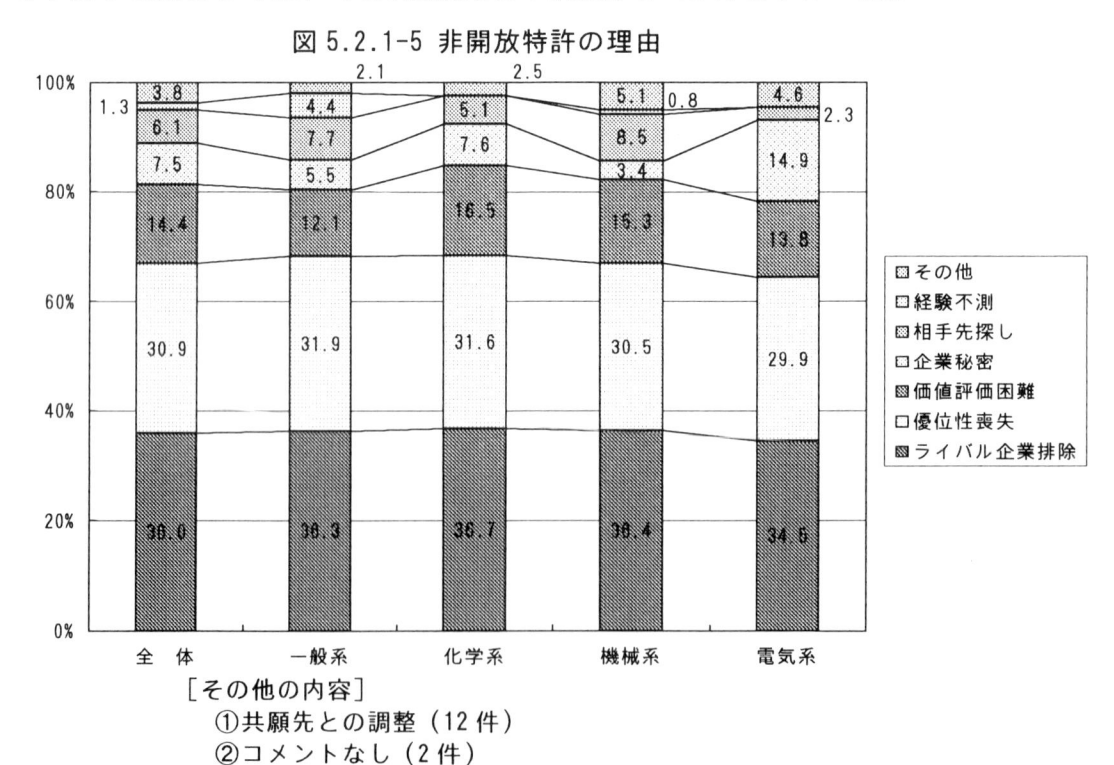

図 5.2.1-5 非開放特許の理由

［その他の内容］
①共願先との調整（12 件）
②コメントなし（2 件）

5.2.2 ライセンス供与に関して
(1) ライセンス活動

ライセンス供与の活動姿勢について質問を行った。

質問内容	一般系	化学系	機械系	電気系	全体
・特許ライセンス供与のための活動を積極的に行っている（積極的）	2.0%	15.8%	4.3%	8.9%	7.5%
・特許ライセンス供与のための活動を行っている（普通）	36.7%	15.8%	25.7%	57.7%	41.2%
・特許ライセンス供与のための活動はやや消極的である（消極的）	24.5%	13.2%	14.3%	10.4%	14.0%
・特許ライセンス供与のための活動を行っていない（しない）	36.8%	55.2%	55.7%	23.0%	37.3%

その結果を、図5.2.2-1 ライセンス活動に示す。306件中295件の回答であった(回答率96.4％)。

何らかの形で特許ライセンス活動を行っている企業は62.7％を占めた。そのうち、比較的積極的に活動を行っている企業は48.7％に上る（「積極的」＋「普通」）。これは、技術移転を仲介する者の活躍できる潜在性がかなり高いことを示唆している。

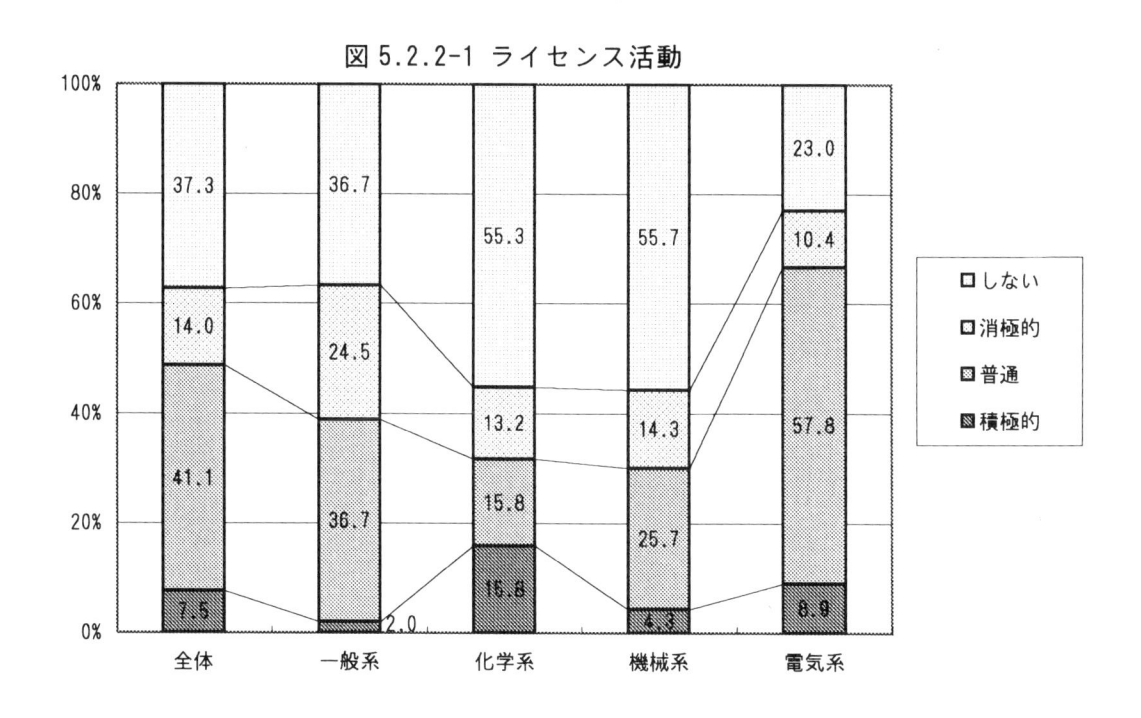

図5.2.2-1 ライセンス活動

(2) ライセンス実績

ライセンス供与の実績について質問を行った。

質問内容	一般系	化学系	機械系	電気系	全体
・供与実績はないが今後も行う方針（実績無し今後も実施）	54.5%	48.0%	43.6%	74.6%	58.3%
・供与実績があり今後も行う方針（実績有り今後も実施）	72.2%	61.5%	95.5%	67.3%	73.5%
・供与実績はなく今後は不明（実績無し今後は不明）	36.4%	24.0%	46.1%	20.3%	30.8%
・供与実績はあるが今後は不明（実績有り今後は不明）	27.8%	38.5%	4.5%	30.7%	25.5%
・供与実績はなく今後も行わない方針（実績無し今後も実施せず）	9.1%	28.0%	10.3%	5.1%	10.9%
・供与実績はあるが今後は行わない方針（実績有り今後は実施せず）	0.0%	0.0%	0.0%	2.0%	1.0%

図5.2.2-2に、ライセンス実績を示す。306件中295件の回答があった（回答率96.4％）。ライセンス実績有りとライセンス実績無しを分けて示す。

「供与実績があり、今後も実施」は73.5％と非常に高い割合であり、特許ライセンスの有効性を認識した企業はさらにライセンス活動を活発化させる傾向にあるといえる。また、「供与実績はないが、今後は実施」が58.3％あり、ライセンスに対する関心の高まりが感じられる。

機械系や一般系の企業で「実績有り今後も実施」がそれぞれ90％、70％を越えており、他業種の企業よりもライセンスに対する関心が非常に高いことがわかる。

図5.2.2-2 ライセンス実績

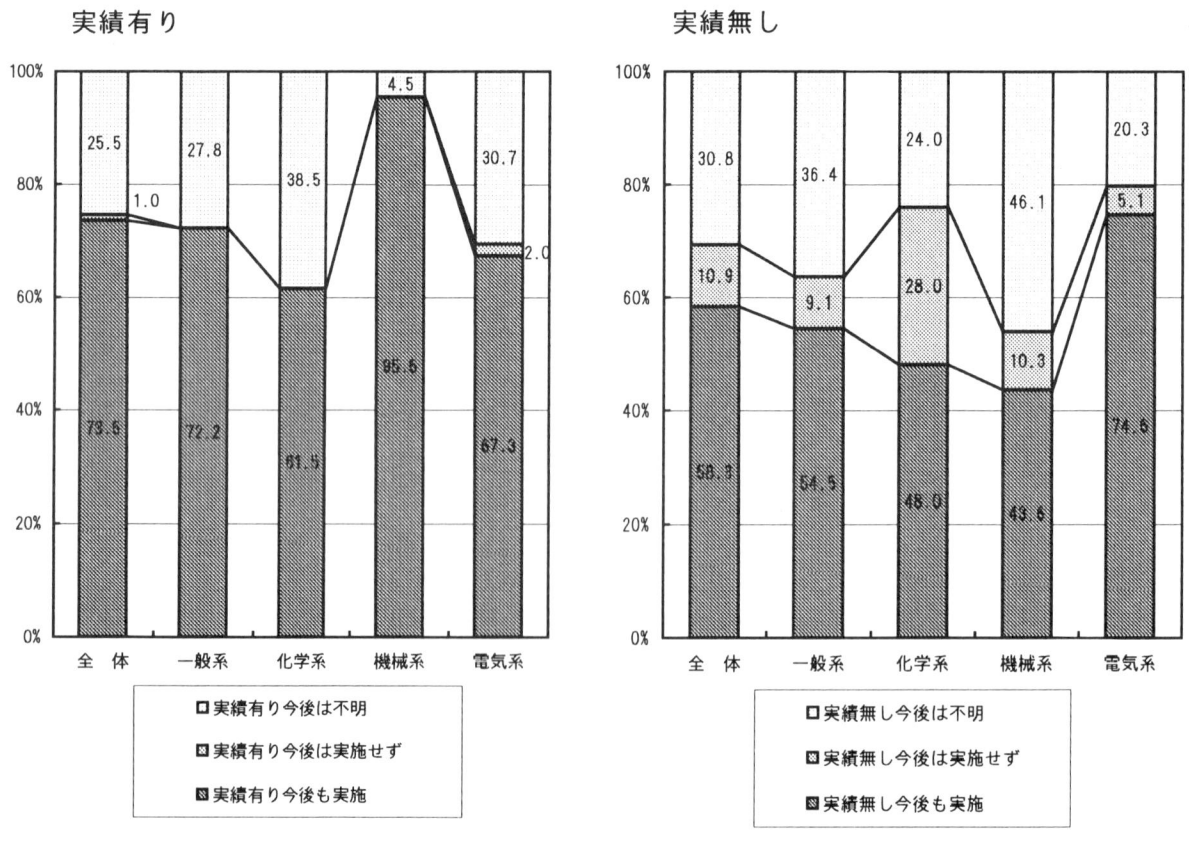

(3) ライセンス先の見つけ方

ライセンス供与の実績があると 5.2.2 項の(2)で回答したテーマ出願人にライセンス先の見つけ方について質問を行った(複数回答)。

質問内容	一般系	化学系	機械系	電気系	全体
・先方からの申し入れ(申入れ)	27.8%	43.2%	37.7%	32.0%	33.7%
・権利侵害調査の結果(侵害発)	22.2%	10.8%	17.4%	21.3%	19.3%
・系列企業の情報網（内部情報）	9.7%	10.8%	11.6%	11.5%	11.0%
・系列企業を除く取引先企業（外部情報）	2.8%	10.8%	8.7%	10.7%	8.3%
・新聞、雑誌、TV、インターネット等（メディア）	5.6%	2.7%	2.9%	12.3%	7.3%
・イベント、展示会等(展示会)	12.5%	5.4%	7.2%	3.3%	6.7%
・特許公報	5.6%	5.4%	2.9%	1.6%	3.3%
・相手先に相談できる人がいた等(人的ネットワーク)	1.4%	8.2%	7.3%	0.8%	3.3%
・学会発表、学会誌(学会)	5.6%	8.2%	1.4%	1.6%	2.7%
・データベース（DB）	6.8%	2.7%	0.0%	0.0%	1.7%
・国・公立研究機関（官公庁）	0.0%	0.0%	0.0%	3.3%	1.3%
・弁理士、特許事務所(特許事務所)	0.0%	0.0%	2.9%	0.0%	0.7%
・その他	0.0%	0.0%	0.0%	1.6%	0.7%

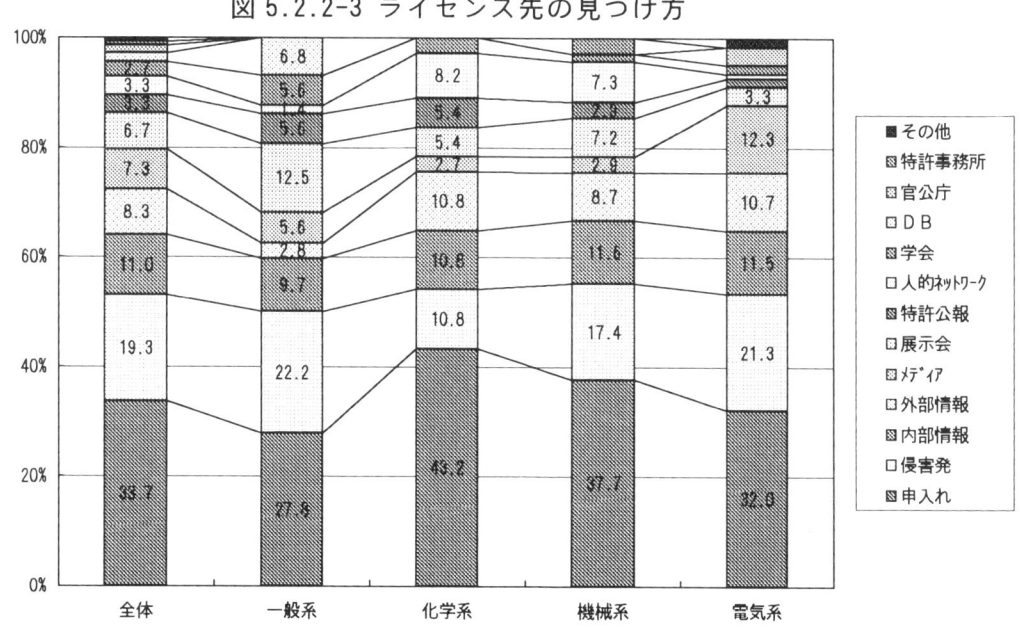

その結果を、図 5.2.2-3 ライセンス先の見つけ方に示す。「申入れ」が 33.7%と最も多く、次いで侵害警告を発した「侵害発」が 19.3%、「内部情報」によりものが 11.0%、「外部情報」によるものが 8.3%であった。特許流通データベースなどの「DB」からは 1.7%であった。化学系において、「申入れ」が 40%を越えている。

図 5.2.2-3 ライセンス先の見つけ方

〔その他の内容〕
①関係団体（2件）

(4) ライセンス供与の不成功理由

5.2.2項の(1)でライセンス活動をしていると答えて、ライセンス実績の無いテーマ出願人に、その不成功理由について質問を行った。

質問内容	一般系	化学系	機械系	電気系	全体
・相手先が見つからない（相手先探し）	58.8%	57.9%	68.0%	73.0%	66.7%
・情勢（業績・経営方針・市場など）が変化した（情勢変化）	8.8%	10.5%	16.0%	0.0%	6.4%
・ロイヤリティーの折り合いがつかなかった（ロイヤリティー）	11.8%	5.3%	4.0%	4.8%	6.4%
・当該特許だけでは、製品化が困難と思われるから（製品化困難）	3.2%	5.0%	7.7%	1.6%	3.6%
・供与に伴う技術移転（試作や実証試験等）に時間がかかっており、まだ、供与までに至らない（時間浪費）	0.0%	0.0%	0.0%	4.8%	2.1%
・ロイヤリティー以外の契約条件で折り合いがつかなかった（契約条件）	3.2%	5.0%	0.0%	0.0%	1.4%
・相手先の技術消化力が低かった（技術消化力不足）	0.0%	10.0%	0.0%	0.0%	1.4%
・新技術が出現した（新技術）	3.2%	5.3%	0.0%	0.0%	1.3%
・相手先の秘密保持に信頼が置けなかった（機密漏洩）	3.2%	0.0%	0.0%	0.0%	0.7%
・相手先がグランド・バックを認めなかった（グランドバック）	0.0%	0.0%	0.0%	0.0%	0.0%
・交渉過程で不信感が生まれた（不信感）	0.0%	0.0%	0.0%	0.0%	0.0%
・競合技術に遅れをとった（競合技術）	0.0%	0.0%	0.0%	0.0%	0.0%
・その他	9.7%	0.0%	3.9%	15.8%	10.0%

その結果を、図5.2.2-4 ライセンス供与の不成功理由に示す。約66.7%は「相手先探し」と回答している。このことから、相手先を探す仲介者および仲介を行うデータベース等のインフラの充実が必要と思われる。電気系の「相手先探し」は73.0%を占めていて他の業種より多い。

図5.2.2-4 ライセンス供与の不成功理由

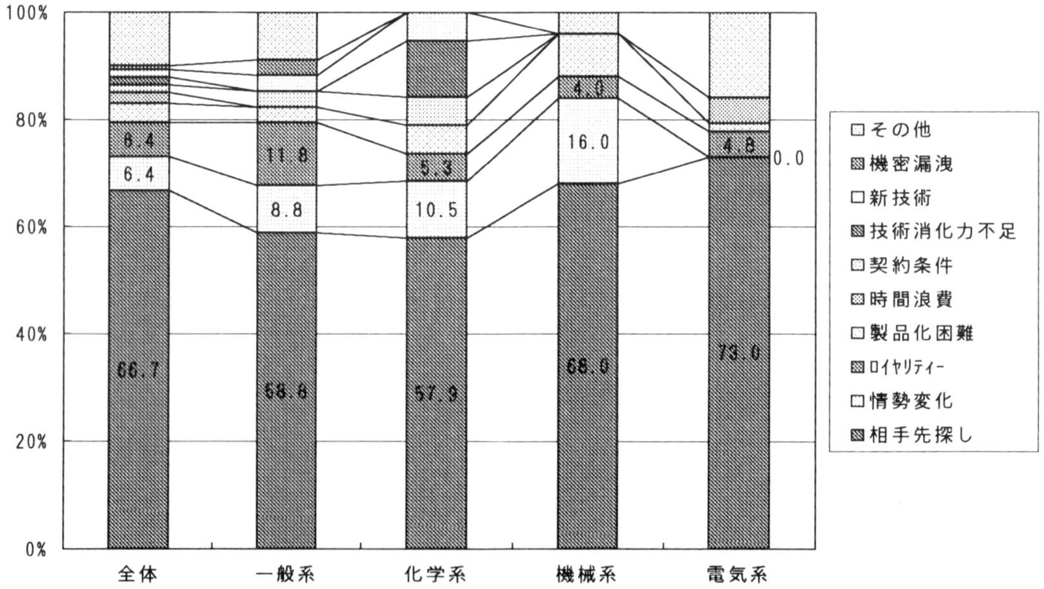

〔その他の内容〕
①単独での技術供与でない
②活動を開始してから時間が経っていない
③当該分野では未登録が多い（3件）
④市場未熟
⑤業界の動向（規格等）
⑥コメントなし（6件）

5.2.3 技術移転の対応
(1) 申し入れ対応

技術移転してもらいたいと申し入れがあった時、どのように対応するかについて質問を行った。

質問内容	一般系	化学系	機械系	電気系	全体
・とりあえず、話を聞く(話を聞く)	44.3%	70.3%	54.9%	56.8%	55.8%
・積極的に交渉していく(積極交渉)	51.9%	27.0%	39.5%	40.7%	40.6%
・他社への特許ライセンスの供与は考えていないので、断る(断る)	3.8%	2.7%	2.8%	2.5%	2.9%
・その他	0.0%	0.0%	2.8%	0.0%	0.7%

その結果を、図 5.2.3-1 ライセンス申し入れ対応に示す。「話を聞く」が 55.8％であった。次いで「積極交渉」が 40.6％であった。「話を聞く」と「積極交渉」で 96.4％という高率であり、中小企業側からみた場合は、ライセンス供与の申し入れを積極的に行っても断られるのはわずか 2.9％しかないということを示している。一般系の「積極交渉」が他の業種より高い。

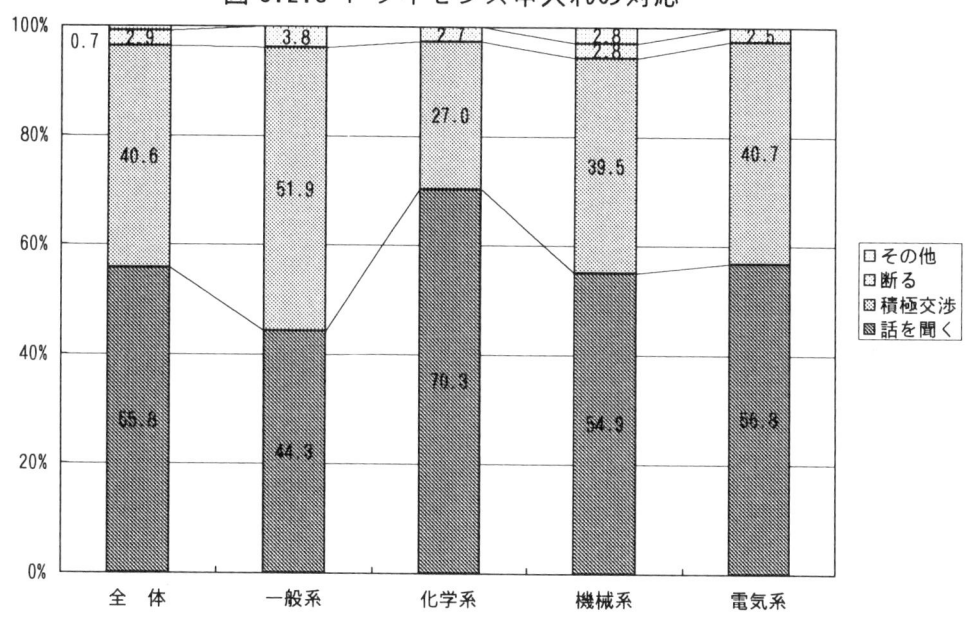

図 5.2.3-1 ライセンス申入れの対応

(2) 仲介の必要性

ライセンスの仲介の必要性があるかについて質問を行った。

質問内容	一般系	化学系	機械系	電気系	全体
・自社内にそれに相当する機能があるから不要(社内機能あるから不要)	36.6%	48.7%	62.4%	53.8%	52.0%
・現在はレベルが低いので不要(低レベル仲介で不要)	1.9%	0.0%	1.4%	1.7%	1.5%
・適切な仲介者がいれば使っても良い(適切な仲介者で検討)	44.2%	45.9%	27.5%	40.2%	38.5%
・公的支援機関に仲介等を必要とする(公的仲介が必要)	17.3%	5.4%	8.7%	3.4%	7.6%
・民間仲介業者に仲介等を必要とする(民間仲介が必要)	0.0%	0.0%	0.0%	0.9%	0.4%

図 5.2.3-2 に仲介の必要性の内訳を示す。「社内機能あるから不要」が 52.0％を占め、最も多い。アンケートの配布先は大手企業が大部分であったため、自社において知財管理、技術移転機能が整備されている企業が 50％以上を占めることを意味している。

次いで「適切な仲介者で検討」が 38.5％、「公的仲介が必要」が 7.6％、「民間仲介が必要」が 0.4％となっている。これらを加えると仲介の必要を感じている企業は 46.5％に上る。

自前で知財管理や知財戦略を立てることができない中小企業や一部の大企業では、技術移転・仲介者の存在が必要であると推測される。

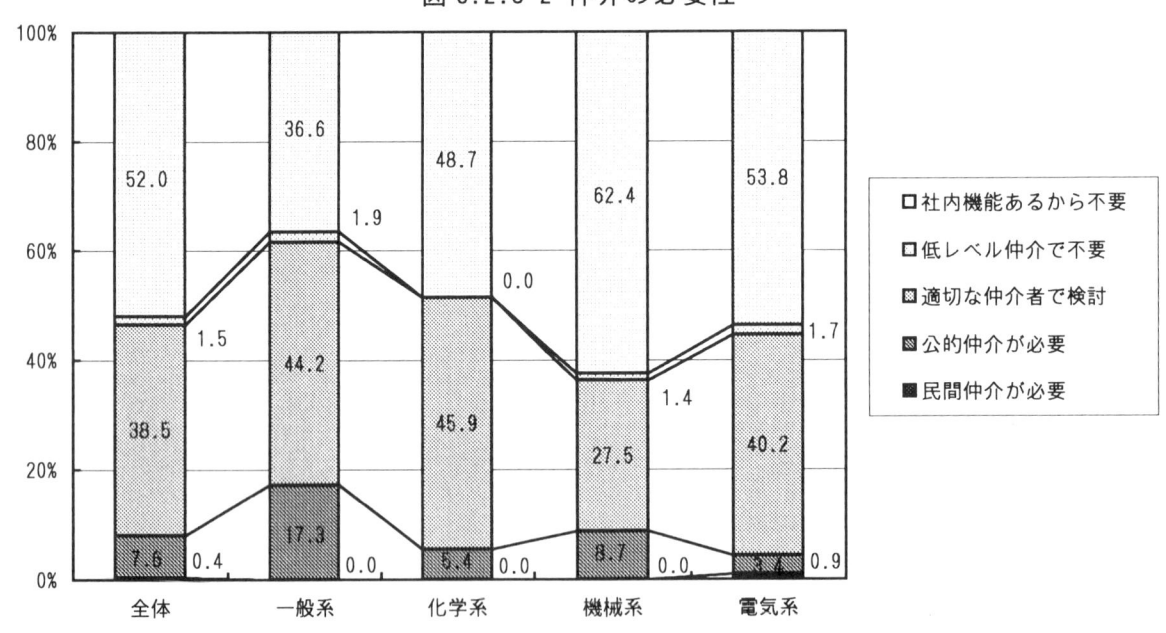

図 5.2.3-2 仲介の必要性

5.2.4 具体的事例
(1) テーマ特許の供与実績

技術テーマの分析の対象となった特許一覧表を掲載し(テーマ特許)、具体的にどの特許の供与実績があるかについて質問を行った。

質問内容	一般系	化学系	機械系	電気系	全体
・有る	12.8%	12.9%	13.6%	18.8%	15.7%
・無い	72.3%	48.4%	39.4%	34.2%	44.1%
・回答できない(回答不可)	14.9%	38.7%	47.0%	47.0%	40.2%

図5.2.4-1に、テーマ特許の供与実績を示す。

「有る」と回答した企業が15.7%であった。「無い」と回答した企業が44.1%あった。「回答不可」と回答した企業が40.2%とかなり多かった。これは個別案件ごとにアンケートを行ったためと思われる。ライセンス自体、企業秘密であり、他者に情報を漏洩しない場合が多い。

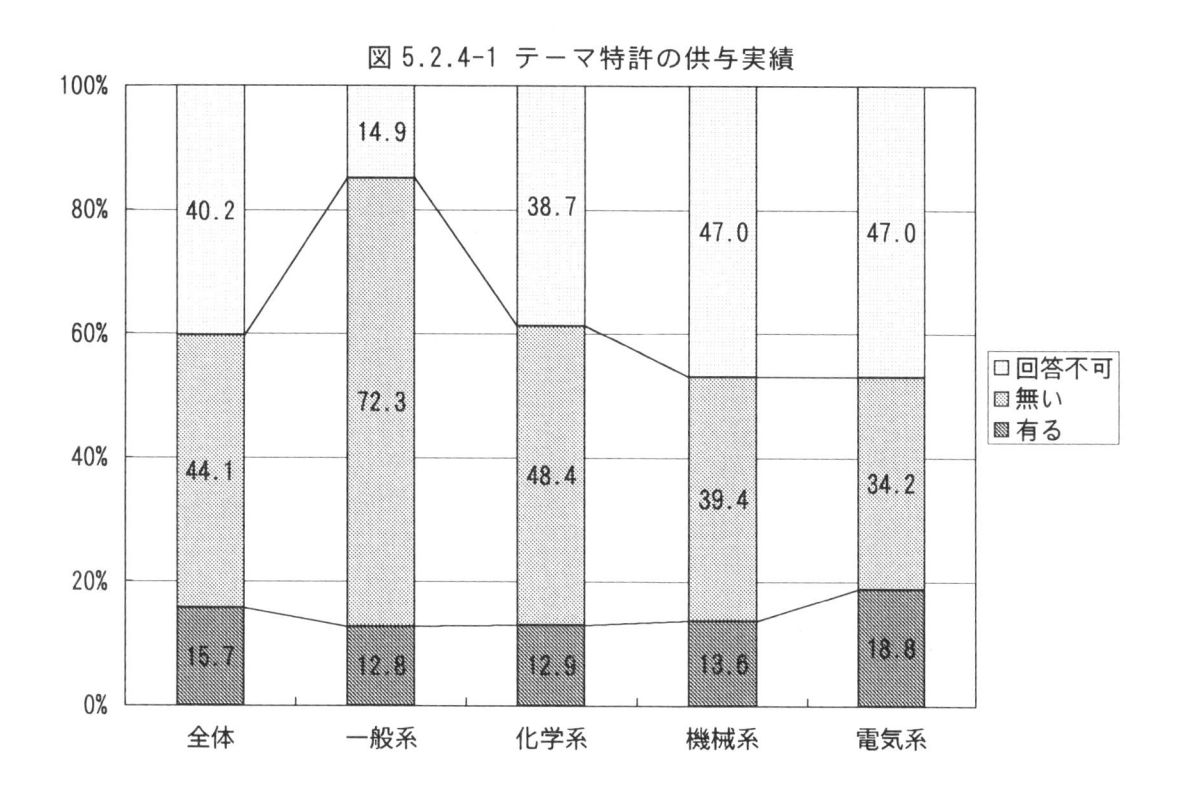

図5.2.4-1 テーマ特許の供与実績

(2) テーマ特許を適用した製品

「特許流通支援チャート」に収蔵した特許（出願）を適用した製品の有無について質問を行った。

質問内容	一般系	化学系	機械系	電気系	全体
・回答できない(回答不可)	27.9%	34.4%	44.3%	53.2%	44.6%
・有る。	51.2%	43.8%	39.3%	37.1%	40.8%
・無い。	20.9%	21.8%	16.4%	9.7%	14.6%

図5.2.4-2に、テーマ特許を適用した製品の有無について結果を示す。

「有る」が40.8%、「回答不可」が44.6%、「無い」が14.6%であった。一般系と化学系で「有る」と回答した企業が多かった。

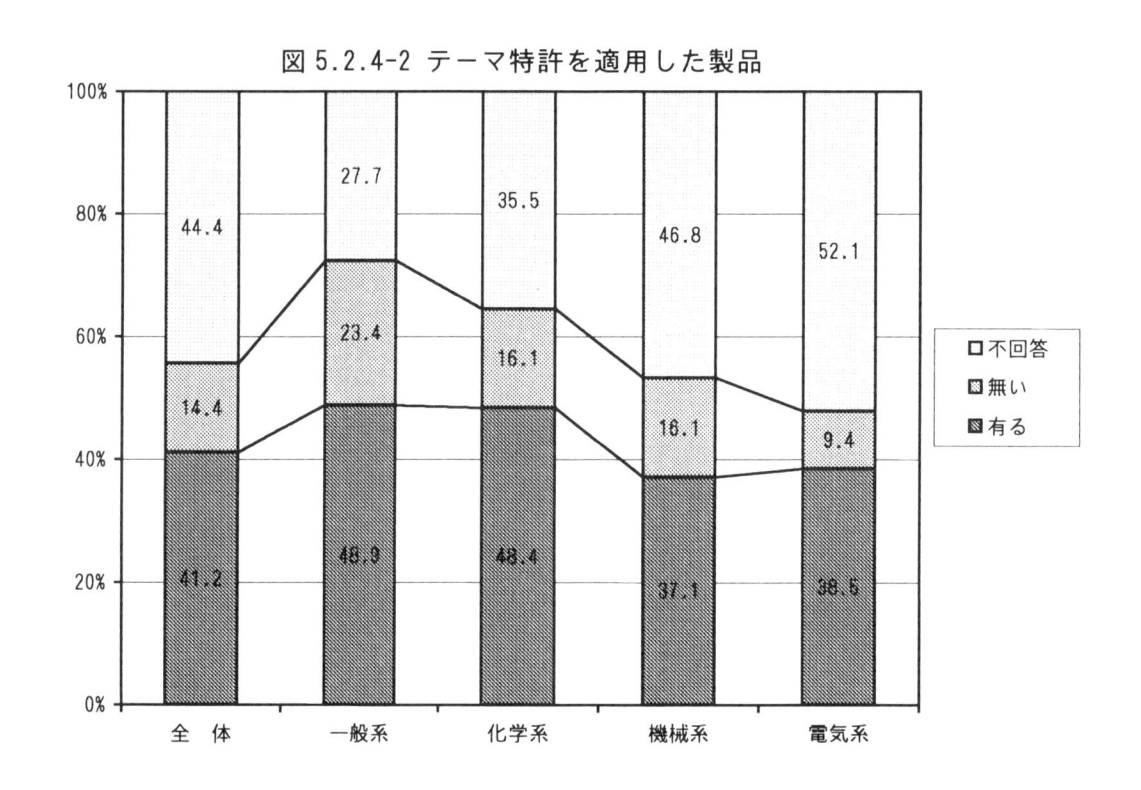

図5.2.4-2 テーマ特許を適用した製品

	全体	一般系	化学系	機械系	電気系
不回答	44.4	27.7	35.5	46.8	52.1
無い	14.4	23.4	16.1	16.1	9.4
有る	41.2	48.9	48.4	37.1	38.5

5.3 ヒアリング調査

アンケートによる調査において、5.2.2の(2)項でライセンス実績に関する質問を行った。その結果、回収数306件中295件の回答を得、そのうち「供与実績あり、今後も積極的な供与活動を実施したい」という回答が全テーマ合計で25.4%(延べ75出願人)あった。これから重複を排除すると43出願人となった。

この43出願人を候補として、ライセンスの実態に関するヒアリング調査を行うこととした。ヒアリングの目的は技術移転が成功した理由をできるだけ明らかにすることにある。

表5.3にヒアリング出願人の件数を示す。43出願人のうちヒアリングに応じてくれた出願人は11出願人(26.5%)であった。テーマ別且つ出願人別では延べ15出願人であった。ヒアリングは平成14年2月中旬から下旬にかけて行った。

表5.3 ヒアリング出願人の件数

ヒアリング候補出願人数	ヒアリング出願人数	ヒアリングテーマ出願人数
43	11	15

5.3.1 ヒアリング総括

表5.3に示したようにヒアリングに応じてくれた出願人が43出願人中わずか11出願人(25.6%)と非常に少なかったのは、ライセンス状況およびその経緯に関する情報は企業秘密に属し、通常は外部に公表しないためであろう。さらに、11出願人に対するヒアリング結果も、具体的なライセンス料やロイヤリティーなど核心部分については充分な回答をもらうことができなかった。

このため、今回のヒアリング調査は、対象母数が少なく、その結果も特許流通および技術移転プロセスについて全体の傾向をあらわすまでには至っておらず、いくつかのライセンス実績の事例を紹介するに留まらざるを得なかった。

5.3.2 ヒアリング結果

表5.3.2-1にヒアリング結果を示す。

技術移転のライセンサーはすべて大企業であった。

ライセンシーは、大企業が8件、中小企業が3件、子会社が1件、海外が1件、不明が2件であった。

技術移転の形態は、ライセンサーからの「申し出」によるものと、ライセンシーからの「申し入れ」によるものの2つに大別される。「申し出」が3件、「申し入れ」が7件、「不明」が2件であった。

「申し出」の理由は、3件とも事業移管や事業中止に伴いライセンサーが技術を使わなくなったことによるものであった。このうち1件は、中小企業に対するライセンスであった。この中小企業は保有技術の水準が高かったため、スムーズにライセンスが行われたとのことであった。

「ノウハウを伴わない」技術移転は3件で、「ノウハウを伴う」技術移転は4件であった。

「ノウハウを伴わない」場合のライセンシーは、3件のうち1件は海外の会社、1件が中小企業、残り1件が同業種の大企業であった。

大手同士の技術移転だと、技術水準が似通っている場合が多いこと、特許性の評価やノウハウの要・不要、ライセンス料やロイヤリティー額の決定などについて経験に基づき判断できるため、スムーズに話が進むという意見があった。

　中小企業への移転は、ライセンサーもライセンシーも同業種で技術水準も似通っていたため、ノウハウの供与の必要はなかった。中小企業と技術移転を行う場合、ノウハウ供与を伴う必要があることが、交渉の障害となるケースが多いとの意見があった。

　「ノウハウを伴う」場合の4件のライセンサーはすべて大企業であった。ライセンシーは大企業が1件、中小企業が1件、不明が2件であった。

　「ノウハウを伴う」ことについて、ライセンサーは、時間や人員が避けないという理由で難色を示すところが多い。このため、中小企業に技術移転を行う場合は、ライセンシー側の技術水準を重視すると回答したところが多かった。

　ロイヤリティーは、イニシャルとランニングに分かれる。イニシャルだけの場合は4件、ランニングだけの場合は6件、双方とも含んでいる場合は4件であった。ロイヤリティーの形態は、双方の企業の合意に基づき決定されるため、技術移転の内容によりケースバイケースであると回答した企業がほとんどであった。

　中小企業へ技術移転を行う場合には、イニシャルロイヤリティーを低く抑えており、ランニングロイヤリティーとセットしている。

　ランニングロイヤリティーのみと回答した6件の企業であっても、「ノウハウを伴う」技術移転の場合にはイニシャルロイヤリティーを必ず要求するとすべての企業が回答している。中小企業への技術移転を行う際に、このイニシャルロイヤリティーの額をどうするか折り合いがつかず、不成功になった経験を持っていた。

表 5.3.2-1 ヒアリング結果

導入企業	移転の申入れ	ノウハウ込み	イニシャル	ランニング
—	ライセンシー	○	普通	—
—	—	○	普通	—
中小	ライセンシー	×	低	普通
海外	ライセンシー	×	普通	—
大手	ライセンシー	—	—	普通
大手	ライセンシー	—	—	普通
大手	ライセンシー	—	—	普通
大手	—	—	—	普通
中小	ライセンサー	—	—	普通
大手	—	—	普通	低
大手	—	○	普通	普通
大手	ライセンサー	—	普通	—
子会社	ライセンサー	—	—	—
中小	—	○	低	高
大手	ライセンシー	×	—	普通

＊ 特許技術提供企業はすべて大手企業である。

（注）
　ヒアリングの結果に関する個別のお問い合わせについては、回答をいただいた企業とのお約束があるため、応じることはできません。予めご了承ください。

資料６．特許番号一覧

6.1 出願件数上位48社の出願リスト

表 6.1-1に出願件数上位48社の出願リストを示す。

表 6.1-1 出願件数上位48社の出願リスト（1/6）
（ただし、第２章で記載の主要企業出願分は除く）

	技術要素		課題	特許No.	解決手段
は ん だ 材 料 技 術	組成	高融点系 (Sn-Ag系)	Sn-Ag	特開平10-6075(42)	Sn-Ag-Cu-Ge４元系合金-(Bi)：リフトオフ現象の発生を抑止するとともに、可塑性が高くかつぬれ性が改善され、はんだ付け性とはんだ付け強度が向上する。
				特開平6-269981(27)、特開平6-269982(27)、特開平6-269983(27)、	
				特開平8-1372(28)、特開平8-1374(37)、特開平8-132277(46)、	
				特開平8-215880(46)、特開平9-70687(24)、特開平10-156579(25)、	
				特開平10-193169(24)、特開平10-216985(41)、特開平11-77366(39)、	
				特開2000-15476(46)、特開2000-343273(39)、特開2001-121284(31)	
		中融点系 (Sn-Zn系)	Sn-Zn	特開平7-51883(44)	Sn基-Bi-Sb-Zn-Ag無鉛はんだ合金：Biは融点を降下。ZnはSn-Pb共晶はんだに近似する固溶温度とする。
				特開平10-6076(38)、特開平11-58066(39)	
		低融点系 (Sn-Bi系)	Sn-Bi	特許2681742(44)	Sn基-Bi-Sb-Gaの組成にCuを選択的に添加した無鉛はんだ合金とする。
				特開平11-221693(39)、特開2000-42784(42)、特開2000-73154(43)、	
				特開2000-79494(39)、特開2000-141079(24)、特開2001-179483(24)、	
				特開2000-280090(39)	
		その他	Sn-Cu	特許3036636(38)	Sn-Cu合金でのCu添加の一部をNiで置換し、CuとNiの組合せによってはぬれ性がSn-Cu合金に比べ向上する。融点温度はSn-Cu合金とほとんど差はない。
				特開平11-221695(44)、特開2000-197988(44)、特開2001-71173(46)、	
				特開2001-121286(46)	
			Sn-Co	特公平8-25050(38)	Sn-Co系：Sb、Bi、In、Ag、Gaを含む。CoSn、CoSn$_2$が微細に分散し、はんだ付け性を良好とすると同時に、はんだ付け強度を高める。
			Sn-Au	特開平6-47584(27)、特許3086086(37)	
			Sn-Fe	特開平10-180480(28)	
			Sn-Ni	特開平11-333589(44)	
			Sn-Sb	特開平7-284983(28)、特開平8-174276(28)、特開平10-286689(39)、	
				特開平11-151591(26)	
			低融点	特開平8-52589(37)	
	製法	棒状・線状はんだ	フラックスレス	特開2000-61685(38)	Na：0.0001～10wt%、Sn：残部からなるはんだ合金および金属Na芯入りはんだ線の構造とする。
		箔状はんだ	加工方法	特開2000-246487(27)	
			強度	特開平7-40077(24)	はんだに接合性のよい強化材を分散したはんだ材料で、100℃/秒以上の冷却温度で冷却し、母材中に分散させる。
		球状はんだ	真球度	特開2000-102894(28)	Sn、Inのいずれかを主要成分とし、添加成分として少なくともFe0.1～2.0wt%を添加し、かつ表面の突起状欠陥をなくしたはんだボールとする。
				特開平7-241697(38)	

表 6.1-1 出願件数上位48社の出願リスト（2/6）

技術要素			課題	特許No.	解決手段
はんだ材料技術	製法	球状はんだ	極小化	特開平4-262895(37)	
			酸化防止	特開平11-121537(25)、特開2000-24791(42)	
		はんだペースト	ぬれ性	特許3177197(23)	添加剤としてベンジル化合物のハロゲン化物とポリハロゲン化物を配合したフラックス組成物を使用したはんだペーストとする。
				特開平10-128573(23)	
			印刷性	特開平3-193291(40)、特開平6-142975(32)、特開平7-100691(40)、特開2000-61689(24)	
			高温特性	特開平7-136795(23)、特開平9-300094(32)、特開平9-314377(32)	
			接合強度	特開2001-143529(42)、特開2001-150179(42)	
			はんだ特性	特開平4-305073(37)、特開平9-295184(32)	
			はんだボール発生抑制	特開2000-158179(23)	
			保存性	特開平9-19794(23)、特開平11-138292(23)、特開平11-197879(23)、特開2000-263280(24,41)、特開2000-263281(24,41)	
電子部品接合技術	電子部品等の基板へのはんだ付け		信頼性	特開2001-36250(31)	複数枚の配線基板間を熱硬化性樹脂層およびバンプで介在し対向配置させ、バンプ融点以下で樹脂層を溶融後、バンプ融点以上でバンプを溶融して基板接続し、その後樹脂硬化させる。
				特開平9-283931(29)、特開平10-270144(30)	
			はんだ層の保護	特開平10-190203(30)	
			はんだ付け強度	特開平10-178260(41)	プリント基板のランド部に、加熱するヒーター層が近傍に電気絶縁層を介して配置される。
			はんだ量制御	特開2000-91501(30)	
	パッケージ封止		Sn-Au系	特開2001-176999(37)	溶解鋳造法により製造したAu-Snよりなるインゴットを圧延加工してシートとし、リーク発生率が少なく効率的に気密封止が可能である。
			気密封止性	特開2000-3974(35)	
			信頼性	特開平8-204048(30)	
			ポップコーン現象防止	特開2000-183228(33)	
	半導体等のはんだ接合		熱損傷防止	特開平9-321423(32)	基板のAl電極にフラックスとSnの混合物を塗布し、部品のAl電極と重ね加熱接合する方法とする。
			高放熱性	特開平8-186195(29)	
			小型・薄型化	特開2001-68621(29)	
			信頼性	特開2000-77471(29)、特開2000-260817(31)、特開2001-35996(31)	
			生産性向上	特開2000-58688(34)	
			接合強度	特開平9-80285(26)、特開平11-239866(38)	
			接続性・耐熱性のパッケージ	特開平11-330304(33)	金属芯プリント配線板を用いるボールグリットアレイのパッケージで、内層金属芯と外層金属箔との接続性に優れ、半導体チップの下面からの吸湿がない構造。

表 6.1-1 出願件数上位48社の出願リスト (3/6)

技術要素		課題	特許No.	解決手段
電子部品接合技術	半導体等のはんだ接合	耐熱性	特開平11-330303(33)	金属芯表面の一部が円錐台形状で金属箔と接触しているか、熱伝導性接着剤で接合され裏面はビア孔の金属導体で金属芯と金属箔が接続していて箔表面にチップが接続されワイヤボンディング接続され樹脂封止される。
		短絡防止	特開平10-4155(47)	
		熱疲労性向上	特開2001-144111(28)	
		ボンディングツール	特開平7-273150(35)、特開平8-51129(35)	
		クラック発生防止	特開平7-82050(37)	
		高放熱性	特開平7-122678(47)	AlN基材の表面にTi、Moの薄層をスパッタ形成し、その上にNi、下地Au層をめっきし、容器内方片面に半導体素子をAu-Siろう材で、また外方片面にはヒートシンクをAgろう材で接合する。
		接合強度	特開平10-218678(34)、特開2000-52027(38)	
		接合方法	特開平9-22966(35)	
		熱膨張係数	特開平7-94633(47)、特開平8-264566(34)	
	受動部品等のはんだ付け	厚膜受動部品	特開2001-160672(40)	可撓性金属基板上に導体ペーストアンダープリント付着工程、焼成工程、受動部品面と有機層面に付着する工程、受動部品面が接着剤層中に埋め込まれる工程により形成する。
	その他	半導体装置の放熱・支持	特開2001-44332(29)	従来から放熱板および支持板として使用されている金属板を、炭素繊維からなる布はくに樹脂を含浸した板状体に変更具備した半導体装置とする。
被接合材の表面処理技術	めっき被膜	ウィスカー発生防止	特開平11-21673(22)	Snと合金を生成するBi、In、Sb、Zn、Co、Ni、Ag、Cuのいずれかの金属の組成比が3wt%以上であるSn合金めっき浴でめっきする。
			特開2000-80460(43)、特開2000-87204(43)、特開2001-43743(43)、	
			特開2000-156450(25)、特開2001-43744(44)	
		信頼性	特開2000-208903(30)、特開2000-277897(48)	
		はんだ強度	特開2000-151053(29)	
		はんだぬれ性	特開平9-296289(29)、特開平10-326636(36)、特開2000-61683(43)、	
			特開2000-77593(25)	
		ブリッジ回避	特開2001-77519(26)	
		リードピン保持強度向上	特開2000-164786(29)	外部接続端子に高融点はんだろう材を介して外部リードピンに接続され、これら表面にはAuめっき被膜が形成される。
		その他	特開平11-21660(25)、特開平11-191322(25)、特開平11-191323(25)、	
			特開平11-330326(34)	

表 6.1-1 出願件数上位48社の出願リスト（4/6）

技術要素		課題	特許No.	解決手段
被接合材の表面処理技術	その他の被膜	耐マイグレーション特性	特開平9-69313(48)	導電性ペーストを扁平状非貴金属の50％以上の面積を貴金属で被覆した導電体と結合剤で構成する。
		熱サイクル	特開平5-211387(40)	
		高導電性	特開平10-188670(48)	
		耐めっき液性向上	特開2001-122639(26)	SiO_2が7wt％以上63wt％以下、ZnOが37wt％以上93wt％以下、B_2O_3が10wt％以下を含有するガラスフリットとする。
		抵抗値低下	特開2000-290701(27)	
		密着強度	特開2001-143527(47)	
		Pbフリーはんだのぬれ性向上	特開平11-17321(24)	Pbフリーはんだを使用し、基板と配線材料に銅系材料を使用した配線導体と、はんだ付けされる表面が直接AuまたはAu合金からなる被膜を備える。
		厚膜ペーストのぬれ性向上	特開平9-501136(40)	
		回路基板の界面信頼性向上	特開平6-188529(36)	フッ素樹脂の中にフェニルシラン系カップリング剤で表面処理された無機誘電体粒子を分散させ、高誘電率ガラス繊維で補強した構成で回路基板をつくる。
		接合部品の絶縁破壊防止	特開平8-330364(35)	導電性基材に気相合成ダイヤモンドを被覆し、ツール先端面とし、該先端面から一定範囲のツール側面部をセラミックで被覆することにより絶縁性を上げる。
		熱応力破壊防止	特開2000-311969(35)	
		小型化および薄型化	特開2001-77222(34)	
		多層基板のスルーホールの信頼性	特開平11-298143(33)	スルーホールとして、金属板を片面加工した円錐台形突起を用いる。
		チップ部品実装の接合強度向上	特開2001-102739(36)	Sn-Ag-Cu系合金はんだによりはんだ付けし、フィレット部にコーティング剤を塗布する。
		ぬれ性	特開2000-68636(41)	
		耐マイグレーション	特開平10-134636(48)	
		はんだ付け接合の信頼性	特開2000-307228(31)	全部品の最表面に無鉛合金層をその融点以下で形成し、ボード最表面にこれよりも融点の低い無鉛合金層を形成し、両合金層を接触、加熱する。
		金属芯の製造方法	特開平11-345907(33)	
		無鉛のガラス入り導電ペースト	特開平8-67533(40)	導電性の粒子とBi、SiO_2、CuO等の無鉛ガラスで有機媒質中に分散する。

表 6.1-1 出願件数上位48社の出願リスト (5/6)

技術要素		課題	特許No.	解決手段
はんだ付け方法・装置	前処理	ぬれ性	特開平11-286798(36)	ネオペンチル脂肪酸等と5-アミノテトラゾール等とを溶剤に溶かした封孔処理剤でめっき表面の処理を行い、部品の耐触性向上の効果をもたらす。
		ポップコーン現象防止	特開平11-345906(33)	金属平板表面の円錐台形突起部にはんだ印刷し、裏面のクリアランスホール形成部以外にエッチングレジストを配置し、アルカリ性エッチング液を表面に低圧で裏面に高圧で吹き付け内層金属芯を形成する。
		保存安定性	特開平10-109188(23)	はんだ金属に対してポリエチレングリコール等のように錯形成能力を有し、構成するモノマーが少なくとも10量体である高分子化合物をフラックス重量に対して0.005～3wt%添加する。
			特開2001-105181(23)	
		印刷適正・保存安定性	特開2001-205479(23)	
		高接合強度	特開2001-170798(26)、特開2001-219294(26)	
		はんだ付け性	特開2001-105180(23)	酸価が150～250の範囲で、軟化点が120～200℃の範囲のロジンを含む鉛フリーはんだ用フラックス。
		はんだボール発生防止	特開2001-170792(26)	
		ファインピッチ対応	特開2001-150183(23)、特開2001-170797(26)	
		フラックス残さ防止	特開2000-277562(36)	基板にチップはんだ付けする前にチップ表面およびワイヤボンディングパッド表面にコーティング材にてコーティングする。
	はんだ付け方法	フィレットリフティング抑制	特開2000-323832(24)	リード部を直接、間接的に加熱してリード側近傍のはんだ凝固を遅らせるか、またはプリント配線基板のランドを直接、間接的に冷却してランド近傍のはんだ凝固を速める。
		スルーホールの信頼性	特開2000-68641(33)	
		鉛レス化	特開平11-224887(34)	セラミック基板の表面にAg-Ptペーストで電極パターンを印刷配置し焼成し、さらにその上にNi、Snめっきを施し、その上にSn-Ag(Pbレスはんだ)を印刷形成してリフローさせて半球状はんだボールとする。
		傾斜防止	特開平8-335774(30)	
		はみ出し防止	特開2001-189552(26)	
		ボイド・熱応力低減	特開2001-53112(31)	第1の回路基体の配線面上に第1の樹脂組成層を形成し、この上または第2の回路基体の配線面上により低い溶融温度の第2の樹脂組成層を形成し、第1第2の配線面をバンプ電極を介して対向配置し第1第2の樹脂組成物で接合する。

表 6.1-1 出願件数上位48社の出願リスト（6/6）

技術要素		課題	特許No.	解決手段
はんだ付け方法・装置	はんだ付け装置	各種マスク対応印刷機	特許3066383(45)	マスク開口部の径がどんな場合にもクリームはんだを安定してワークピースの所定の位置に印刷する装置とする。
		加熱防止リフロー装置	特開平10-70361(32)	
		精密温度制御リフロー装置	特開2000-188466(36)	予備加熱部、本加熱部で構成されたうち本加熱部を2ゾーンに分割し、出口側ゾーンに冷却装置を配備したリフロー装置。
		吸着ヘッド制御装置	特開2001-68840(45)	
		搭載不良発生防止	特開2001-127421(45)	ヘッドで基板の反りを矯正し、真空吸着パットで基板を平坦に保持した後、はんだボールを吸着孔から離脱させて搭載する。
		バンプ形成用キャリア	特開平9-57432(30)	
		微小ボール実装	特開2001-7494(45)、特開2001-7495(45)	
	はんだ回収	鉛溶出回避	特開平9-283920(32)	はんだ付け部分を樹脂にて封止し、はんだ付けのはんだ溶出を防ぐ。
はんだレス接合技術	材料・接続方法	異種導電性接着剤	特開2000-309773(42)	有機系バインダーと導電性フィラーとからなる導電性接着剤で導電性フィラーはSn合金のフィラー（20～100wt%）とAg合金またはAu合金の粉体フィラーからなる。
			特開平9-36271(30)	
		小型化	特開2000-22040(31)	
		短絡防止	特開平7-66539(41)	
		導電性接着剤の実装方法	特開2000-133771(48)	プリント配線版に導電性接着剤と部品を配し、シリコンゴム製の袋で全体を包み、減圧してそのまま加熱、硬化させる。
		半導体装置の信頼性	特開2000-311923(31)	
その他		レジスト不用	特開平9-312465(32)	レジストを用いないはんだ付け方法であり、はんだ付け不用の部分は強制酸化処理を行いマイグレーションを防止する。
		ガラス繊維強化	特開平6-132621(36)	
		セラミックパッケージ	特開平7-115147(47)	
		多ピンTABテープ	特開平7-176572(25)	
		接合強度	特開平9-73821(25)、特開2000-141029(35)	

※ （ ）内の数字は次頁に記載の会社番号を表す。表 5.5.2-1を参照。

6.2 出願件数上位48社の連絡先

表 6.2-1に出願件数上位48社の連絡先を示す。

表 6.2-1 出願件数上位48社の連絡先 (1/2)

No.	企業名	出願件数	住所（本社等の代表的住所）	電話番号
1	松下電器産業	84	大阪府門真市大字門真1006	06-6908-1121
2	日立製作所	64	東京都千代田区神田駿河台4丁目6	03-3258-1111
3	東芝	36	神奈川県川崎市幸区堀川町72	044-549-3000
4	ソニー	30	東京都品川区北品川6丁目7-35	03-5448-2111
5	富士通	30	東京都千代田区丸の内1丁目6-1	03-3216-3211
6	千住金属工業	27	東京都足立区千住橋戸町23	03-3888-5151
7	IBM	22	One New Orchard Road, Armonk, NY	914-499-1900
8	日本電気	18	東京都港区芝5丁目7-1	03-3454-1111
9	村田製作所	18	京都府長岡京市天神2丁目26-10	075-955-6502
10	大和化成研究所	19	兵庫県明石市二見町南二見21-8	078-943-6675
11	京セラ	16	京都府京都市伏見区竹田鳥羽殿町6	075-604-3500
12	住友金属鉱山	16	東京都港区新橋5丁目11-3 新橋住友ビル	03-3436-7701
13	古河電気工業	12	東京都千代田区丸の内2丁目6-1	03-3286-3001
14	三井金属鉱業	14	東京都品川区大崎1丁目11-1 ゲートシティ大崎ウエストタワー19F	03-5437-8000
15	旭化成	13	大阪府大阪市北区堂島浜1丁目2-6 新ダイビル	06-6347-3111
16	タムラ製作所	11	東京都練馬区東大泉1丁目19-43	03-3978-2111
17	内橋エステック	10	大阪府大阪市鶴見区今津北2丁目9-14	06-6962-6661
18	日鉱金属	10	東京都港区虎ノ門2丁目10-1	03-5573-7200
19	トピー工業	10	東京都千代田区四番町5-9	03-3265-0111
20	日本電熱計器	10	東京都大田区下丸子2丁目27-1	03-3757-1231
21	ハリマ化成	7	兵庫県加古川市野口町水足671-4	0794-22-3301
22	石原薬品	17	兵庫県神戸市兵庫区西柳原町5-26	078-681-4801
23	昭和電工	12	東京都港区芝大門1丁目13-9	03-5470-3111
24	豊田中央研究所	11	愛知県愛知郡長久手町大字長湫字横道41-1	0561-63-6131
25	日立電線	9	東京都千代田区大手町1丁目6-1	03-3216-1616
26	TDK	9	東京都中央区日本橋1丁目13-1	03-3278-5111
27	徳力本店	8	東京都千代田区鍛冶町2丁目9-12	03-3252-0171
28	田中電子工業	8	東京都三鷹市下連雀8-5-1	0422-46-8511
29	新光電気工業	8	長野県長野市小島田町80	026-283-1000
30	イビデン	8	岐阜県大垣市神田町2丁目1	0584-81-3111
31	三菱電機	8	東京都千代田区丸の内2丁目2-3 三菱電機ビル	03-3218-2111
32	オムロン	8	京都市下京区塩小路通堀川東入 オムロン京都センタービル	075-344-7000
33	三菱瓦斯化学	7	東京都千代田区丸の内2丁目5-2	03-3283-5000

表 6.2-1 出願件数上位48社の連絡先 (2/2)

No.	企業名	出願件数	住所（本社等の代表的住所）	電話番号
34	住友金属エレクトロデバイス	7	山口県美祢市大嶺町東分2701-1	0837-54-0100
35	住友電気工業	7	大阪府大阪市中央区北浜4丁目5-33	06-6220-4141
36	松下電工	7	大阪府門真市大字門真1048	06-6908-1131
37	田中貴金属工業	7	東京都中央区日本橋茅場町2丁目6-6	03-3668-0111
38	日本アルミット	7	東京都中野区弥生町2丁目14-2 アルミットビル	03-3379-2277
39	富士電機	7	神奈川県川崎市川崎区田辺新田1-1	044-333-7111
40	イー アイ デュポン	6	DuPont Building 1007 Market St. Wilmington, DE	302-774-1000
41	トヨタ自動車	6	愛知県豊田市トヨタ町1	0565-28-2121
42	ニホンハンダ	6	東京都墨田区太平1丁目29-4	03-3624-5771
43	東京特殊電線	6	東京都新宿区大久保1丁目3-21	03-5273-2121
44	日本スペリア	6	大阪府吹田市江坂町1丁目16番15号 NSビル	06-6380-1121
45	アスリートエフエー	5	長野県諏訪市四賀2970-1	0266-53-3369
46	石川金属	5	大阪府堺市築港浜寺西町7-21	0722-68-1155
47	日本特殊陶業	5	愛知県名古屋市瑞穂区高辻町14-18	052-872-5915
48	日立化成工業	5	東京都新宿区西新宿2丁目1-1 新宿三井ビル	03-3346-3111

資料7．ライセンス提供の用意のある特許

　特許流通データベースおよびPATOLISを利用し、はんだ付け鉛フリー技術に関する特許でライセンス提供の用意のあるものを下記に示す。

はんだ付け鉛フリー技術のライセンス提供の用意のある特許
（特許流通データベース）

（2002年2月13日現在）

No.	公報番号	出願人	発明の名称
1	特許3034213	長野県	金属錯体形成用水溶液、錫-銀合金めっき浴およびこのめっき浴を用いためっき物の製造方法
2	特許2096126	日立製作所	電子回路装置
3	特開平9-296289	長野県	錫-銀系合金めっき浴およびこのめっき浴を用いためっき物の製造方法

はんだ付け鉛フリー技術のライセンス提供の用意のある特許
（PATOLIS）

（2002年2月13日現在）

No.	公報番号	出願人	発明の名称
1	特許3027441	千住金属工業　松下電器産業	高温はんだ
2	特許2905873	工業技術院長	すず／亜鉛合金めっき浴及びそれを用いるめっき方法
3	特許2972867	工業技術院長	4価すず酸イオンを用いるすず／亜鉛合金めっき浴及びそれを用いるめっき方法

注）PATOLISは、（株）パトリスの登録商標です。

特許流通支援チャート　一般 5
はんだ付け鉛フリー技術

| 2002年（平成14年）6月29日 | 初版発行 |

編　集	独 立 行 政 法 人
©2002	工業所有権総合情報館
発　行	社団法人　発明協会

発行所　　社団法人　発明協会

〒105-0001　東京都港区虎ノ門 2 − 9 − 14
電　　話　　03（3502）5433（編集）
電　　話　　03（3502）5491（販売）
Ｆ Ａ Ｘ　　03（5512）7567（販売）

ISBN4-8271-0683-5 C3033　　印刷：株式会社　野毛印刷社
Printed in Japan

乱丁・落丁本はお取替えいたします。

本書の全部または一部の無断複写複製
を禁じます（著作権法上の例外を除く）。

発明協会HP：http://www.jiii.or.jp/

平成13年度「特許流通支援チャート」作成一覧

電気	技術テーマ名
1	非接触型ICカード
2	圧力センサ
3	個人照合
4	ビルドアップ多層プリント配線板
5	携帯電話表示技術
6	アクティブマトリクス液晶駆動技術
7	プログラム制御技術
8	半導体レーザの活性層
9	無線LAN

機械	技術テーマ名
1	車いす
2	金属射出成形技術
3	微細レーザ加工
4	ヒートパイプ

化学	技術テーマ名
1	プラスチックリサイクル
2	バイオセンサ
3	セラミックスの接合
4	有機EL素子
5	生分解性ポリエステル
6	有機導電性ポリマー
7	リチウムポリマー電池

一般	技術テーマ名
1	カーテンウォール
2	気体膜分離装置
3	半導体洗浄と環境適応技術
4	焼却炉排ガス処理技術
5	はんだ付け鉛フリー技術